U0394666

- 广西高校人文社科项目“风险社会视阈下广西边境地区的生态建设研究”（SK13YB054）

- 广西马克思主义理论建设与研究工程基地项目“‘西进’式产业转移对广西生态公正的影响研究”研究成果（13MJ16）

SHENGTAI ANQUAN DE XIANDAIXING JINGYU

生态安全的现代性境遇

罗永仕 著

生态安全是人类最根本的安全。重视并解决好现代性境遇下的生态安全问题是当代人类的历史使命。

人民出版社

目　录

序

把生态纳入安全的范畴，并以之为前提来寻求一个国家或民族生存延续的新的空间和机遇，几乎从来都是人类文明演进的一种基本动力。仅从中国古代历史来看，千百年来围绕着长城这一分界线，在北方中国展开的游牧民族和农耕民族之间反复交织的冲突与融汇，在某一维度上就正是出于生态安全的考虑或压力。因此，或许正如美国环境历史学家布莱恩·费根所指出的那样："正是几千年来如气泵一样变化的草原气候，使游牧民族一直不停地在大草原上奔波，并与南方的邻邦发生冲突。"也正是在这里，我们显然可以看到，所谓的生态安全，其实并不是今天的新话题，而是漫漶于历史长程之中的老记忆。

然而，与悠然逝去的古代社会相比较，今天的生态安全问题显然有着截然不同的生成动因和历史境遇，同时也包含了更为复杂而严峻的内涵、矛盾与后果。概言之，相对于人类历史上的那些区域性、地缘性的气候变化、水土流失、草场退化、河流枯竭等等"小生境问题"，当代的生态安全问题不仅有着远为强大的工业革命和资本主义的内在驱动，有全球化所提供的更为广阔的时空影响范围，也有着甚嚣尘上的消费主义文化的推波助澜，甚至还有因不同族群和区域在生存和发展上的顽强博弈而形成的难以消解的结构性张力。因此，今天我们再来谈生态安全，话题虽然还是老话题，但由于时空的变换和境遇的不同，实际上已经是老瓶子里装了新酒，甚至简直就可以说是新瓶装新酒了。应当说，罗永仕的博士学位论文

《生态安全的现代性境遇》，就是在这样的一种情况下获得选题灵感，并在试图追求一种把新酒装进新瓶子里去的目标中起步的。

现在回想起来，鉴于我本人的研究方向偏重的是科技哲学这一学科中的科学技术与社会研究（STS）方向，而他本人又来自地处我国西南边陲的广西壮族自治区，因此，在为他选定这一博士学位论文题目时，我对他的要求是，既要力求从理论上为生态安全问题提供一个符合所谓学术规范的“分析框架”，也要着眼于自己的家乡这一熟悉的生活实践环境，尤其是要努力结合民族地区在现代化进程中所遭遇的生态问题及其特殊性，努力地在生态安全问题的科技哲学分析上实现某种“深描”，从而既体现科技哲学的学科规范特色，又呈现当代中国的科技哲学的独到问题意识。如今，看到这篇经他反复修改并充实了不少新内容的博士论文稿的出版清样时，我以为，当年的目标在某种程度上已经得到了实现：

首先，以对生态安全问题的演变历史的梳理为切入点，以经由贝克、吉登斯等人所建构出来的风险社会理论作为基本的观察视角和分析资源，进而在此基础上建立一个由科技、制度与文化构成的三维分析架构，无疑是有新意的。这样的一种分析架构的提出，不仅敏锐地把握住了当代生态安全问题的理论实质和实践指向，也扩展了我们对生态安全问题的理解空间，有助于人们能够从包含现代科学技术、现代市场经济体制和现代消费文化等在内的更为广阔的视野，来把握当代生态安全问题的复杂内涵和功能后果。就一篇以科技哲学为取向的博士论文来说，这样的一种理论建构是必要的，也是有新意的。

其次，把对生态安全问题的分析纳入民族地区所面临的民族性与现代性的矛盾关系之中，从中既呈现全球化背景下生态安全问题的复杂性与关联性，又显示维持和建构具有在地特色的民族生存发展空间的重要性，更是这篇论文值得肯定的地方。为什么这样说？因为在很多时候，学术界对于生态安全问题的分析论说，其实是在有意无意地沿着西方现代性理论和风险社会理论的某种“跟着说”，这样的“跟着说”虽然有其学术研究范围内的价值，但对于分析和解决我们自己的实际问题则显然有不免过于抽象且离题太远的缺失。而小罗的论文由于引入了民族性的视角，这就使得我们既可以在思考区域中国乃至整个国家的生态文明建设问题时获得新的观察视角和理论资源，也可以反过来检视风险社会理论自身得以形成的特定区域实践基础和价值立场，从而获得一种对于那些“宏大理论”的清醒认知和反思能力。我认为，这就不仅是一种跟着说，更是一种“我在说”，是一种努力追求具有中国特色生态安全理论建构的学术自觉。

当然，相对于这篇论文所取得的成绩来说，其中存在的问题也是不少的。克服这些问题的途径，无疑需要在理论分析上作进一步的拓展和深化，以便形成和所研究问题本身的复杂性、综合性相对应的认知能力。然而，我以为更重要的一条路径或许在于，如果能够沿着生态安全与民族地区可持续发展的关系问题作进一步的调研，以对现实问题的深入了解和把握为指向，以对民族地区在追求实现更高水平的可持续发展和生态文明过程中所面对的各种生态问题的实地踏勘和民族志记述为基础，或许就能够在此基础上形成更具有地缘文明特色、同时也是更具有自主话语权的生态安全理论。

鉴于此，衷心希望如今工作生活在自来就有“十万大山”和“山水甲天下”美誉的广西的小罗，能够沿着生态安全问题的研究方向作进一步努力，既以之作为学术的追求，更作为人生的志趣。

是为序。

冯鹏志

2015 年 3 月 30 日

导　论

重视并解决好现代性境遇下的生态安全问题，是当代人类的历史使命

时局变幻，灾难迭起，人类似乎变得愈加惊慌失措。小至个人，大至国家或世界，安全问题如影随形。在全球化的背景下，国家安全概念发生了实质性的、不可逆转的变化，新的安全观念逐渐形成。对于一个国家或地区而言，传统的安全概念主要局限于军事和政治领域，当前世界的发展则要求我们对国家安全观念、安全范围和安全目标进行扩展，从传统的政治、军事领域的安全拓展到经济、科技、生态、社会和文化等领域。其中，随着现代工业的全球扩张，生态环境压力日益凸显，生态安全已经成为国家安全的新的目标。

生态安全是一个相对较新的概念，它的提出与生态危机相关。人类生存依赖于地球上良好的生态条件和自然资源，然而现在，生态危机成为全球性问题，环境受到严重污染，生态遭受严重损害，资源已经过分消耗，经济和社会发展的可持续性下降，人类健康风险指数不断上升。这些现象被称为生态危机问题，又称为生态安全问题。同时，民族国家之间、人际间不平等、不公正的现象广泛存在，各种社会矛盾、冲突、争端和战乱也逐渐围绕着生态环境展开，对人类生活提出了严重的挑战和警告，回答“多少算够？”的疑问非常必要，生态安全已经成为事关人类生死存亡的

问题。

在日新月异的现代社会中，全球性生态环境的恶化与频发的生态危机问题如同高悬的达摩克利斯之剑，严重地威胁着人类社会的生存与可持续发展。生态环境危机的凸显引起人们的极大关注，有的人把现代社会日渐严重的生态危机归因于部分社会利益集团物质欲望的过度膨胀，有的人将此归罪于资本主义的盛行，亦有人认为这是人类在发展进程中的疏忽而导致了生态环境问题的日渐严峻。这些说辞似乎有其合理的一面，但细审之余又暴露出局限性与表面性的缺陷。现代社会积重难返的生态危机，其根本原因或许正如加拿大著名生态哲学家威廉·莱斯（William Leiss）所指出的那样：人类当前所遭遇的生态环境恶化似乎是人与自然对抗的结果，但更根本的原因在于人与人之间的关系。的确，在一个资源相对有限而欲望无限的世界中，对自然资源的争夺与支配扭曲了人与人之间的关系，开发与支取自然资源的“时不我待”最终导致人类对自然的恶性掠夺。莱斯认为是人类在掌握了科技理性并肆意挥舞这一智慧之果才导致了自然的变局，然而，科技层面的分析无法解释人类为何疯狂盘剥自然，也无法触及这种疯狂行为背后所掩藏的原始驱动力，正是这种力量导致人际关系的扭曲。

要厘清人与人之间的非理性关系，就必须透过流变的表象，立足人类发展的全部历史去审视。从历史的视角看，人类与自然界的对立关系并非一日之寒，无论是在人类发展的起始阶段，或是在现代社会时期，自然界本身存在的客观规律无时无刻不在制约着人类的生存与发展。换言之，人类社会的发展史就是一部人类与自然界斗争的历史，是一部人类如何消除来自自然界的制约与威胁，同时谋划着使万事万物为己所用的历史。但不同的是，人与自然的对立在形式上与本质上表现出历史差异性，前现代社会中的人与自然的关系与现代社会有着天壤之别。

在人与自然抗争的历史过程中，人类凭借无与伦比的智慧发展出越发先进的科学技术，对自然界形成了日益强悍的干预乃至操控。人类的技术对自然界“非常态”、强力的介入，越来越多地改变了自然界的物质变换、能量转化与信息传递，使其逐渐趋向人化的轨道。在人类大肆介入之下，自然界自我运行规律与演化规律受到扰动，导致了种种不可预测的后果，人类生存与持续发展因而也遭遇到难以预知的威胁。进入20世纪以来，随着现代科学技术日进千里的发展以及与之相伴随的现代制度体系和文化体系的推波助澜，人与自然的对立更是被推向了一个前所未有的极端状况，正如安东尼·吉登斯在《失控的世界》(1999)中所言，不管我们生活在哪，也不管我们是如何有权有势或者一无所有，许多新危险和不确定性无不对我们产生影响。现代性镶裹了人们的一切，并且带来了诸多令人无奈的悖反：一方面是物质财富的不断丰富，另一方面则是生态环境的急剧恶化，富有与恐慌逐渐占据人们社会生活的中心舞台，而所有这一切都是我们自己“有心为之”，生态安全的问题正是在这样一种现代性的境遇下开始了它的历史性出场。

首先，生态安全问题是作为现代性之负面实践效应的反题而出现的。现代性以及与之相关联的现代社会运动和自我意识，肇始于启蒙运动对人类理性的重新发现[①]。启蒙运动通过对人的主体意识的唤醒推动了人类对自我意义的重新发现，同时发现了人类理性的地位与作用。自此以后，伴随着理性尤其是工具理性的不断扩展，人类不仅在与自然界的关系中占据主导性地位，而且由于对这种工具理性所取得的成功过度痴迷，最终将理性定格在获取与发展科学技术的机巧之上。其结果是，伴随着现代社会的理性化及现代化过程，人成了手段，技术反倒成了目的。自工业革命以

① 之所以说启蒙运动“重新发现”了人类的理性，是要区别于有的学者所表述的“‘启蒙运动’发现了人类的理性”。本书作者认为，理性作为人类实践活动的文化，其多元化的形态在人类发展史中一直存在，只不过是在中世纪被神学蒙蔽了。另外，人们对“理性”的界定也各执一词，即使是把理性理解为现代性，多元化依然存在，当今世界的多元化在一定程度上便根源于此。忽略了“重新”意味着认同理性乃欧洲历史所独有，否定了包括中国文化在内的非西方文化对整个人类历史所产生的影响和贡献。

降，人类认识和改造自然的能力随科学技术的突飞猛进而大为增强，第一次真正得以成功地摆脱自然的原始束缚，逐渐从对自然力量的恐惧转变为对自然的肆意蹂躏与盘剥。然而，现代化进程在帮助人们实现改造自然、改善物质生活目的的同时，也将大自然弄得满目疮痍，严重侵扰了自然界的自我生息，激化了人与自然之间的矛盾。特别是20世纪70年代以来，在现代工业迅速发展及其全球化扩张、世界范围内的战火逐渐平息以及经济的复苏等背景下，人们对社会动荡的担忧得以解除，在经济上不甘人后成为各国当务之急，从而加快了对自然的索取，破坏自然生态环境达到了一个空前的程度。与之相应，人口膨胀、资源枯竭、环境污染、生态恶化、生存空间不足等问题不断袭来，已经成为困扰人类的深层次、全球性的问题。更为堪忧的是，在日益一体化的当今世界里，一旦一个国家或地区的生态环境遭到破坏，受影响的已经不仅是这个国家或地区自身，整个世界均可能因此而受到波及和伤害。

其次，生态安全问题的提出还在于现代性之文化反思浪潮的兴起。生态环境的恶化以及由此引起的对整个人类社会生存与发展的威胁，不仅引发了人们对其所处环境的普遍忧虑，也在文化精神的层面上激起了一场声势浩大的现代性反思运动。在这一反思过程中，作为现代性之基础与核心的“自由”与“理性精神”开始受到质疑。越来越多的人开始认为，以生态环境危机形式显现出来的生态安全问题，不再是一个简单的生态科学领域的问题，而是与整个社会经济、政治、文化等紧密相关的复杂性问题。这一问题的出现，恰好是自启蒙运动以来得以彰显的自由、民主思想与现代理性精神的结果。自由与理性的精神作为现代性两个最基本的维度，本来是推动整个人类社会发生根本性变化的强大力量，现在却成了导致生态危机问题的根源。科学技术是人类追求自由与理性精神之典范，因为它们极大地增强了人类的力量，是人类谋取最大限度福利的可靠保证。为了保证科学技术能够给人类社会带来尽可能多的好处，人类不仅发展出一整套高度发达的现代社会体制，试图将所有的行动都统摄其中以实现“有效性”或是“有序”，而且通过现代文化的建构与塑造，在文化意识的层面上构筑了科技主义的内核，形成对“效率”的极度痴迷与对科学技术顶礼膜拜的强大气场。其结果是，现代科学技术不仅在发展过程中转变为新的宗教，成为摆弄人类本性的统治者，而且直接地制造了人与自然的极度对立关系——生态危机。

总的来看，现代性在解放和扩展人的主体地位和理性能力的同时，也给人类社会的发展套上了枷锁。自反性特征不仅使现代性自身成为一个悖论，也使得生态安全问题被置于关系现代社会能否继续生存与实现可持续发展的核心位置。现代性是当今人类社会生活的基本构成，关注并解决好现代性境遇下的生态安全问题，已经成为当代人类的历史使命。

第 一 章

生态安全的概念及其内涵演变

"安全"是个历史性的概念，在不同的历史时期蕴含着不同的内涵。唯一不变的是，安全问题伴随人类社会的始终，它无论是对于个体、群体、国家乃至整个世界而言都具有基本的现实意义，是从古至今全人类社会所极力追寻的，如同所有的生物都具有趋利避害的本能一样。有所不同的是，一方面人们对安全内容的理解与追求因时而异，也因地而异；另一方面，安全还在主观层面上体现出群体差异性。但尽管如此，就整个族群或人类而言，始终不变的共识是：安全第一。

安全的内涵随着人类社会的发展进步而不断扩大。无论是本书中的生态"安全"，还是其他领域的"安全"，其内涵都有了新的发展，从主要关注生命伤害与物质财产损失这些显性的安全扩展到对更隐性安全的关注。比如说，职业安全、基因安全、文化安全以及生态安全等等，都被视为现代社会重要的安全内容。在现代社会生活中，经济安全仍然具有十分重要的意义，因此被所有的国家高度关注，而作为经济安全与整个社会安全之基础的生态安全自然也被提到前所未有的高度。生态安全逐渐从之前隐蔽的角落走出来，成为现在备受关注的主角。因此，审视生态安全的历史演变过程是准确理解其内涵的基础。

第一节 生态安全的概念

作为一个历史性的概念，生态安全的提出是人类历史发展到一定阶段的要求，它的出现必然地依赖于一定的理论基础以及现实条件。因此，系统地梳理生态安全理论的渊源和科学合理地界定生态安全的概念，是研究生态安全问题的逻辑起点。特别是在生态文明已经成为最流行语词的今天，要准确把握生态安全的概念，就需要对与之相关的几个重要概念进行辨析。

一 环境安全与生态安全

如果从最宽泛的意思来理解，那么，生态安全的问题从人类诞生的那一天开始就存在了。但是严格地说，前现代社会的人类并没有主动的生态安全意识，他们通常将局部、直观的环境问题等同于生态安全问题，[①] 干旱、洪水、火山以及地震等等，都被理解为不安全的因素，即狭义上的自然环境安全。这种理解与现代意义上的生态安全有着本质上的区别，现代社会的生态安全所包含的含义要广泛得多。随着全球性环境问题的凸显和生态危机的出现，生态安全作为一个概念被提了出来，到现在也不过三十几年的时间，是一个相对年轻的概念。正因如此，人们对“生态安全”的理解见仁见智，莫衷一是。

安全（safety, security）源自拉丁语（securus, securitas, secura），是由古罗马时期的西塞罗和卢克莱修提出来的，最初意指人类哲学和心理的精神状态，或者是人们从悲痛中解脱出来的主观感受。安全的最基本含义是：人类感觉上的“不难受”。汉代焦赣《易林・小畜之无妄》：“道里夷易，

① 之所以称为“局部”，一方面是指前现代社会的人们无法把握超出其所处社会的各种灾难，另一方面则指他们尚无法将灾难产生的根源及其后果进行普遍性的联系，尤其是不能深刻认识到人类社会活动对这些灾难的影响，而是把它们看成自然界在局部区域内的反常。

安全无恙。”《韦氏大词典》对安全的解释是：安全，即指人和物在社会生产生活实践中没有或不受或免除了侵害、损伤和威胁的状况。依此看来，安全包含两个方面的意思：一是指人类个体或与之相关的事物之“安”，即不受威胁而处于稳定；二是指人在主观感觉上的“全”，即所关注的人或事物处于完整状态。

与“安全”概念的双重含义相比较，“生态安全”的内涵与外延则要复杂得多。虽然人们现在经常使用“生态”一词，但是受到“环境”一词的干扰，对如何界定两者的异同仍感棘手。1868年，德国植物学家俄涅斯特·海克尔（Ernest Haeckel）首先提出了生态学这一术语，他将生态学定义为“研究有机体与其周围环境之间相互关系的科学”，为研究有机体与其环境之间的关系提供了一个概念性框架。它不仅创立了一门新的生物学科，而且把环境因素纳入生物学研究。海克尔认为，我们可以把生态学理解为关于有机体与周围外部世界的关系的一般科学，外部世界是指广义的生存条件。表面上，海克尔的生态学概念指示了“生态”与“环境”的区别，但其所谓的“生存条件”实际上却给二者的混用留下了机会。现代生态学的核心概念“生态系统”则是由英国生态学家坦斯利（A. G. Stanley）在1935年提出来的，其定义使得生态与环境之间的关系更为明确。他在《植物生态学导论》一书中说，“我们对生态系统的基本看法是，必须从根本上认识到，有机体不能与它们的环境分开，而与它们的环境形成一个自然系统。我们所谓的生态系统，包括整个生物群落及其所在的环境物理化学因素（气候土壤因素等）。它们是一个自然系统的整体。因为它是以一个特定的生物群落及其所在的环境为基础的。这样一个生态系统各个部分——生物与非生物，生物群落与环境，可以看作是处在相互作用中的因素，而在成熟的生态系统中，这些因素接近于平衡状态，整个系统通过这些因素的相互作用而得以维持。”[1] 美国的查尔斯·哈珀（Charles

---

① 转引自余谋昌：《生态哲学》，陕西人民教育出版社2002年版，第20页。

Harper）也指出，生态系统是指有相互作用的有机体群落和种群与由化学物理因素所构成的无机环境。由此看来，“生态”主要是指地球生物圈内，一定的生命主体与其所处的环境之间的形成的物质循环、能量转换、信息传递关系所呈现的状态。因此，生态安全就是指生命体与其所处的环境之间的物质循环、能量转换与信息传递处在不遭受威胁或者是在一定的威胁之下仍然能够保持稳定的状态。

学者们对生态概念的界定也表明，环境是与生态紧密关联的一个因素，但两者有所区别。洪大用认为，所谓的“环境”总是相对于某一中心事物而言，作为某一事物的对立面而存在，且因中心事物的不同而不同。① 在我国 1989 年发布的《中华人民共和国环境保护法》中，“环境”被定义为“影响人类生存和发展的各种天然的和经过人工改造的自然因素的总体，包括大气、水、海洋、土地、矿藏、森林、草原、野生生物、自然遗迹、自然保护区、风景名胜区、城市和乡村等。”很显然，环境有两层含义：一是指自然环境，二是指人类社会环境，而广义上的自然环境应该等同于“生态系统”。正因为如此，很多学者，尤其是国内的学者，在研究生态问题或是环境问题时，习惯将之称为生态环境，其差异性又没有英文的 environment 和 ecology 那般明显了；从研究内容上看，很多的“生态”问题其实也就是“环境”问题，而“环境”问题也被看成“生态”问题。但是，从严格的意义上说，除去人造世界的部分，环境应该包含于生态系统之内。不仅如此，随着城市生态学的发展，主张把社会环境也归属于生态系统之中的观点逐渐得到认同。当前我们所谓的环境应该是指以人类为主体的外部物理世界，即人类生存、繁衍所必需的相应的自然物质条件的综合体，环境并不包括人类在内；生态系统则不仅包括生物体及其所处环境，也包括人类在内，因为人类的活动也是生态系统的相关因素甚至是核心因素。也可以认为，对环境和生态的不同界定负载着人类的价值判

① 李培林等：《社会学与中国社会》，社会科学文献出版社 2008 年版，第 799 页。

断，环境是一种人类中心法则的解释，而生态系统则包含着“祛人类中心”的含义。

当然，这种价值判断在一定程度上也使得环境与生态之间的关系愈加复杂。有的人认为，“生态”是表现“生命与其外部环境的关系”，“生态”一词的内涵已包容了“环境”，“生态环境”这个被常用的词其实是一个同义重复、非科学的口语用词，并建议酌情改用“生存环境”或“生活环境”、“生态因子”或“生态条件”和“生态和谐”或“生态安全”等科学概念，并主张将“环境保护”上升到“生态安全”。[①] 但是，在一般的层面上说，我们在考察生态系统或是环境的时候，都是以人类为中心，默认了“人类豁免”——即使是在当前生态危机异常突出的年代中，“祛人类中心”的理念最终仍然步入实践活动中“人类站在制高点”的困境。在此情况下，生态与环境其实是同一的。无论是使用“环境”或是“生态”，所指的对象是一样的，两者之间也没有非常明显的区别。比如，欧洲国家特别是东欧国家如俄罗斯联邦、乌克兰、波兰等，习惯上称作“生态安全”，正如它们习惯将环境保护法称作生态法一样，而美国、日本、中国则习惯称作“环境安全”，如同它们习惯将环境方面的所有法律规范称作环境法一样。二者似乎没什么本质上的区别。[②] 这种学理逻辑与行动逻辑上的混乱同样影响到国内的相关研究，它导致国内的学者有时称之为“环境安全”，而有时则谓之“生态安全”，但更多人是在并列的关系上使用“生态环境”这一称谓。在人类占据制高点的前提下，环境安全与生态安全并无本质的区别。因此，本书对生态安全问题的分析也可以被理解为是对环境安全问题的分析，即强调生态与环境的共性并在此基础上使用“生态安全”一说，但又反对将二者直接等同的做法。简言之，在边界界定上，环境与生态无法截然两分，人类是否被置于中心地位才是理解二者的关键，也是考察与

① 傅先庆：《论生态安全》，《闽西职业大学学报》2005 年第 12 期。

② 王树义：《可持续发展与中国环境法治——生态安全及其立法问题专题研究》，科学出版社 2007 年版，第 2 页。

反思生态安全及其演化历程的着眼点。

虽然生态安全的研究取得了长足进步，但由于生态安全是个包括人类社会诸多因素在内的复杂的巨系统，人们目前还没有形成统一的定义。依照国内外众多学者的理解来看，生态安全有广义与狭义之分：所谓广义的生态安全，是指在人的生活、健康、安乐、基本权利、生活保障来源、必要资源、社会秩序和人类适应环境变化的能力等方面不受威胁的状态，包括自然生态安全、经济生态安全和社会生态安全，组成一个复合人工生态安全系统；狭义的生态安全则是指自然和半自然生态系统的安全，即生态系统完整性和健康的整体水平反映。由于环境与生态含义上的接近性，以及当前人们在环境保护方面的习惯行为，本书的分析主要是立足于狭义上的生态安全，即自然环境。当然，回归到人们对生态安全日常的宽泛且模棱两可的做法可并不意味着本书之前或之后所做的意在区分其不同含义的努力变得多余，相反地，这种区分尝试正好印证了生态与环境之间的复杂关系。同时，对于阐明生态安全（也可以算是自然环境安全）历史演化的轨迹及其当下遭遇这一主要目标而言，其内涵上的些许差别并不是主要的障碍。

综合现有的观点，人们对生态安全的理解包括三个基本方面：其一，生态安全的“为人性”，即生态安全是一种对于人类而言的安全，是指人类社会正常的运行与发展不遭受来自生态环境方面的威胁；其二，生态安全的“人为性”，即生态安全存在或出现的“不安全”状态，除了表现为自然界运动变化的正常现象之外，也是人类活动的结果，尤其是工业革命以来的人类活动影响的结果；其三，生态安全的发展性，即人类与自然这一整体的和谐状态除了免受不利因素危害之外，还指在外界不利因素的作用下，人与自然不受损伤、侵害或威胁，人类社会的生存发展能够持续，自然生态系统能够保持健康和完整，即生态安全有一定的弹性。另外，发展性还表现在生态安全的实现是一个动态过程，需要通过对其脆弱性的不断改善，实现人与自然处于健康和有活力的客观保障条件。

二 生态安全与生态风险的关系辨析

如前所述，生态安全不仅是一个具有历史性的概念，也是一个动态发展的过程。生态安全之所以在现代社会中引起关注，主要是因为生态环境日益恶化这一社会现实，即全球性的生态危机愈发严重地威胁到人类社会的稳定与发展。这表明，生态安全、生态风险与生态危险之间存在着紧密联系，全面地把握这三者的关系是分析生态安全的应有之义。安全是相对于危险而言的，没有危险也就无所谓安全，而危险必然事出有因。总的来看，我们可以将“安全”、“风险”与“危险”的对应关系做如下表示：

安全……风险……危险

从安全的状态到危险的出现，其间必然存在着特定因素的改变，这种因素的增加或是减少往往不为人知，即所谓的“风险”，它所有事物的一个根本特性，即不确定性。作为一种中间状态，风险既可以被最大限度地消减不利的因素，从而转化为“安全”，也可以因不可知而逐渐地暴露其潜在的消极的因素，最终导致危险。风险概念表述的是安全和毁灭之间一个特定的中间阶段的特性，这种特殊的“可能永不或尚未能够（no-long but-not-yet）的现实状况——不再信任（安全），还未毁灭（灾难）——是风险概念所表达的内容，并且也是使它成为一个公共的参考框架的内容”。① 简而言之，风险是一种难以捉摸的未知状态，它可能转变为现实的安全状态，也能导致危险的出现。

因为安全与危险的这种对应关系，有学者认为生态安全概念可以从正负两个方面表述：它的正面表述是干净的空气，清洁的水，肥沃的土壤，丰富多彩的生命，良好的生态结构，健全的生命维持系统，丰富的自然资源，这些是人类在地球上健康生活、持续生存和发展的条件，是人类社

---

① ［德］乌尔里希·贝克：《世界风险社会》，吴英姿、孙淑敏译，南京大学出版社2004年版，第175页。

会、政治、经济和文化发展的自然基础，其良好状态标志着人类的生态安全性。生态安全的负面表述是水、空气、土壤和生物受到污染、森林滥伐、草原沙漠化和荒漠化、水土流失、耕地减少、土壤退化，生态受到破坏，水源、能源和其他矿产资源严重短缺。它以环境污染和生态破坏的形式出现，表示地球生命系统维持生命的能力下降，自然条件和自然资源支持经济和社会持续发展的能力削弱，严重损害人类利益，威胁人类生存，表示安全受到威胁，成为人类安全的问题。① 生态安全的负面表述也就是生态危险。

生态安全的前提和基础是维持生态系统的自身安全，保持整个生态系统的完整性和可持续性发展。生态安全作为一种动态的发展过程，它不仅受到人为的影响，还受到自身运动变化的影响，充满了不确定性，即所谓的生态风险。"生态风险"（Eco-risk）就是生态系统及其组分所承受的风险。它指在一定区域内，具有不确定性的事故或灾害对生态系统及其成分可能产生的不利作用，包括生态系统结构和功能的损害，从而危及生态系统的安全和健康。由于它的潜伏期长，出现过程缓慢，不像金融风险那样明显突发，所以很容易被忽略和轻视。然而，生态风险一旦从潜能转变为现实压力，却极难防范和缓解。② 生态风险是对生态安全危及程度的逆向测度，由自然退化和人为扰动两方面的原因造成。生态系统的完整性一旦遭受到超出其自主恢复限度的破坏，整个生态系统就会朝着危险的方向发展。由于风险不可能完全被认知，而风险又是无时不有、无处不在的，因而生态安全也必然是动态与相对的。比如说，2003 年中国大地所爆发的 SARS 病毒，既是人为的结果，也是大自然自身变化的结果，但人们当时无法认识到这种潜在状态下的危险。这场突发灾难不仅给人民的生产和生活带来了极其不利的影响，而且还造成了巨大的经济损失和严重的社会危

---

① 余谋昌：《论生态安全的概念及其主要特点》，《清华大学学报》（哲学社会科学版）2004 年第 2 期。

② 薛晓源：《生态风险、生态启蒙与生态理性》，《马克思主义与现实》2009 年第 1 期。

机（由意外事件引起的危险和紧急的状态也可以被称作危机）。

三　生态安全的地位

生态安全是经济与政治安全的基础，对于人类社会的安全有着根本性的意义。但是，由于其复杂性与隐秘性，生态安全的问题在很长时间内并没有得到足够的重视。国际生态安全合作组织主席蒋明君认为，多年来，人们习惯于重视政治安全、经济安全、信息安全，却忽略了生态安全。主要原因有两个：一是整个人类社会仍然没有明确的生态安全意识；二是对生态安全的理解存在误区，将生态安全视为一般意义上的环境治理或环境保护。

事实上，随着人类社会的发展，生态安全已经成为一种广受瞩目的诉求，它既与国家政治、经济安全以及国家文化安全等共同组成国家安全体系，同时又超越国家的范畴而成为世界范围内的普遍需求。从影响后果来看，生态安全构成了整个国家乃至世界安全的基础，在现代社会中具有基础性与战略性意义。

（一）生态安全的基础性地位

人主要是生活在社会群体当中，社会性是其本质属性，但从更大的范围来看，人同时也是自然中的人，是生活在整个大生态体系当中的群种之一。① 人是自然界长期发展的产物，决定了人与自然结成发生学意义上的关系。自然环境是人类社会赖以生存的基础，没有这一基础人类根本就无法存在，发展问题更是无从谈起。

自然界的整个生态系统给人类提供了最基本的生存条件：干净的水、自由呼吸的空气、安身立足之地、丰富多样的生物资源、矿产资源以及形式多样的能源等等。除了为人类的生存与发展提供所有物质来源之外，生

---

① 由于人是从自然界的演化过程中产生的，人的生存与发展离不开自然界所提供的物质与能量，物质基础决定了人类的社会变化与发展，人的任何能动性的发挥离不开自然界这一前提，因此，有的学者认为人的根本属性是自然性。

态系统还起到了分解、吸收与转化人类活动所产生的各种废弃物的作用。人类大量排放的二氧化碳，所造成的污染，曾经和正在造成的环境破坏都依赖于生态系统的自我恢复能力。就此而言，生态安全是最深层次的安全，人类和其他生命必须依赖于它；人不能脱离自然而存在，这种依赖具有根本性与绝对性。国务院原副总理曾培炎在出席2006年中国生态安全高层论坛时曾指出：历史和现实告诉我们，生态兴则文明兴，生态衰则文明衰。生态安全的重大意义主要表现在几个方面：首先，它直接关系到人类的生命和健康安全，一旦发生了环境危机和生态灾难，它将导致一系列社会后果，比如环境污染所导致的物种变异或灭绝，在此意义上，生态安全等同于生命安全；其次，社会经济的持续发展离不开稳定生态环境的支持，生产活动所消耗的物质能量主要来自于生态环境，并且要保证这些生产活动不超出生态环境的承载能力；再者，现代社会的人已经不再满足于基本的衣食保暖，享有良好的生态环境显得愈发重要，蓝天碧水以及美丽的景致开始成为人们追求的目标，生态环境的状况成为一个民族国家或地区发展水平的重要考量。为了保证自己在生态环境方面的诉求不受损害，围绕生态环境而进行的斗争已经成为现代社会的重大事件。越来越多的人认识到毫无节制地开发、利用自然资源，已经对生态系统造成极大的破坏，生态环境的恶化已经严重损害人类自身的健康和生存。

把“生态安全”作为人类可持续发展基础的理念越来越受到各国的认同和重视，依法保护生态安全，已逐渐成为许多发达国家的通行做法。1972年，瑞典斯德哥尔摩会议通过《人类环境宣言》，向全球发出呼吁：在我们人类决定世界各地的行动时，必须更加审慎地考虑环境后果。它明确地告诉世人，人类只拥有一个地球，环境问题的全球化已成为制约人类发展的重大因素，各国政府必须采取共同行动，保护环境，造福全人类和子孙后代。20世纪80年代联合国世界环境与发展委员会提交的《我们共同的未来》报告中指出：在过去的经济发展模式中，人们关心的是经济发展对生态环境带来的影响，而现在，人类还迫切感受到生态压力对经济发展所带来的重大影响与存在的安全性问题。在严峻的生态环境恶化事实面前，何曼·卡恩（Herman Kahn）及其追随者的“丰饶论”已经没有说服力了。更多的人相信，当前趋势正把我们推向一个与我们这个星球有限的负荷量相冲突的路径上去，人类必须尽快地改变一直以来的乐观看法，抛弃“无限论”的幻想，否则，资源将会很快枯竭，现代文明极有可能重蹈玛雅文明的覆辙。

对所有国家而言，在全球性生态环境恶化的形势下，“国家安全的传统概念将受到挑战。第二次世界大战以来，‘国家安全’几乎完全属于军事性质的。国家安全的定义就是假定对安全的主要威胁系来自其他国家。可是，目前对安全的威胁，来自国与国之间关系的较少，而来自人与自然之间关系的可能较多。对很多国家来说，沙漠扩展或土壤侵蚀可能比入侵敌军更能威胁到国家的安全。”① 安全的保障不再局限于军队、坦克、炸弹和导弹之类这些传统的军事力量，而是愈来愈多地包括作为我们物质生活基础的环境资源。假如这些基础退化，国家的经济基础最终将衰竭，它的社会组织会蜕变，其政治也将变得不稳定。这样的结果往往导致冲突，或是国家内部发生骚乱和造反，或是引起与别国关系的紧张和敌对。② 美国世界资源研究所前副总裁杰西·卡塔奇曼·马修斯认为，20 世纪最后 10 年要求我们对国家安全重新下定义。未来的国家安全概念将由防御外国侵略转变为防止环境退化。美国中央情报局专门设立了生态安全中心，并会同国家安全委员会、国家情报委员会和国防部负责全球环境问题的高级官员协同“作战”。③ 越来越多的国家认识到生态安全乃国运之所系，保证

① ［美］莱斯特·布朗：《建设一个持续发展的社会》，科学技术文献出版社 1984 年版，第 279 页。

② ［美］N. 迈尔斯：《最终的安全》，王正平译，上海译文出版社 2001 年版，第 19—20 页。

③ 蒋明君：《生态安全——和平时期的特殊使命》，世界知识出版社 2008 年版，第 192 页。

生态安全刻不容缓。

需要指出的是，生态安全并不只是某一民族国家或地区的内部事务，它更是一个全人类的共同事务，生态安全问题具有普遍的相关性，是一个世界性的问题。日益突出的全球生态危机，如全球变暖、臭氧层破坏、酸雨、水资源污染、土地退化、森林植被破坏、生物多样性减少和有毒有害物质污染与越境转移等构成的生态安全问题使人们认识到，生态安全远比政治、经济与军事之类的问题更需要全人类的协作，民族国家的单打独斗都无法遏制和扭转生态环境的恶化，而只能是错失良机。因此，生态安全在一定程度上超越了政治安全、经济安全与军事安全，成为人类安全的最重要组成部分。显而易见，政治安全、经济安全与军事安全等是生态安全的重要保障，而生态安全则是政治安全、军事安全与经济安全的根基。

（二）生态安全的战略性地位

在“和平”与“发展”已成为当今世界主题的前提下，许多发达国家把生态安全列入影响国家安全的主要战略目标、外交目标以及可持续发展战略目标予以高度重视。

早在20世纪70年代末，美国国家安全部门就资助科学家进行全球环境变化的系列研究计划。这些研究成果大大丰富了国家生态安全、国家安全的观念与内容，成为美国处理全球环境问题的依据。1991年，美国首次将环境视为国家安全写入新的国家安全战略。根据当时的副总统戈尔于1992年的建议，美国中央情报局集中了数十名环境生态科学家，就自然环境生态变化对国家安全的影响进行研究。这些科学家根据美国间谍卫星拍摄的大量资料进行分析，得出一些生态现象的变化规律，并推测可能对生态环境造成的影响。①

几乎与此同时，我国也将生态安全作为国家发展重要战略，提出以实

① 王树义:《可持续发展与中国环境法治——生态安全及其立法问题专题研究》，科学出版社2007年版，第45页。

施可持续发展战略和促进经济增长方式转变为中心，以改善生态环境质量安全和维护国家生态环境安全为目标。继2000年的《中国21世纪议程》之后，在党的十六大报告中，我国的国土生态安全问题被明确提出：同国防安全、经济安全一样，生态安全是国家安全的重要组成部分。十八大把生态安全作为中国特色社会主义事业总体布局的必要组成部分，由经济建设、政治建设、文化建设、社会建设“四位一体”拓展为包括生态文明建设的“五位一体”。十八大报告中明确指出应“构建国土生态安全格局”，着力树立生态观念、完善生态制度、维护生态安全、优化生态环境，形成节约资源和保护环境的空间格局、产业结构、生产方式、生活方式。托马斯·弗里德曼肯定了中国的这种生态文明战略，他认为，20年之后，当历史学家们回首2008年和2009年时，会把经济大衰退当作这时期最重大的事件，而这期间的最重大事件其实是中国决定成为环保国家。他甚至认为，中国在本世纪作此决定的重要性相当于苏联1957年发射首颗人造卫星。①

世界各国之所以将生态安全提到国家战略的高度来加以重视和研究，除了必须应对生态危机这一现实因素之外，也是由生态安全本身的运动规律所决定的。世界是变化发展的，生态安全也有其自身的发展变化规律。它既可能朝着有利于人类社会的方向发展，也可能朝着不利于人类社会的方向发展。因此，不论从哪个角度看，生态安全的治理和维护都具有长期性与战略性。

对于生态安全的重要性和战略性，科学家其实早已发出警告：如果不及早采取行动共同拯救我们的地球，维护生态系统的稳定性，人类文明将很快走向末路。《转折点》一书的作者弗里乔夫·卡普拉指出：在本世纪(20世纪）最后20年伊始之时，我们发现我们自己处于一场深刻的、世界范围的危机状态之中。这是一场复杂的、多方面的危机，其规模和急迫性在

---

① 《参考消息》2009年9月28日。

人类历史上是空前的。我们第一次不得不面临着人类和地球上所有生命都可能灭绝这样一场确确实实的威胁。随着经济和社会的发展，尤其是全球化的扩张，给资源匮乏、环境污染、生态破坏等各种生态风险的防范增加了压力，从而也使得生态安全具有了事关全局的战略地位。在科学家们看来，为了维护人类的生态安全，一是要缓解全球生态安全的社会限制，反对霸权主义，自觉地调整和改善社会关系，寻求一个自由、公正和平等的多样性的世界；二是要缓解全球生态安全的自然限制，缓解人与自然的矛盾和冲突，实现人与自然的和解，建设一个人与自然协同进化的世界；三是要高度重视生态安全问题的复杂性和挑战性，由于生态危机的全球化，使得生态安全问题的解决具有高度的复杂性、挑战性和长期性，而生态安全问题所具有的全面性的影响后果，使得它不仅关系到每个人的生命、健康，也关系到整个社会的稳定问题。只有生态安全，人类才有安全，而且这种安全是一种共同的安全，也没有人与非人之分。形象地说，"谁都不是一座岛屿，自成一体；每个人都是那广袤大陆的一部分。如果冲刷掉岸边的一块岩石，欧洲就少了一点；同样地，如果一个海岸，如果你朋友或你自己的庄园被冲掉，也是如此。任何人的死亡都使我受到损失，因为我同人类是统一的。所以任何时候也不要打听丧钟为谁而鸣，它为你敲响。"①

尽管丧钟尚未真正敲响，但警钟已然响起。国际社会开始作出反应，不仅把生态安全问题列入涉及人类安全的重大议程，积极推动生态安全问题进入国际政治舞台，而且在具体工作的层面上开展积极的环境外交，试图通过有效的国际合作，逐步和切实地解决全球生态安全问题。②2002年9月在南非约翰内斯堡，世界许多国家的首脑参加由联合国组织的全球环境与发展峰会，共同商讨世界的可持续发展大计，而生态安全正是这次会

① 《丧钟为谁鸣》的题词，上海译文出版社1997年版。

② 余谋昌：《全球化与我国生态安全》，《太平洋学报》2004年第2期。

议的主题。频发的自然灾害，以及由气候变化和人类不可持续经济活动导致的环境问题已对人类生存和经济发展构成严重威胁。各类灾害的发生，不仅改变了世界政治格局，而且加剧了因贫困而引发的冲突。为了应对这种严峻的生态环境格局，由中国倡议发起并在联合国人居署、联合国内陆发展中国家和小岛屿国家高级代表处的支持和参与下，于 2006 年由主权国家共同创建了全球性国际组织——国际生态安全合作组织。与生态环境问题相关的国际交流不断增加，拓展了人们解决生态难题的思路，2010 年，在柬埔寨的金边市召开了第一届世界生态安全大会，为各国政党、议会、政府机构、非政府组织、金融部门、企业集团及专家学者提供了一个共商生态安全与可持续发展的高端对话平台。这表明，生态安全已经被提升到具有全球战略意义的高度。

第二节　生态安全的内涵

生态安全所具有的动态的、开放的特性，无疑给人们的多视角研究提供了机会。但是，无论是从生态学的视角去理解生态安全问题，还是以政治分析的眼光来看待生态安全问题，都必须肯定它所包括的两层基本含义：一是避免由于生态遭受破坏而造成的对社会经济发展的环境基础的威胁，从而维护一个国家的生态环境和自然资源对于本国经济持续发展的环境支撑能力；二是避免由于生态环境严重退化和资源严重短缺造成生态难民并引起暴力冲突，从而防范生态问题对区域稳定和国际安全构成威胁。无论是从个体意义上说，还是从国家甚至全世界的范围来说，生态安全都可以被归结到这两个层面上来，即原生生态安全问题与次生生态安全问题。相比较而言，前者强调的是生态安全同各国环保部门从事的环境污染防治和自然资源保护工作基本相同；后者更多的是将生态安全理解为与外交、军事以及社会政治生活紧密相关的问题。在生态安全的构成上，有学者把生态安全分为六个重要部分，即非传统安全（突发性自然灾害、传染病的流行、社会安全、责任事故、劳动安全、食品安全、生化武器污染环境等）；环境安全（全球变暖、空气质量、水资源保护、土地沙漠化、赤潮、臭氧层破坏等）；物种安全（生物多样性的保护、外来物种入侵、非典型性肺炎、禽流感等）；文化遗产的保护（历史文化遗产、自然文化遗产、非植物文化遗产）；核安全（核武器、核辐射、生化武器），以及可持续发展。① 从生态安全与人类社会生活看来，生态安全还包含着更丰富的内容。

一　生态学领域的生态安全基本内涵

环境破坏的生态学解释绕不开芝加哥大学的社会学家帕克（Robert Park）及其同事。约翰·汉尼根（John Hannigan）认为，帕克主要是从关注自然环境本身的角度对其感兴趣，意识到人类以城市发展和工业污染的形式所进行的干预，人为地打破了物种之间相互联系的链条，由此扰乱了“生物平衡”。事实上，商业在“日益破坏古老自然秩序所依赖的与世隔绝”，由此已经加剧了在不断扩张的可居住世界中的生存竞争。话虽如此，但生态学还是在自己的研究领域中更加注重那些“外在于人”的自然界的戏码。在生态学视角下，生态安全以自然条件和自然资源状态的好坏表示，它主要关注的对象是人类生存与发展的整个生态系统状况，属于自然科学的研究范畴。

生态学将生态理解为生态系统中除了人类种群以外、相对于生物系统的全部外界条件的总和，它包括了特定空间中可以直接或间接影响有机体生活和发展的各个要素，即生物与非生物的因素。就此而言，对生态安全的研究虽然也具有“为人性”的一面，但是其重点仍然是研究水、土、气，以及生物系统这四大类自然存在物的总体状况，其指向的是整个地球生命

① 蒋明君：《生态安全——国家生存与发展的基础》，世界知识出版社 2008 年版，第 214 页。

维持系统的良好状态。良好的自然条件和丰富的自然资源，包括了生态系统的生命要素和环境要素，而这两个方面又具体表现为四大生命要素，即海洋、森林、草原和农田以及三大环境要素即大气、水源和矿产资源。因此，在生态学视角下，生态安全应该是指：生态系统的平衡得到维护，自然界的自我运动变化过程保持在和谐状态；自然界的环境容量受到尊重；环境的自然净化能力得到维护，整体自然环境处于良好的状态。简单地说，生态学意义上的生态安全主要是指包括水、土、气的环境安全以及生物系统的安全。

生态安全取决于资源承载能力、环境恢复能力、协同进化能力和生态系统自我调节能力。生态安全的科学内涵有四个方面：一是生态系统结构、功能和过程对外界干扰的稳定程度（刚性）；二是生态环境受破坏后恢复平衡的能力（弹性）；三是开拓生态位、与外部环境协同进化的能力（开拓进化性）；四是生态系统内部的自调节自组织能力（自组织性）。①

生态学主要关注的是生物体与其所处环境的相互关系，关注生态系统的物质、能量与信息转换和交换的状态，即生态系统的存在状态。因此，生态安全的范围又可以分为三个层次：第一个层次是地方生态安全，它是指一个国家内部区域性的生态环境状况；二是国家生态安全，它是就一个国家整体而言，其生态环境状况是否对本国人民的生存和国家的发展构成威胁；三是国际生态安全，它包括双边、多边和全球性的生态安全，是指一国破坏生态环境的行为是否给别国的生态环境造成损害，或者是全球性生态变化究竟会带来什么后果。然而，生态环境的良好运行有其关联性，且现代社会的行动往往表现出超越特定区域的交互性，因此，生态安全在这三个层次上的问题很难截然两分。只有生态安全得到保障，地区之间、国家之间乃至全球的生态环境纷争才能消除或减少，人类的不同文明才能得以不断传承。

---

① 王如松：《生态安全·生态经济·生态城市》，《学术月刊》2007年第7期。

与生态安全的范围划分相似，其内涵也可以分为三个层次：第一个层次是人的生命和健康安全，它取决于生命系统和环境系统的安全；第二个层次是生命系统的安全，它取决于环境系统的安全；第三个层次是环境系统的安全，它取决于特定空间（包括空气、气候、阳光、地质、水文等因素）的安全。因此，特定空间的安全应是生态安全的基础。① 由范围和内涵层次可以看出，生态学意义上的生态安全具有以下几个特点：

一是整体性。生态环境是相连相通的，任何一个局部环境的破坏，都有可能引发全局性的灾难，甚至危及整个国家和民族的生存条件。生态安全的整体性特征不仅仅指各生物个体、群体与其所生存的环境之间的多样性的统一，还指空间上的广泛性，即不同区域之间、不同国家之间的生态安全是相互依存的。一旦系统的某个环节出现了反常，就极有可能影响到物质的循环、能量的转化以及信息的交换，最终影响到整个生态系统的自我运转，导致生态破坏，且这种生态后果是大跨度、超时空的。比如，气候变化、臭氧层破坏、森林锐减导致的干旱，其影响往往不会偏于一隅。

二是不可逆性。生态学研究的进展使得这一论断愈发具有说服力，即生态系统远比预想更加脆弱。生态系统的稳定依赖于系统内部各要素之间的相互作用，不同要素之间的平衡具有一定的“阀值”。在其限度内，即使是受到干扰破坏，生态系统也能自行恢复；一旦干扰破坏（尤其是来自外界的破坏）超过其自身修复的能力，系统便会崩溃，从而造成不可逆转的后果。生态系统的稳定态是自然界长期动态演化的选择结果，在缓慢的进化过程中将各种因素以最复杂精巧的方式完美结合起来，人类无法取代这种自然力来实施有效的干预。

三是影响的滞后性。至今为止依然稳定的生态系统使人们已经习以为常，忽视了我们如今的诸多便利皆受惠于生态系统长期以来的作用。与稳定的生态系统给人类所带来的积极影响相似，它在受到严重侵害之后的恶

① 车力：《生态安全的基本内涵》，《国际关系学院学报》2008 年第 6 期。

果也具有滞后性。除去某些特殊的情形，生态系统在遭受干扰破坏之后，很多严重的后果并没有立即显现，而是要经过相当长的一段时间才会逐渐地体现出来，有的生态恶果会在一代人甚至几代人的时间过后才会凸显。即使是早已引起极大关注的物种灭绝问题，无论是野生动物多样性的减少，还是森林的减少，人们仍然无法全部体验到它们的影响，仍然无法对其后果作出准确的评估。

四是长期性。严格地说，人类无法修复遭受破坏的复杂生态系统。即使是对于那些相对简单的生态系统，修复也需要耗费人类漫长的时间。以中国为例，20 世纪五六十年代对生态环境的大肆破坏造成了生态环境的急剧恶化，严重影响了中国社会的健康发展。直至今日，我们仍然在为这种错误的行为买单，且收效甚微。另外，生态系统遭受破坏所带来的恶果也表现出长期性。比如说，森林的破坏就有可能导致相关区域长期的干旱，臭氧层空洞的影响也是一个有力的证据。

五是隐匿性。无论是从正面来看，还是从负面来看，生态安全都具有隐匿性：良好的生态环境一直给人们的日常生活提供便利，而大多情况下我们对此习以为常，其作用不被列入我们的考虑范围；即使是目睹了生态环境的巨变，在灾难发生之前，我们也难以察觉。

二 STS 视角下的生态安全

19 世纪中叶以来，人与自然的关系逐渐地成为人们反思的主题，围绕这一问题提出了各种各样的解释。“人口说”认为人口的增加加重了生态环境承载的压力，人类活动足迹的扩大自然而然地导致生态环境逐渐由安全转为不安全。“丰饶论”（Cornucopians）认为地球的潜力没有穷尽，当前人们所遭遇的生态环境恶化应该归咎于暂时性的技术障碍与资源衔接问题，但长远看来，在技术不断进步的情况下，人类发展的前景一片光明。“丰饶论”的代表人物之一朱利安・L. 西蒙更是在其著作《资源丰富的地球》（1984）中讥笑了悲观主义者的杞人忧天，招来了无数的抨击。

斯坦福大学的生态学家保罗·R. 埃利希愤怒地指责西蒙之流的乐观派祛除了人们对发展前景的忧患意识，导致他们坐在一座活火山口上而浑然不知。更多的悲观主义者相信，人们对物质财富无止境的追求，过度的物质索取使得自然界的资源迅速消耗，攀比的消费将让生态环境难以为继。“宗教说”则认为人类在“体现上帝的荣光”的感召下，为了成为上帝的“选民”而不遗余力地向自然宣战，以展示自己作为上帝托管者的至高地位。“科技说”以及“制度说”等等也都从不同维度揭示了人类倚仗着理性对自然界肆意摆弄，从而致使人与自然的关系日渐对立。这些解释各有其合理性，却也显露出片面性。不过有一点却是相同的，即认为人类对生态环境问题负有责任，这种责任一方面表现在人的行为活动的后果，另一方面则是有关生态环境价值判断的“为人”性。

首先，生态环境的恶化在形式上是一种“自然现象”，其实，这种“自然现象”背后闪动的是人类的身影，当前的生态困境更是人类做作的结果：人类对自然资源的大肆开发与消耗致使资源枯竭；人类过度的消费产生了大量的废弃物，超出了环境的自净能力；人类活动空间的扩张侵占了其他生物的生存空间，还破坏了生物链从而导致了生物多样性的减少。在前工业社会时代，由于生产力水平低下，人类对自然的掠夺与破坏并没有太大的影响，至少从整个宏大的生态系统来说是这样。但是，在被誉为现代社会伊始的工业革命之后，人类所拥有的力量更为强大，人与自然的关系也就随之改变了。现代人的生活方式是以燃烧矿物燃料为基础建立起来的，化石能源成为主导，把地质时代积累于地下的碳以二氧化碳的形式释放出来，从而导致温室效应，影响了地球大气。人类第一次变得如此强大，我们改变了我们周围的一切。我们作为一种独立的力量已经终结了自然，从每一立方米的空气、温度计的每一次上升中都可以找得到我们的欲求、习惯和期望。①

① ［美］比尔·迈克基林：《自然的终结》，孙晓春译，吉林人民出版社2000年版，作者序第12页。

其次，现时代的生态环境问题因人而起，生态安全问题的解决终将取决于人类的社会活动，因此已经成为一个社会问题。莱奥·马克斯（Leo Marx）认为，尽管科学家和技术员的工作对于解决最紧迫的环境问题是必不可少的，但是，难题自身是社会实践的结果，它们是典型的社会问题，其根植于文化倾向的长期的稳定的发祥地上。因此，如果我们不将对它们特性的科学分析，对它们的社会、文化、行为起源的恰当理解以及用于解决它们的制度结构结合起来，那么，环境问题的解决注定是很难的。① 生态安全问题的社会性一方面表现在人对于与生态环境相关的“安全”的价值评价上，另一方面则体现在问题根源的人为性上。同时，现代社会的生态安全不仅取决于人类的理解，还取决于人类的改造实践，是一个既与生态环境恶化的“事实”相关，又与人为“建构”的结果。

最后，所谓的“生态安全”是对于人的安全，是以人的利益来定义的，人的诉求是判定生态环境的现状与未来安全与否的决定因素。相应地，生态环境的“不安全”则主要表现为自然对人类社会利益的损害或威胁，对其安全的诉求同样也是为了人类能够摆脱威胁。生态安全研究最终的目的是为人类与自然的和谐共存找到认识基础与理论依据，落脚点在于保证人类的生存与发展。

作为一个现时代重要的问题，生态安全自然引起人们的极大关注，对这一问题的反思主要集中在哲学、经济学、伦理学、制度以及科学技术的层面上，不同的认知维度与方法促进了生态哲学、环境经济学、环境伦理学、环境制度学以及环境科技等方面知识体系的发展。分门别类的考察自然有利于细致审查生态安全的各个环节，但是缺点也同样突出：由于这些知识分支大多自成一体，缺乏在宏观层面上的统一性以致无法形成对生态安全问题的全景式描述，难免有盲人摸象之虞。笔者认为，鉴于 STS 学

---

① 肖显静：《环境与社会——人文视野中的环境问题》，高等教育出版社 2006 年版，第 1 页。

科通达文理与兼容并包的特性，它兴许可以作为统摄这些自成一体的学科之工具。

20世纪60年代和70年代初，科学、技术与社会（STS）诞生于美国。此时正值全球性经济危机、空前惨烈的战争和威胁人类生存的生态环境问题全面突出，而STS研究作为一种蕴含着新的发展观的研究方式在此时的诞生，应当说既是时代的呼唤，也是人类生存和发展的本质性需要。STS在研究视角、内容和方法上具有综合性，既关注了自然科学的领域和方法，也兼顾到人文社会科学，同时还形成自己的研究范式。科学技术已然成为社会生活的支柱，生态安全更是与其关系密切，以科学技术作为基本研究对象的STS优势明显。诚如于光远所言，它把科学技术看作是一个渗透价值的复杂社会事业，研究作为社会子系统的科学和技术的性质、结构、功能及它们之间的关系；研究科学技术与社会其他子系统如政治、经济、文化、教育等之间的互动关系。STS“大口袋”的特征并非是对各个知识体系简单的汇集，而是以跨学科的视角与方法把这些分支融合起来。

以科学、技术与社会的相互关系为研究对象的STS研究范式或研究纲领，不仅仅是对科学、技术的反思，还是在更高的层面上对人类社会行动的反思方式，其所依赖的哲学根基具有人文主义的、相对论的、反思性的、反简单主义的和规范化的趋势，因此，STS的研究从一开始就体现了人文性与“绿色性”的综合，体现为一种综合性的研究范式，既从自然科学和社会科学的结合、人和自然的结合上去深入揭示这些问题产生的根源和解决的途径。[①] 从STS的视角来看，生态安全问题在根本上是一个社会问题，既是人类非理性的科技观的结果，又是被扭曲了的自然观的结果，还是狭隘价值观的结果。生态安全问题作为自然与人类社会互动的问题，它受人类社会的直接影响，也反过来影响和制约人类的生存与发展。生态

① 李正风：《走向科学技术学》，人民出版社2006年版，第248页。

安全与人类社会的其他子系统如政治、经济、科技、文化以及教育等一起构成了相互影响的整体，因此，这就在本质上决定了必须从这些方面去完整地理解生态安全的概念及其内涵。

在STS视域下，可以将生态安全的内涵及其特征概括为几个方面：

第一，整体性和全球性。生态学所强调的整体性是指自然系统相互作用的整体性，而STS所强调的整体性则是指生态系统遭受破坏会给人类带来全局性的灾难后果。生态安全问题成为人类的共同问题，在共同拥有的地球上，任何一个国家的个体行为都不可能不影响周围环境。生态安全问题影响的全球性，在文化的层次上，它是超越国家、民族、阶级、集团、文化和宗教等的区别，具有全人类的性质，对发达国家和发展中国家、富人和穷人都一视同仁，它是人类集体的安全、共同的安全。

第二，综合性和根本性。生态安全是由多种要素交织而成的一个安全综合体，不是指某单一要素的安全性，而是由各组成要素安全性共同构成的深层次、根本性的安全，是国家安全体系的重要方面。生态安全要素的破坏会造成严重的社会混乱，制约经济发展并危及人类安全。更重要的是，即使是那些被认为是“单一要素”的东西，经过细致斟酌之后，也往往牵扯出更多的关联，事实上也是诸多因素相互协调的结果。

第三，生态安全的外部性和公共性。从生态安全成因和危害的角度看，两者有不一致性，例如，某一个人、工厂、企业或集团从开发利用自然资源和随意排放废弃物的活动中受益，获得巨大的财富，但是这种活动造成环境污染和生态破坏，产生不良的环境后果，制造这种后果与受其所害的人常常是不一致的。也就是说，它产生的生态安全问题的影响可能超越进行这些活动的人。这样就把少数人造成的环境损害转嫁给其他人甚至全社会，乃至全人类以及整个地球生命都受到危害。这被称为生态安全问题的“外部性”抑或“公共性”。① 需要注意的是，生态安全问题的这种

① 余谋昌：《生态安全》，陕西人民教育出版社2006年版，第13—14页。

外部性和公共性具有普遍性，这里少数人的利益以损害多数人的利益为代价，以损害生命的自然的利益为代价，是不公正的。而且，这种不公正会反过来阻碍人们对生态安全问题的解决。

三 风险社会语境下的生态安全意象

生态安全作为开放性的概念意味着它随时代而变，在不同的历史时期具有不同的内涵与特征。如果说在STS的视野中，生态安全的问题主要是对科学技术的滥用与非理性的自然观等所导致的对生态危机的反思，那么，在风险社会理论中，生态安全则是一幅弥漫着不确定性气息的图景，而这种气息是前所未有的。

首先，生态安全具有极大的不确定性，也有人称之为生态安全风险。风险社会理论把生态环境看作一个复杂的巨系统，其中包含着诸多子系统以及无法完全弄清的元素，正是这些未知因素的普遍存在决定了生态安全存在着极大的不确定性，即生态风险。风险社会理论根据风险涉及的领域将其划分为政治的、经济的、社会的和生态的风险，这些风险都属于人为风险，即由于人类自身的原因而导致的风险以及人类疏忽了那些真实存在的威胁而可能遭受的损害。现代人类的活动足迹给原本就极其复杂的生态系统添加了新的不确定因素，导致了更大的风险。这一点将会在接下来的论述中得到相对细致的说明。

其次，生态安全之所以出现或成为问题，原因是现代社会中不明的和无法预料的后果成为历史和社会的主宰力量——对未知事物的恐惧超过以往所有的年代。风险社会理论将生态安全放置到全球化的场景中去考量，除了肯定科技应用对生态安全的威胁之外，还着重考察了发自于人类社会自身的威胁生态安全的种种可能，并且明确指出了这种不确定后果的威胁是无时不在、无处不在的，这就是贝克所指出的：在风险社会中，不明的和无法预料的后果成为历史和社会的主宰力量。

再次，生态安全具有全球性和广泛的覆盖性。风险社会理论认为，生态安全遭受破坏的后果，通常会超越它的发源地，扩展到整个社会甚至是整个世界。而且，这些可能产生的破坏性后果无视阶级区分，不理会国家的边界，也不会在意贫富的差别，体现出“平均分配”的特征，当然也不会征求人们的意见。更糟糕的是，在全球化加速推进的背景下，生态环境问题的整体性将彻底地转变为全球性，而其后果对于人类则是灾难性的。“森林消失到现在也经历了数个世纪——最先是被变成农田，然后是乱砍滥伐。但今天作为工业化的不明确的后果，森林的消失是全球性的，并有着极为不同的社会和政治后果。像挪威和瑞典这样森林覆盖率很高的国家，自身几乎没有任何污染严重的工业，同样要遭受影响。它们不得不以森林、植物和动物物种的消失为代价，来偿还其他高度工业化国家的污染。”①

最后，生态安全问题还具有认知上的吊诡性。在风险理论支持者那里，生态安全只是人类社会的一种稀缺状态，更为恰当的表述应该是生态风险。换句话说，在风险社会语境中，生态安全转变为生态风险，当人们在思考所谓的安全时，不安全就会时刻袭来。风险社会使生态安全具有新的社会意象，即对生态安全认知的吊诡性，其最突出的特征“自我消除”和“自我生成”将会在下文的论述中得到相对全面的展开。

① ［德］乌尔里希·贝克：《风险社会》，何博闻译，译林出版社2004年版，第18页。

第二章

生态安全的历史演化与当下问题

虽然“生态安全”作为一个语词在最近二三十年才开始流行，但这并不意味着人类只是在现代社会里才有生态安全的需求。从人类诞生的那一刻起，生态安全的诉求其实已经悄然潜入人们本能式的活动中，即使是在那些天作盖、地为床的原始年代里，来自自然界的威胁都会让先民们打骨子里冒出冷意，哪怕这种恐惧还仅仅是一种自发状态。在中国的传统文化中，老子的“人法地，地法天，天法道，道法自然”的思想就表明了人要顺应自然与遵从自然规律的思想，否则就可能招来报应。如果说远古社会对于生态安全的诉求无从考证，那么，从所记载的史料来看，人们对生态安全问题的关注同样也历史悠久。《国语·周语下》说:“古之长民者，不堕山，不崇薮，不防川，不窦泽。夫山，土之聚也；薮，物之归也；川，气之导也；泽，水者钟也。夫天地成而拘于高，归物于下，疏为川谷，以导其气，陂塘汙库，以钟其美。是故聚而不阤崩，而物有所归，气不沉滞，而亦不散越。”意为开山辟土要依据山川自然形势，方能有所成。现存的古代文献中，对沙尘暴天气记述最详细的是北宋梅尧臣所作《风异赋》。史书记载，宋仁宗康定元年（1040年）三月丙子，京城开封大风昼暝；丁丑，罢大宴，申招中外言朝廷厥政；辛巳，颁德音，降天下囚罪一等，徒罪以下者释之。这时，梅尧臣以其所见所闻，撰成《异风赋》，详细记述了这次沙尘暴的情状和造成的灾害，以及涉及的地域，并对朝廷的颁德音应“天谴”的做法表示了自己的看法。①

在远古时代，敬畏自然与“道法自然”的思想是普遍思想，概莫能外。比如，古巴比伦人相信自然界中存在神灵，它在冥冥中已经安排了人间悲欢离合与生老病死。又比如，古希腊人认为自然界是渗透或充满心灵的，他们把自然界中存在的心灵看作自然界规则或秩序的源泉，把自然界看作一个运动体，它之所以运动，在于它自身的活力或灵魂。心灵在其所表现形式中都起着决定性的作用，心灵为自然立法，也为人间立法。正因为自然界不仅运动不息、充满活力，而且有一定的秩序和规则，所以希腊人认为，自然界不仅是活的，而且是有理智的，不仅是个有生命的巨大动物，而且是个有心灵的理智动物。按照希腊人的观念，一种植物或动物在物质上分有世界“驱体”的物理机能，在心理上按它们自身的等级分有世界灵魂的生命历程，在理智上分则有世界心灵的理智活动。②

原始社会以及古代农业社会的生产力极为有限，主要是处于一种“靠天吃饭”的状态，人类社会没有过多地改变自然界的物质、能量、信息的转换与传递，所有的物质能量来源于自然又回归自然。与此相反，工业革命以降，人类借助于科学技术的发展不断地扩大活动范围，用逼促的方式使自然界的物质、能量与信息以“非常态”的形式体现出来。通过这种方式，人类从自然那里谋取了更大的物质利益，却严重地破坏了自然界的法则，扰乱了自然界自我运行的状态。人类对自然界的逼迫随着人口、经济与科技能力的快速发展而越发明显，使地球变成一个苦难的车夫。

---

① 转引自金磊：《生态安全哲理古今谈》，《国土经济》2004 年第 3 期。

② [英] R.G. 柯林伍德：《自然的观念》，吴国盛、柯映红译，华夏出版社 1990 年版，第 3—4 页。

第一节 生态安全诉求的历史差异性

无论是在远古的先民时代，还是在如今的社会生活中，生态安全都是人类的基本诉求，但表现出不同的内容与形态。这种历史差异性主要体现在对生态安全诉求意识的自觉与不自觉之上，也体现在对这种安全内容的不同理解上，还表现在获得安全的能力方面。

一 认识能力的差异性

唯物辩证法认为，在物质与意识的关系上，物质决定意识，意识具有能动性。相应地，人类对生态安全的认识也由特定的社会现实所决定。现代科学研究越来越倾向于认为，即使是一般的动物也存在一定的意识与应对能力，具有是一种被我们称之为本能的意识。比之于人类高度发达的理性思维，这种动物的本能意识虽然算不得真正意义上的认识，但也不能否认很多动物正是在这种简单意识的引导下实现趋利避害之目的。一般动物尚且如此，信息加工方式进化程度远远高于它们的人类自然也有着更为出色的意识，拥有更加强大的认知能力，并且这种认识知能力还会随着人类的实践活动愈发地进步。

在原始社会时期，先民们从自然界中直接获取食物，与自然界浑然一体，并时刻受到火山、地震、洪水、猛兽与疾病的威胁，他们在下意识的驱动下与这些力量进行抗争，但即便是那些奋不顾身的战斗大多也以失败而告终。由此，敬畏自然就成了唯一的选择。对自然彻底的敬畏导致了对自然的神化，这种神化反过来成为人类进一步认识自然界的桎梏。因此，各种各样的“神灵”与“命运安排”也就顺理成章地占据人们的头脑，成为先民们待人处世的基本哲学。由于人类对自然的认识长期停滞在知其然而不知其所以然的浅表状态，只能被动与盲目地适应自然，屈服于自然，受自然的主宰，只能通过自然的存在物，求助于魔力，祈求大自然使他们的生活富足起来，由此形成以自然宗教为表现形式的自然中心主义和拜物观念。① 于是，人类开始学会以种种神话与巫术来“操控”自然界，企求神灵的保护或者赐予力量，以获得存活的保证。无论是中国的“女娲补天”或是古代西方的“上帝救赎”之说，无不体现了远古人类的敬畏之情。

然而，生产力的低下以及对自然界的敬畏和崇拜并不意味着先民们没有丝毫的生态安全意识。在为了生存而与自然斗争的过程中，古代人类还是逐渐增强了对人与自然关系的认识。如果说旧石器的采集、狩猎期导致了生态思想萌芽的话，那么，新石器时代的农耕文明则促使生态思想由萌芽走向人类生态学思想的逐步形成。早在古典时代就有一种对使用土地的合理认识，认为人类耕种土地会导致它的贫瘠。塞内卡（Seneka）曾写道：“土地在没有耕种的状态下更肥沃，它慷慨地把自己交给那些没有掠夺过它的人民使用。”罗马农学家考卢麦拉（Columella）在他的农业著作的一开始也写道，“那种把土地看作神的载体，是永远不会苍老的年轻人，是万物之母的观点是愚蠢的。土地就像人一样会老化。”②

要一一列举人类历史上体现出来的生态思想是不可能的，因为在漫长的发展历程中，无论是东方还是西方，他们所建立起来的思想宝库实在太过于丰富。但是，相对于整体上仍然是一种“天人合一”的前现代社会而言，工业革命才是人类思想转变的重要标志。启蒙运动仅仅是人类对自身理性爱恋的开始，在工业革命之后，人类才发现自己可以用另外一种方式来与自然打交道。借助工业革命所搭建的物质与技术平台，人类对生态环境的认知能力得到极大提升，火山、地震、洪水并没有原先想象那么可怕。但与此同时，人们开始发现，最可怕的事情倒是人类对自己施加于自

---

① 肖显静：《后现代生态科技观——从建设性的角度看》，科学出版社 2003 年版，第 67 页。

② ［德］约阿希姆·拉德卡：《自然与权力——世界环境史》，河北大学出版社 2004 年版，第 13 页。

然的错误行为的漠视。也就是说，人类已经开始了对生态安全认知的转向，即对外部的关注转向对人类自身行为的关注。

二 诉求能力的差异性

衣食饱暖是人类生存与发展的基础，这是亘古不变的事实。在原始社会时期，受生产力的限制，即使是衣食饱暖这一基本的需求也通常是个遥不可及的奢望。从远古时期直到今天的现代社会，人类在自然界中扮演着不同的角色，对自然的演化进程发挥着不同的影响。且不说在食不果腹、衣不遮体的原始社会，哪怕是到了农业社会甚至是封建社会，人类也无暇顾及生态安全，其根本原因就在于人类应对自然界的能力相当有限。

能力缺陷对于生态安全的影响主要表现在两个方面：第一，生态环境的变化主要还是由自然界自身的演化规律所决定，有限的人口与局部的生产活动还不至于影响到全球的生态环境，即人类所施加的影响尚不足以改变其演进轨迹；第二，即使把生态环境的恶化归咎于人类的农业生产活动，并且当时人们已经认识到自己的这种破坏性，低下的生产能力也使人类无法阻止或扭转这种局面。满足“人口”的压力是第一位的，生存下去的愿望始终最为迫切。正是在这种有如嗷嗷待哺的饥饿幼崽的压力下，那些小亚细亚居民们不惜砍光山上的树木，阿尔卑斯山南部的意大利人也无暇多想，轻而易举地毁掉该地区的树木以产出更多粮食。今天看来是触目惊心的破坏行为在那些时候并非不引起有识之士的忧虑与呼告，然而，“善待自然”的呼声最终都湮没于由饥饿所激发出来的哀号声中，这种哀号弥散于人们的所有神经，获取养分成为唯一的本能唤起。

中国历来就关注生态问题，历朝历代都将灾害治理视为国家的大事。从大禹治水一直治到了今天。这些努力没有白费，但黄河水患主要是在新中国成立后才有了基本的解决。凡事都有轻重缓急，过去在环境治理方面做得差，但是在灾害治理方面还是有不少功绩的。灾害治理并非与环境没有关系，但其危害性当时要远比环境灾害更直接、更强烈。过去大量的人力物力财力就花在这上面了。[①] 生态安全的诉求能力必然地受社会生产力所限制，中国如此，国外亦然。

在前工业社会里，获得足够的生存资料总是相当困难的。人类即便认识到人类活动的扩张通常会导致生态环境的恶化，且会威胁到人类的生存，却还是要战天斗地，挥起巨斧砍倒树木，或放起大火焚烧森林，杀死野生动物，以便获得些许食物与遮体之物。对于生态问题，那时的人们更多的只能是看在眼里而不放在心上，人类无法停止对自然界的侵占与破坏，因为在自然界前面的退却就意味着无法生存。这就是为什么西方工业国家即使是在一开始就对生态环境的退化有所察觉，却在相当长的时间内放任工业污染的原因所在。

在一般情况下，人类可以在一定程度上知道什么时候他们毁坏了自然的生存条件，原则上他们也会对此采取一些相应的措施。正是由于许多传统的环境问题已经存在了几千年，而且理论上来讲也很简单，所以从古老的时候就有许多关于人们应该如何与自然相处的知识。如果人们那时愿意的话，阻止山羊毁坏森林并不难。许多关于森林利用的知识并非全新的。但是很久以来，人类并不是总有能力透过自己眼前的生活条件，按照长远的眼光行事。同样地，过去也很少有这样的权力机构和法律传统，能够有效地保护像生命一样重要的环境。[②] 只有到了工业社会之后，人类能够享用到更为丰足的生活资料，才能开始真正地把生存与发展的主动权掌握在自己的手中。工业革命改变了人类靠天吃饭的格局，人类在以科学技术为中介来改变自然物的存在状态，同时也改变了人类对自然绝对的依附关系。人类社会拥有了更多与自然界协调共处的选择，一方面，它能够借助

---

① 唐晓峰：《为什么过去会“忽略”环境保护?》，《绿叶》2009年第9期。

② ［德］约阿希姆·拉德卡：《自然与权力——世界环境史》，王国豫、付天海译，河北大学出版社2004年版，第10页。

所掌握的科学技术来改造自然界以满足自己的要求，并使人类有形的身体能够从自然中脱离出来；另一方面，人与自然相互作用方式的改变也使人类心理发生了变化，这种疏远自然的心理对人们日后漠视自然环境的恶化起着重要影响。

从远古时代的石器，到古代青铜和铁器的发明、制造和使用，每一次技术工具的重大进步都使人类获得新的力量，都极大地改变了自然界的面貌。从石器到镰刀和斧头，镞头和犁耙，到现代史时期的纺织机和蒸汽机、电器系统、汽车、火车和其他交通工具的应用，以及现代高科技，人类认识与改造自然的能力在大幅度提高。在主观层面上，人类在自然力面前拥有了更多的选择。

第二节　前工业社会的生态安全诉求

在蒙昧的远古社会中，人类与自然界浑然一体，人类在自然面前显得渺小无助，大自然的强大力量可以肆意摆弄他们的命运，漫长的历史已经记载了拜自然所赐的无数悲剧。每当先民们试图在大自然面前施展拳脚之时，大自然的报复也就接踵而来，像楼兰古国的消失与玛雅文明终结那样的悲剧不胜枚举。因此，在梳理生态安全的历史时，现代人的头脑中便自然而然地浮现出一个问题：前工业社会中的人类享受过生态安全吗？如果仅仅满足与作出简单的非彼即此的回答，那么，较之于现代社会中人类社会日进千里的发展，前现代社会中的人们所经历的大量自然灾难并因此而灭种亡族似乎给出了否定的答案。然而，问题的答案不应该仅仅拘泥于这样一种“人类中心主义”的解释，即比较古今的生态安全不能以人的“在场”与否作为基准，而应适当考虑“自然法则”。就整个人类社会的进化发展而言，生态安全与否不应该被限定于特定区域内有限的伤害，因为这种自然灾难并未从根本上危及整个人类社会的生存与发展前景。

一　原始时代的生态安全

工具的制造和使用是人类从动物界中分离出来的标志。在漫长的旧石器时代，人类在技术方面的进步非常缓慢，完全以被动顺应自然的方式生存下来。面对变幻莫测的自然力量以及各种凶禽猛兽的威胁，初民们的一举一动都危机四伏，谋求活命是头等大事，历史正是以此弱小而孤立的狩猎和采集活动为开端的。

蒙昧时代的人们过着茹毛饮血的生活，居无定所，此后火成为他们征服自然最为有效的武器。恩格斯认为，“尽管蒸汽机在社会领域中实现了巨大的解放性变革——这一变革还没有完成一半，——但是毫无疑问，就世界性的解放作用而言，摩擦生火还是超过了人类蒸汽机，因为摩擦生火第一次使人支配了一种自然力，从而最终把人同动物分开。”[①] 火的利用使得人类在真正意义上从被动的“天人合一”中摆脱出来，并且由此开始了对自然界的主动改造。火的使用也很早为人与自然的交往打上了带有侵略性的烙印，火不仅可以烧死动物，还可以大面积地烧掉森林，它给原始时代的人类生存带来诸多好处。但与此同时，火也给当时的生态环境造成了难以估量的影响：随意的火烧直接导致了森林的毁坏，也导致了动物数量与种群的大量灭绝。曾努力为火耕经济恢复名誉的克里福特·盖尔茨（Glifford Geertz）也承认火对于生态的破坏性，认为焚烧森林开荒会成为环境过度利用及其衰败的一个因素。

人类所掌握的取火与用火技能也仅仅局限于照亮眼前方寸之地，这点能力仍然微不足道，亮光之外无边黑暗之中所潜藏的那些威胁仍然无法驱散，饥荒以及死亡的威胁一再使人们意识到自身的弱小。随着人类与自然力量的不断较量，无奈与妥协催生了一种对自然的崇拜：许多动物在力量与速度上都优于人类，或者拥有人类所缺乏的能力，人类在动物面前几无

---

① 《马克思恩格斯全集》第 3 卷，人民出版社 1995 年版，第 456 页。

优势，反而因经历了无尽失败后产生自叹弗如之感慨。哪怕是在人类驯化了部分动物之后，自然界中还是存在着大量对他们构成威胁而又不易战胜的猛兽，这些凶禽猛兽因此成为先民的图腾。早期的人类通过以各种虚幻的方式将自己与动物所具有的那些超凡力量联系起来，试图获得某种神秘力量。从古代的文化遗址、原始图腾中可以清楚地看到上帝的体态和面貌，要么是老虎与狮子，要么是鸟、蛇等飞禽走兽。形态万千的图腾既是先民们试图获取神力的产物，同时也是他们表达对自然现象的崇拜和畏惧的方式。

大自然总是显得神秘莫测，如何战胜饥饿、寒冷、疾病与其他伤害通常会让先民们精疲力竭。尽管如此，仍然有许多迹象表明，当时的猎人与采集者已经考虑到通过预防措施来减少自身的生存危机，即已经开始形成了原始的“可持续”生存的危机感。比如，孟春之月，要祭祀山林川泽之神，所献祭品不得用雌性禽兽，当月还禁止伐树，不得毁坏鸟巢，不得杀害怀孕的动物和幼小动物，不得取禽类的卵。仲春之月，禁止破坏水源，也禁止焚烧山林。季春之月，禁止用弓箭、网罗、毒药等各种形式猎杀禽兽，也不许伐取桑树和柘树。[①]这种因势利导地利用自然的活动并不少见，但就此断定古代人类已经形成自觉的生态安全意识也未免草率。他们在直觉的引导下遵循了“最少时间内获取最大收获”的原则，只是一种经验累积的本能反应。研究非洲森林民族的专家登布尔（Turnbull）肯定猎人是“最好的自然保护者”，因为他们“清楚地知道，何时何地他们可以拿走什么，拿走多少”[②]其实就是人类最早产生的生态意识（或许应该算是一种下意识）。没有任何自觉的意识来指导或制约先民们不去过度地焚烧森林与捕杀动物，如若没有对自然神秘力量的敬畏，即使是那些有先见之明的告诫也不能真正阻止先民们捕杀动物与毁坏森林、破坏草地。无论如何，

① 王子今：《中国古代的生态保护意识》，《求是》2010年第2期。

② ［德］约阿希姆·拉德卡：《自然与权力》，王国豫、付天海译，河北大学出版社2004年版，第57页。

人类不同于动物，即便是史前时期的先民们，他们所掌握的原始的用火技术足以对自然产生较大破坏；那些简易的陷阱和弓箭之类的技术也极大地提升了对其他动物的猎杀效率，可能导致局部性的物种灭绝，从而引发区域性的生态问题。

无论是破坏行为，还是保护行为，在真正步入农业社会之前，人口数量极为有限。换言之，人们零星地分布在广阔地球的一些角落，还不足以真正地影响到地球生态环境的变迁。原始时代的人类更多的是要应对基本的衣食饱暖、毒蛇猛兽的问题，对生态安全的最大威胁则主要是火山、地震、洪水以及山火等等，而这些自然现象的存在并不足以引起生态环境的恶化，更不会成为人们思考的问题。正像比尔·麦克基本所说的，“大型动物的袭击，岩石崩落，孩子的哭叫，火灾，这些都是我们的祖先必须应付的短期变化”。[①] 就整个地球的生态环境系统而言，人类的影响并未超出自然的自我调整与恢复能力，他们在本质上仍然属于自然界，生活在自然界并完全消融于自然之中。

在这段历史时期，自然是“自然的自然”，人和自然是“自然的统一”、是原始的协调与低层次的和谐。然而，从严格的生态学意义上说，从制造了第一件工具的时候开始，或者是种下第一棵庄稼的时候开始，人类就已经不可避免地改变了自然。科学家从考古中发现：在驯化动物之前，由于人类过度地采集和狩猎，常常消灭古代人群所居住区域的许多物种，破坏了食物来源，失去进一步获取食物的可能性，使自己的生存受到威胁。今天的研究表明，很多情况下沼泽地产生于水土流失的过程，而水土流失又起因于新石器时代森林的毁坏和过度放牧。史前的居住迁徙表明，人类在早期就已经过度地消耗掉了他们居住地区的资源。虽然这还不至于产生全球性的生态问题，但是，在特定的空间里，生态退化与资源消耗倒也成为

---

① [美] 比尔·迈克基林：《自然的终结》，孙晓春、马树林译，吉林人民出版社 2000 年版，第 96 页。

实实在在的威胁。

二　农业社会的生态安全

在人类发展史上，植物早在远古时代就已经在人的食物中扮演了重要的角色，特别是在先民们掌握了植物种植技术之后，其影响尤其明显。大约一万年前，以驯养和耕种为主的农业开始替代狩猎成为人类社会的最主要生产方式。史学家们的研究认为，农业社会可以追溯到狩猎和采集活动的开始时期，但是，更为关键的事件是种植极大地推动了农业的大步前进。狩猎—采集形态的社会是直接依赖于自然界的现成品来维持生存的，而农业社会中的人类则是以自然界为对象进行相对简单的再生产活动，通过间接的方式从自然界获取资源，是人类生产活动的第一次产业革命。农业的出现与发展是人类认识能力得到重大发展的标志，是人类理性进步的体现。

从此，人类开始摆脱那种完全被动的靠天吃饭的生存形式，转变为部分地摆脱大自然束缚并掌握自己命运的生产者。农业创造了人类史上光辉灿烂的古代文明，同时也使人类开始走向了有意识地掠夺与破坏自然的征途。一方面，人类的生产活动主要是对动植物自然特性的利用，人为地创造适当的条件，强化动植物的生长机制，生产出满足人们基本需要的产品。在农业生产过程中，水、阳光、土地以及人力、畜力、水力、风力等能源构成了生产的主要因素，这些简单生产方式的选择主要取决于特定的自然条件，对环境依赖程度较高，它对自然环境的影响也被限定在特定的范围之内。人类的生产活动在本质上并未违背自然的“意愿”，因此在相当长的一段历史时期内，农业生产以稳定的态势发展着。另一方面，农业革命之后，农业的稳步增长也刺激了人口数量的爆发性增长，人类社会与自然的关系发生了很大变化。农畜业生产不断突破天然食物对人类自身发展的限制，而农业社会后期所出现的矿石开采和提炼技术则使人类进一步冲破了自然界在资源和能源方面的地域性限制。耕种和驯养的生产方式为人类持续地获取食物与资源提供了保障，其结果便是人口的迅速增加，并导致了“定居”生存方式的出现。人口的增加具有两个方面的影响：群体的扩大增强了人类改造自然的能力，但随着人口的逐渐增多，人类利用和改造环境的力度也就越来越大，对特定区域的生态环境也产生了更大的压力。

农业社会早期的生产水平相当低下，人们只能尽其所能地以扩大耕种面积的方式来获取更多的粮食。因而，人们不得不大面积地砍伐森林、开垦草原，以此来满足不断增加的人口的需要。到了农业社会的中后期，驯养的动物在种属与数量上不断增加，自然而然地，更多的土地被用于圈养这些牲畜，植被也因之而遭受破坏，畜牧业与种植业的快速发展引发了一定的生态环境问题。一些原本就脆弱的草皮因为过量的放牧而遭受破坏；过多的土地开垦与农作物的耕种经常导致水土的大量流失，还会引起动植物多样性的减少。为了满足人类日益膨胀的物质生活需要，人类有时不得不过度、不恰当地开发利用自然资源，滥伐森林，开荒种植，超载放牧，造成表层土壤被侵蚀，灌溉土壤中盐碱积蓄，运河与河流日益遭到淤泥与排泄物的污染和阻塞。① 尤其是在人类掌握了冶金技术之后，无节制地采矿对地表造成了极大的破坏，效率低下的冶炼技术烧掉了大量树木，以此得到的钢铁又被作为开山辟土的利器。冶金技术和煤矿能源的利用标志着人类生产力的巨大提升，同时也是生态环境遭受到更为严重破坏的明证。

农业生产对自然环境所造成的破坏最终危及人类自身，甚至导致了某些人类文明的终止。作为西域三十六国之一的楼兰古国在距今 3000 多年的时间里突然消失，曾经高度发达与开放的文明邦域人去楼空，繁华景象不复存在，只剩下些许被黄沙遮掩的遗址与文物，楼兰文明的消失至今仍待解谜。楼兰古国的消亡原因一直是学术界探讨的热点问题，提出了各种

① 肖显静：《后现代生态科技观——从建设性的角度看》，科学出版社 2003 年版，第 69 页。

各样的看法。其中，气候变迁说引起了较大的反响，然而这种学说缺乏气候巨变的证据。曾经绿树成荫和河网遍布的楼兰短时间内转变为不毛之地，似乎不是历经亿万年演变的自然现象，人类活动的足迹，尤其是诸如需要大量木材的“太阳墓”建设，对当地的生态环境造成影响。楼兰学研究专家侯灿通过对相关历史的考证，认为人类对楼兰的开发利用超出了其承载力是其衰亡的真正原因，当地居民趋利为用，却没有保护生态的意识。① 对于楼兰文明衰亡的原因，生态环境破坏的倒逼仅仅是众多解释之一，但不断获取的证据越来越集中指向这种解释，使它成为最具说服力的推理。

玛雅文明是古老的中美文明，随着农业的发展，其人口到公元 850 年时已经增加到 20000 左右。但是，森林的大肆砍伐致使农用土地遭受到雨水的侵蚀破坏，生产能力迅速下降，玛雅文明也随之迅速衰落直至毁灭。考古学家发现，从社会巅峰期到崩溃期抽取的土壤内核里很少有树的花粉（表明那一时期的森林砍伐非常彻底）以及他们的居住地有来自侵蚀区域的泥石流证据。这就是说，对森林的处理失当，直接加速了当地土壤的侵蚀，而这正是早期玛雅国家崩溃的基本原因。② 早在生态学流行的几十年前，有些学者就提出了这样一种观点：由于焚烧森林和随之而来的对热带土壤的过度开发和摧毁，玛雅人将自己引向了毁灭。为了应对人口大量增加的压力，人们开垦土地和草原，或是放养更多的牛羊，被迫砍伐与焚烧一片片森林，把焚烧山林的草木灰作为土地的肥料。没过几年，土地就开始贫瘠，收成减少，人们被迫放弃原来的土地而转到新的林区开垦新的土地。有人曾经用这样一句话来勾画历史的简要轮廓：“文明人跨过地球表面，在他们的足迹所过之处留下一片荒漠。”这种说法未免有点夸张，但并不是凭空而言。文明人已经糟蹋了自身久居的大部分土地。这正是人类

---

① 侯灿：《环境变迁与楼兰文明兴衰》，《中国社会科学报》2013 年 1 月 18 日。

② ［美］查尔斯・哈伯：《环境与社会》，天津人民出版社 1998 年版，第 53 页。

的进化，文明不断从一处移向另一处的主要原因，这也一直是人类文明在旧有的定居处衰败的主要原因。在某种意义上说，这甚至还始终就是决定全部历史发展趋势的一个主导因素。①

虽不能说是俯拾皆是，但类似的教训并不鲜见。广袤肥美的美索不达米亚平原上，曾经诞生过灿烂的古巴比伦文明。公元前4000年，苏美尔人和阿卡德人在由幼发拉底河和底格里斯河冲积而成的肥沃的美索不达米亚两河流域发展灌溉农业。林木葱郁、肥沃而广阔的土地以及丰富的水资源孕育了巴比伦文明，使其曾经傲立世界。然而，巴比伦人在创造灿烂文化、发展农业的同时，也因为无休止地垦荒与耕种、过度的放牧而破坏了当地的生态，使这片土地最终变成风沙肆虐的贫瘠之地，这个曾经高度发展的文明却最终消失了。地理学和生态学专家在考察古巴比伦文明衰落的根本原因时指出，古巴比伦人对森林的大肆破坏和不合理的灌溉导致了古巴比伦文明的终结。不合理的灌溉引起了河道和灌溉系统的淤塞，并最终导致了两个破坏性后果：一是河水无法进入农田，收成减少；二是排水洗田技术的缺乏使得美索不达米亚平原地下水位不断上升，良田沃土逐渐盐渍化。同样的是，希腊文明在其进化的进程中也留下了破坏生态环境的明显痕迹。希腊文明首先是在一片肥沃的土地上发展起农业，并以此为基础创立起来的。随着社会的发展，公元前8世纪中叶，希腊半岛大部分地区已经明显地呈现出人口压力的迹象。生态的恶化自然也引起了希腊人的思考。

公元前590年左右，梭伦就已经意识到雅典城邦的土地正变得不适宜种植谷物，极力提倡不要继续在坡地上种植农作物，提倡栽种橄榄、葡萄。在早期古希腊哲学家中存在着一种整体的自然观，人类被看作是自然体系的一部分。自然是功能的总和，其中每一件事物根据自身目的发挥功

---

① ［美］弗·卡特、汤姆·戴尔：《表土与人类文明》，中国环境科学出版社1987年版，第3页。

能，在自然和社会中和谐一致地实现每一件事物都处于其自然位置的自然属性才是正当的，超出自己的自然功能就会导致无序。古希腊思想家柏拉图、亚里士多德等也曾发出告诫：人类的发展要与环境的承载能力相适应，人口应当保持适度的规模。柏拉图以其敏锐的洞察力，深刻地揭示出，如果生态环境受到破坏，那么今天的繁华之所到明天只将留下一些“荒芜了的古神殿”。[①] 公元前 60 年左右，古罗马哲学家卢克莱修认识到土地对人类社会的重要意义。他认为，农民们为了养活自己，不得不耕种更多的土地，进行更艰苦的劳动，而这些土地产出能力的下降导致了国力也随之下降。

人类很早就以地球代管者的身份自居，认为对自然界万事万物的占有或征服就是服从上帝的意旨。“人是万物的尺度”表明的不仅是人类认识上的主观主义哲学观，更是表明了长期以来人类对待自然的沙文主义信念。伟大的亚里士多德在警示人们注意保护生态的同时，却又告诉我们，“植物活着是为了动物，所有其他动物活着是为了人类，驯化动物是为了能役使它们，当然也可作为食物；至于野生动物，虽不是全都可食用，但有些还是可以吃的，它们还有其他用途；衣服和工具可由它们而来。若我们相信世界不会没有任何目的地造物，那么自然就是为了人而造的万物。”[②] 如果狩猎、采集社会所生存的环境是一个自然的活生生的荒野，那么农业社会时代的周边环境则像一个花园，依然是人们所依赖的自然系统，但是已经变成了人类需求而存在的“自留地”，随时可以开辟、耕犁、播种、挖矿和砍伐。

农业社会对生态的破坏随着人类社会的发展而愈发地严重，直接与农业社会人口成正比。难怪化学家李比稀认为，土壤悄然贫瘠化的过程已经

---

① 贺建林：《生态悖论——对人类社会经济活动的反思》，中国财政经济出版社 2006 年版，第 80 页。

② ［美］戴斯·贾丁斯：《环境伦理学》，林官明、杨爱民译，北京大学出版社 2002 年版，第 106 页。

持续了几个世纪，近代农业改革以后，强迫土壤提高产量的结果是迅速加快了这个过程……掠夺性的耕种在北美的农场达到了登峰造极的地步：在那里所进行的简直就是“对田地的谋杀”；但是欧洲人的那些所谓的“集约化农业”同样也是一种掠夺，只不过是更精制的、“带有自我欺骗性”且伪科学的谎言包装着的掠夺。① 虽然古希腊、罗马时代的人们就已经意识到自然极其脆弱而易受伤害，但又认为它是不可战胜的。随着人类改造自然能力的提升，欲望也随之见涨，那些充满浪漫情怀的田园抒情开始被湮没在奴役自然的喧嚣与狂喊之中。

第三节　工业社会的生态安全问题

大约300年前，欧洲率先开始了工业化进程，而真正的产业革命则始于18世纪五六十年代，从此揭开了人类发展史的新篇章。比之于以往的社会，工业社会是一种全然不同的社会形态，不仅表现为人们不同的社会生活方式，还表现为人与自然关系的截然不同。在农业社会之前的社会中，人类大多处在自然界力量的包围之中，多以顺应大自然脸色的方式谋求存活；工业社会则形成“人进自然退”的关系，人与自然的关系被彻底地颠倒过来。工业革命所带来的最直接后果就是人口的急剧变化。据有关资料，伦敦人口，1600年为18万，1700年为55万，1750年为68万，1800年为86万，1850年为230万，1900年为500万。可以看出，产业革命后的人口急剧增长的趋势。② 工业革命将人类社会推进到一个前所未有的发展高度，更加高效的生产方式大大增加了社会福祉。然而，在人们为迅速提高的物质生活水平欢呼雀跃之际，工业化生产方式的弊端也开始

---

① ［德］约阿希姆·拉德卡：《自然与权力——世界环境史》，王国豫、付天海译，河北大学出版社2004年版，第14页。

② ［日］饭岛伸子：《环境社会学》，社会科学文献出版社1999年版，第39页。

显露，逐渐使得全人类遭遇了至今仍无法解决的生态难题。

工业社会之前，人们所利用的能源主要依赖于太阳能、水能以及牲畜力等低级的生物能。[①] 工业革命之后，一个新的依赖于化石能源的时代开始从工厂里产生了，工业生产不仅依靠机器，也依靠供给其动力的新能源。在直至今天的工业社会中，化石能源成为工业生产的核心，这种能源的广泛应用对生态产生了区别于以往的社会后果。

只需要稍微考察一下蒸汽机的应用就可以大致看出工业革命的生态影响。蒸汽机的发明与应用被认为是第一次工业革命的标志，它的广泛应用引发了一系列严重的生态后果：首先是需要大量的煤炭能源，而煤炭的大量开采直接破坏了生态的稳定，在以落后技术开采的情况下后果甚为堪忧；其次，蒸汽机产生的废气主要是二氧化碳和二氧化硫等有毒气体，严重地污染了大气层；再者，制造庞大笨重的蒸汽机及其运输都需要更多的矿物与煤炭，矿物与煤炭的大量开采也会造成污染以及导致水土流失等等环境问题；此外，由蒸汽机驱动的火车还需要四通八达的铁路，铁路的修建又需要大量的木材和钢铁，土地同时被铁路网络分割成条块状，不时呼啸而过的火车对动物的自由活动产生了干扰，严重地破坏了生态系统。

化石能源的使用替代了生物能与水能，成为支撑工业化、产业农业和城市化的生产方式之后，人与自然关系发生了重要的变化。在近代前期的西方社会，渔夫、磨坊主、农民、船主以及酿酒者等与水构成了一种相互作用的平衡关系；农场主、农民与猎人则在依山傍水当中寻找到稳定、悠然自得的生活。虽然这种人与自然利益均衡发展的长期可靠性值得怀疑，但比之于轻易就会使得许多河流蜕变为单纯的“废水集散地”的工业时

---

① 前现代社会利用太阳能的方式不同于现代社会，主要是利用太阳光照射所带来的热量，属于原始状态的“晒太阳”，而现代社会在继续直接享用这一自然光的同时，更多地借助物理装置实现了能量的转化。前现代社会主要是以直接燃烧草本植物或者动物粪便等方式来获取所需的光能和热量，而现代社会对生物能源的利用范围与方式都要广泛与复杂得多。

代，二者之间仍然有着显著的区别，它无论如何都更为亲近自然。我们的工业文明就像一个马达，它输入大自然的天然水体、矿藏和原始森林，输出垃圾。文明越是发达，马达的功率越大，把大自然转化成垃圾的速度越快。①

在18世纪早期之前的农业社会中，人类社会的生产与生活方式与古代的埃及人、中国人以及古希腊人在本质上并没有什么区别：人类仍在使用同样的材料建造房屋，使用同样的牲畜驮运自己和货物，使用同样质地的帆和桨推动船，使用同样的纺织品制造衣服，使用同样的蜡烛和火炬照明……② 进入工业文明时代之后，社会经济凭借着一日千里的科技进步而得到飞速发展，工业的扩大再生产不断地建立在科技开发与经济增长的相互作用基础上，科技与经济的相互绑缚又极大地刺激了人类的欲望，一起驶入了征服的快车道。

在手摇纺纱机与织布机已经满足不了日益发展的资本主义手工工场的需要之时，新的技术就自然而然地出现：凯伊的飞梭织布机以及哈格里夫斯的珍妮纺纱机。然而，层出不穷的纺纱技术与织布技术的发明却仍然受到自然条件的限制，那些更高效的新工具只能安置在远离城市的水源丰富、水流湍急的河流边上，这又引起了人们对动力机器的需求。同样的现象也体现在蒸汽机的发明与应用上。满足经济的发展需要开采更多的矿物，这导致了矿井的越挖越深，牲畜力已经不能胜任矿井的抽水工作了，蒸汽机的设计便是为此而设计的。工业革命的实质就是技术革命，技术成为工业社会创造物质财富的开路先锋。近代科学技术造成了机器大工业，工业文化是机器制造出来的文化。③ 以蒸汽机为标志的工业革命创造了更大的生产力，使社会生产从手工劳动进入机器劳动时代。

---

① 田松：《有限地球时代的怀疑论》，科学出版社2007年版，第125页。

② 肖显静：《后现代生态科技观——从建设性的角度看》，科学出版社2003年版，第70页。

③ 林德宏：《科技哲学十五讲》，北京大学出版社2004年版，第314页。

由于机器生产创造出比以往社会高出十倍、百倍甚至千倍的财富，以至于马克思评价道："资本主义在它不到 100 年的统治时间里所创造的生产力比过去一切世代创造的全部生产力还要多，还要大。自然力的征服，机器的采用，化学在工业中的应用，轮船的行驶，铁路的通行，电报的使用，整个大陆的开垦，河川的通航，仿佛用法术从地下唤出的大量人口，过去哪一个世纪能够料想到有这样的生产力潜伏在社会劳动里呢？"① 技术的力量在工业革命之后的社会里得到了最大限度的彰显，并很快就与科学结合在一起，成为推动现代社会发展的主导力量。技术既是人们获取更多物质财富的工具，也是人类肆虐自然的"帮凶"，而且这个帮凶往往还能够在不露声色的情形下怂恿主人去干各种各样的勾当。迅速增加的物质财富并没能填满人类欲望的沟壑，反而起到火上浇油的作用，激起人类更大的贪欲，从而置环境的承载力于不顾。工业的发展使得更多的技术被开发出来并广泛应用，加速了资源的大量消耗与生态的破坏，给人类的生存环境造成的破坏也就越发严重。

在工业社会中，依赖现代科学技术生产出来的物品不再像以往社会中的物品那样亲近环境，不再轻易地在自然中自然地分解与循环，越来越多的产品分解缓慢甚至是无法被自然分解吸收。更糟糕的是，许多的工业产品在历经消费之后转变为对人类和其他生物产生伤害的有毒物。最先发生工业革命的国家优先享受到富足的物质生活，同时也率先品尝到了工业化所带来的副产品——生态破坏的苦果。伦敦经历了人类史上最为严重的大气污染，工业化进程很早就使它成为举世闻名的"雾都"。人口的增长使得作为燃料的木材出现了短缺，人们被迫更多地以煤炭为替代品。煤炭的大量使用使伦敦在 13 世纪的时候就已经出现了呛人的烟雾，而烟雾的杀伤性在工业革命之后的时间里越加明显。1873 年 12 月，一场史无前例的毒雾笼罩了整个伦敦，造成近千人死亡。这是史载第一桩与烟雾有关的大

---

① 《马克思恩格斯选集》第 1 卷，人民出版社 1995 年版，第 277 页。

规模死亡事件，而这个时候正是工业革命高涨的时刻。到了20世纪40年代至60年代，人类在更大范围感受到了自然的报复，工业发达国家先后发生了若干起重大的环境公害事件，如洛杉矶的“叽光化学烟雾事件”、英国的“伦敦烟雾事件”、日本的“四日市哮喘事件”、“水俣病事件”、“骨疼病事件”和“米糠油事件”、“马斯河谷事件”、“富山事件”以及“多诺拉事件”等。这些公害事件的发生并非仅仅是因为在早期工业化阶段人们的鼠目寸光，而是在于无法把控工业化生产方式过于强大的改造能力。因此，但凡存在工业化生产的民族国家或地区，生态环境的破坏都不可避免。且不说那些早先进行工业革命的国家，即使是在中国，在其尚未充分进行工业化生产的阶段，也已经出现了触目惊心的生态环境破坏，而这种破坏至今仍然难以得到根本的扭转，水、土、气、物种等面临的压力日增。

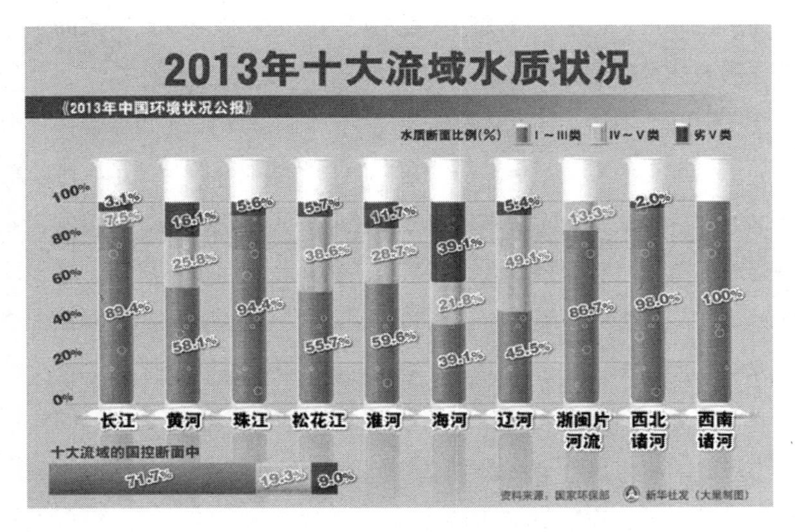

数据来源于《2013年中国环境状况公报》。

更加糟糕的是，工业革命对自然的影响不仅体现在它所制造的机器、所开采的矿物以及所燃烧的化石能源上，也体现在它征服自然的狂妄念头上。工业化社会的发展解构了人们“敬畏自然”的生态思想，刺激了窥探自然并从中攫取到尽可能多好处的念头。历史学家唐纳德·沃斯特（Donald Worster）对工业社会在思想意识领域里所产生的深远影响进行了透彻的分析：

资本家……宣称通过利用技术控制地球，他们能够为每个消费者提供更公平、合理、有效和更具有生产力的生活……他们的方法就是简单地把各个企业从传统的等级制度和共同体的束缚中解放出来，不管这种束缚是来自其他人还是来自地球本身。这就意味着要教育每个人以一种直接的、精力充沛的独断的方式来对待地球。人们必须……不断地思考怎样赚钱。他们把所有他们身边的东西——土地、自然资源、劳动力——视为是可能在市场上赚取利润的潜在商品。他们必然要求拥有不受外界规则干扰的生产、购买和出售这些商品的权利……随着需求的多样化以及市场的泛滥，人类和自然的其他部分之间被淡化成了赤裸裸的工具主义。①

不断进步的技术在不断地引诱人们去获取更多的物质利益，改革家阿瑟·杨的新口号"让两片草叶长在以前长着一片草叶的地方"成为工业化时代人们行动的最新指南，也是物质欲望吞噬一切的最形象注脚。

在工业革命之后，尤其是在工业化生产的早期，初次体验到科学技术转化为现实生产力的狂喜实在是难以言表，这决不亚于哥伦布发现新大陆时的激动难抑。世界似乎已经向诗歌和传奇道别，现实的物质世界才是关注的焦点，任何对野外大自然或狩猎的欢乐都被从人们的头脑中驱赶出来，取而代之的是对经济利益的执着思考。英国的自然博物学者 W. 沃德·富勒在纪念吉尔伯特·怀特的生活并控诉工业化社会所带来的环境影响时写道：

确切说来，工厂体系的扩展，以及随之而来的大城市的增长，正在被大大地强化，相比之下，对农村的爱却被弱化了。我们渴望纯净的空气，渴望看见生长着的青草，渴望穿越草地的小径，渴望在你走上榆树下

① ［美］唐奈勒·H. 梅多斯等：《超越极限》，上海译文出版社 2001 年版，第 231 页。

幽深的小径前可供你歇息的台阶。但是，在上一个世纪，没有必要去渴望，那时还几乎不存在着一个人们要从中逃出来到田野中去的城市，那时人们也不用辛辛苦苦地穿越肮脏的郊区，那里的经济学问题时时困扰着人们。在那些日子里，人们爱乡村就如爱他们的家，并不是他们被关在了家外面。①

如果说早期的工业社会所颠覆的主要是那种浪漫的怀旧情怀，或者是由于破坏了人们对大自然之美的需求而招致了反感，那么，随后的工业社会的发展则直接威胁到了人类自身的生存安全——生态安全。工业社会使人类在思想意识与实践能力两个方面都发生了极大的变化，从而将生态安全问题直接推向社会生活的前台。

第四节　生态安全遭遇的现代性悖论

人类社会走过了漫长的道路，才从最初的蒙昧无知时代进化到农业文明，这一转变也体现了人类智慧的飞跃。同样地，人类社会从农业社会迈进工业社会也是人类理性进一步升华的体现，它第一次赋予人类真正掌握自己命运的能力。然而，在不断发展进步的同时，人类却因为自己一直苦苦追求的“理性”的扩张而陷入了进退维谷的境地。

进入20世纪之后，生态环境的不安全状况开始超出任何限定的区域与国界，成为一个全球性的发展难题，生态问题已经从简单性（单一性、区域性、可定量、易解决、低风险与可预见）发展到复杂性，即具有综合性、全球性、难定量、难解决、高风险与不可预见。这就导致了一个在生态安全问题上的矛盾状况：改造自然的能力的提高，本该使人类拥有更强

① ［美］唐纳德·沃斯特：《自然的经济体系——生态思想史》，侯文蕙译，商务印书馆1999年版，第35页。

大的应对危险或者是风险的能力，然而事实却正好相反，人类以科学技术理性来改造自然的力度越大，就越是引起更多令人束手无策的问题。换言之，社会生产活动过程中所应用的科学技术，包括那些被用来消除前者所产生的环境问题的科学技术，它们被应用得越多就越是导致更多意想不到的生态环境问题，生态就愈发“不安全”——生态安全开始遭遇了“现代性悖论”。

一 “现代性”的争论

何为“现代性”？这是发展社会学历久弥新的中心问题，尤其是在20世纪80年代现代社会理论产生之后，现代性就如同不散阴魂一样，始终萦绕在现代社会理论家的脑海中，成为他们挥之不去却始终又无法妥善解决的难题。现代性的争论主要是围绕其内容、现代性是否具有普遍性、它与传统以及后现代的关系等方面展开。

（一）现代性的含义

“现代性”（modernity）是一个多含义的概念，这不仅是指它的历史性，也指它的空间性，还意指它本身所涉及的丰富内容——包括人类社会的经济、政治、军事、文化、制度以及意识等等层面。就个人层面而言，现代性是指一种感觉、思维、态度以及行为的方式；就结构层次而言，则是指社会制度、组织、文化以及秩序的一种特性。现代性是一种基于传统基础之上的独特的文明模式：现代性发轫于传统的土壤之上，却又割断和抛弃传统，并在工业文明中以普遍性与同一性展现出来。作为西方文艺复兴运动之后逐渐发展出来的一种生活方式与制度模式，现代性是一个主要以“工具理性”和“自由”为核心观念的综合体。

首先，现代性具有特定的时空属性。简单地说就是“近代西方文明的特征”。现代性的形成及发展、近代西方的兴起，以及现代社会的意象存在着相互影响的关系，在一些层面上互为因果。现代性首先发源于西南欧，现代性在欧洲发展传播的过程就是欧洲的现代化。与此同时，欧洲列强的势力向世界其他地区扩展，主导着现代世界的形成与发展，也成为现代世界的主宰。① 由此看来，现代性是指由工业社会所造就的一种社会形态，它具有不同于前工业社会的显著性特征。它包括以理性主义与自由主义为基础的机器文明、市场经济和现代民主制度，表现为中心化、组织化、专业化、制度化。在斯宾塞、涂尔干以及马克思等经典社会学家眼中，"现代性"主要是指启蒙时代以来的由西方所主导的"新的"世界体系生成的时代，以及与之相伴而生的一种持续进步的、合目的性的、不可逆转的发展的时间观念，遵循所谓的"进化论"逻辑。

其次，现代性的生成需要有一个"现代化"的过程。所谓"现代化"（modernization）主要是指自欧洲的文艺复兴以来至今仍在进行着的由西方而逐渐扩展到全世界的社会运动、变化与发展过程。现代化意味着：在经济上实现市场化与工业化；在政治上实行法制化与民主化；在社会生活上世俗化、城市化；在文化上以理性与科学思想为主导。经典现代化理论家特别强调，现代化的实现需要一种类似于西方的文化环境作为支撑，即自由民主的价值观念、理性的行为方式以及专业化的制度基础。世界现代化的目标就是以现代西方国家的发展模式为蓝本，克除与西方国家相抵触的那些价值观、行为习惯以及制度存在。简而言之，现代化即是指工业革命以来西方的工业化进程。现代化是超越宗教神学、张扬人的理性和自由、推动社会经济发展、科技进步、社会民主的社会运动及其过程，是人类社会由农业文明和传统社会意识形态转变到工业文明的近现代过程。经典社会学家认为，现代化意味着与传统的对立，其实现的途径具有普遍性。

现代性是对现代社会性征的总体描述，是现代化的结果。现代性作为现代化这一历史现象的内在规定，构成近代以来西方社会和文化所蕴含并体现出来的时代特质。在启蒙运动、近代科学革命以及工业革命之后，个

① 黄瑞祺：《社会理论与社会世界》，北京大学出版社 2005 年版，第 252 页。

人本位逐步形成，主体与客体形成对象性关系，天人分离，科学理性、工具理性替代了情感寄托和终极意义，科技和以市场交换为目的的经济活动逐步独立出来，所有这些构成了我们今天所谓的现代性的普遍形态。然而我们现在已经察觉到，伴随着现代化进程的凯歌，现代性在其运行伊始就给自己设下了自毁装置，它所造成的种种不良社会后果不仅给自己招来攻击，也把自己推进难以解脱的理论难题和实践困境当中。

（二）现代性的批判以及后现代性的诟病

人们关于“现代性”争论的焦点不在于区分现代性与现代化的异同问题，而是在于现代性所指涉的内涵，即何谓“现代性”的问题。这并不是一个不言自明的指称，甚至算得上是难以明言的概念。如果说现代性指的是从工业昌明的时代开始，代表着一种不同于传统生产与生活模式的“工业化”社会，那么，现代性是否可以被理解为类似于西方社会所表现出来的那种形态？如果说现代性是以启蒙运动之后重新发现的人之理性与以自由为基础的价值体系，那么，这种基础则可以追溯到更远古的时代，但不会有人能够准确获得一个确定无疑的节点。另外，要减少或避免更大的争议，对现代性缘起节点的追溯还需要以对理性的明确界定作为前提，因为理性本身也是一个发展变化着的概念，也具有时空属性，它所引起的争议并不比现代性少。稍微关注人类思想史（特别是后文所探讨的关于科学的理性）的人就会明确，理性的演变进化轨迹同样充满了质疑之声。因此，与传统的决裂也就不能作为划分现代性的基准。

有人认为，作为文明史阶段的现代性是科学技术、工业革命和资本主义带来的全面经济社会变化的产物。① 正是启蒙给科学技术的上位扫清了障碍，才使得科学、技术成为现代性的象征。理性主义的启蒙依赖于作为现代性之“始因”的技术，不管它是否公开表明这一点。人们可以相信，在技术和科学这两种积累性的、发展进步的制度中，没有什么仍然是坚固

---

① ［美］马泰·卡林内斯库：《现代性的五副面孔》，商务印书馆2002年版，第48页。

的。[①] 整个现代化文明都是现代理性的产物，而全球化则被视为“现代化的推广”。现代性具有流变性，只是一个短暂的概念。现代性与一个时间段和一个最初的地理位置相联系，但是到目前为止，它的一些主要特性却仍然在黑箱之中藏而不露。

正因为科学技术在涤荡旧有势力方面摧枯拉朽般的表现，以及在创造新格局方面的魔力，现代主义者认为，现代性是一种以科学、技术的理性为根基的独特的文明模式，它将自己与传统对立起来。也就是说，与其他一切先前的或传统的文化相对立：现代性反对传统文化在地域上或符号上的差异，它从西方蔓延开来，将自己作为一个同质化的统一体强加给全世界。启蒙运动以来的相当长时间里，牛顿科学理论所取得的巨大成就使得自然科学被视为研究人类社会的唯一有效方法，成为影响今日世界的理念。这种理念构成了现代化的基础，构成了人类社会的基础，在历史和逻辑上成为人类社会之“底”。[②] 以科技理性为先导的现代化进程在物质上取得了极大的胜利，造就了前所未有的物质生活世界，它们也因之而成为现代性的代名词，迅速扩张到所有的社会领域。由它们所构建的现代世界在社会经济、政治和文化方面都实现了高度的理性化、专业化和制度化，形成了对多元化的排斥与否定，并对“生活世界”进行“宰制”，这种“宰制”塑造了一个在社会、思想和行为模式上都毫无选择余地的单向度社会；在个体社会生活上，它塑造了马尔库塞所谓的“单面人”。[③]

现代性这种“宰制”被后现代理论所诟病，将其视为一种压制性力量，认为正是它导致了人的异化。在后现代思想家们看来，作为现代性思想基

---

① ［匈］阿格尼丝·赫勒：《现代性理论》，商务印书馆2005年版，第77页。

② 吕乃基：《科技革命与中国社会转型》，中国社会科学出版社2004年版，第133页。

③ 现代性所引起的争议涉及宏观与微观两个层面，它既与民族国家或地区的整个社会发展模式、发展路径相关，又与特定社会中人们的生活方式、思想状况和生活水平相关。显然，全面地梳理所有关于现代性的争论会超出本书篇幅的限制，这一点可以从那些围绕现代性论题的浩如烟海的作品看出来。笔者不过多地展开对现代性的辨析，因为关于现代性的某些争论与本书的主题并非直接相关。

础的理性主义，并非像它自我标榜的那样完善与体面，现代世界体系实质上只是一种工具理性大行其道的社会形态。如果说科技理性的横行就是现代性的阐释，那么，现代性的消极后果决不仅仅体现为对社会结构、秩序的单一性限定，还体现在其他诸多方面。现代性已经渗透到人类社会的每个领域与每个角落，从现代化的器物、高度科层化的制度到它们背后所负载的哲学观念，都闪动着理性算计的身影。工业化的拉动、技术理性的支持、市场制度的激励、消费主义贪欲的膨胀，以及现代理性的逻辑终于酿成了当前生态环境的苦酒。

现代性宣誓摆脱"过去"，自我标榜为"理性"的模式，但就现代性的流变性而言，它却不能与"过去"完全决裂。除了与传统藕断丝连的关系，现代性还遭遇了"后现代"。对一些现代性批判者来说，要理解现代性就必须站在现代性之外，并将这种现代性之外的理论视角称之为后现代性，引入后现代性实际上是为了更好地反观现代性的两难困境。后现代主义者，如福柯（Michel Foucault）、利奥塔（Jean-Francois Lyotard）等等，就试图站在现代性之外，将现代社会的理性连根拔起。现代性在时间与空间关系上的分离和脱嵌使各种社会关系有可能愈发地远离现场的秩序，并有可能在无限的时间与空间的间隔中重建起来。这一特征促使许多社会制度与文化形式都有可能远远地超越它的源头，在全世界范围内扩散开来，这是工业文明能够扩张到全世界的原因。

在后现代理论者看来，现代理论是一种确定无疑的压制性力量。因为现代性除了肯定理性对自然的控制和对人类社会的殖民统治之外，还强调"理性就是权力"，它使得理性通过社会制度、话语和实践等方式所形成的对个人的统治。与现代性旗帜鲜明的理性至上不同，后现代主义似乎不屑于给自己贴标签，其意自然是为了显示自己与之前那些所谓的"主义"不同——反对一切宏大叙事。尽管加了"后"，但是后现代主义者所主张的"后现代性是用来描述紧随现代性之后的一个新的历史时期的时代特征"并没有获得多少认同。很多人倒是认为，现代性是一项未竟的事业，后现代理论其实就是一种现代理论，若要显示其所谓的“当前的现代性已经进化到新的阶段”，“反思性的现代性”则更为贴切。[①] 事实的确如此，“后”必然地与“前”连接，与“前”有着继承的关系，后现代并不是对现代性的破除与全然的超越，而仅仅是现代性的另一副面孔。后现代主义不是用来意指一种新的“现实”或“心智结构”或“世界观”的一个名称，而是一个视角，借助这个视角，人们可以就存在于多重化身中的现代性提出某些问题。[②] 无论是现代性批判理论或者是后现代理论，都是对这个现代世界尚未成熟的现代化进程的批判，我们至今仍然如同拉图尔所说的那样“我们从未现代过”。就现代性批判理论与后现代性理论的渊源而言，后现代性更像是现代性的后续阶段。事实上，现代性才刚进入新的发展阶段，即全球化阶段，而不是像后现代主义者所宣称的那样，人类社会已经迎来了新的狂欢时代。

在本质上，后现代理论与现代性批判理论一样，都是“站在现代性社会”的反思，是现代性的延伸与发展。不同之处主要在于，现代性批判理论在某种程度上保留了现代性的范式，批判的只是它的消极一面，这种保守在普雷维什与沃勒斯坦所构建的现代化理论变体中清晰地表现出来；后现代理论则是为了“决裂”、在倒掉洗脚水的同时，连同婴儿也一起倒掉了。如果说现代性创造了统治一切的理性权威的话，那么，后现代主义则趋向于无政府，与分崩离析的事物相通。

二　风险社会及其理论

20 世纪之后，以科技理性为基础的传统现代化模式日渐暴露出根本性的缺陷和弊病，社会生产与生活中的问题交缠在一起，现代性的危机终于全面显现。在此之前的所有年代里，科学技术都从未像如今的社会那样

---

① 参见［英］安东尼·吉登斯：《现代性与自我认同》，三联书店 1998 年版。

② ［美］马泰·卡林内斯库：《现代性的五副面孔》，商务印书馆 2002 年版，第 299 页。

与社会生产、生活紧密相连，纵然科学技术理性被视为人类理性进步之标志，但它们也不过像深居闺阁之中的待嫁女，在缺少特定的程序之前断然不会抛头露面。随着科学技术与社会生产、生活的全面连接，阻碍它们的程序已然走完，然而这种抛头露面却是以一家之主那样的身份出现，嚣张跋扈且尽显吆喝之能。科学技术越是发展进步，它给生态环境带来的破坏力越是巨大，导致不可再生资源和能源日益短缺，地球生态环境迅速恶化。

现代科技，尤其是一些高科技，摧毁了民族国家的界限以及区域防线，冲击所有国家与地域的政治以及经济，在涤荡各民族传统文化观念的过程中加剧了冲突。比如，科技发展的不平衡造成了世界范围内的数字鸿沟、对高科技产物的依赖病症，以及在科技上占据优势地位的一方所引发的新一轮殖民扩张与掠夺等等。第二阶段的现代化，即全球化进程，造成了新的国际不平等和不公正，信仰冲突、文化冲突、民族和种族冲突加剧，恐怖袭击不断地发生，核泄漏与核爆炸日益引起人们的关注。所有的社会领域都处于随时崩溃的状态中，世界的发展和安全被风险的阴影所笼罩，技术进步和经济增长的成果在很大程度上被风险抵消，人类文明正面临严峻的挑战。传统的现代化模式不仅激化了人类社会内部矛盾，还威胁到人类生存的基础——生态环境的安全。在此背景下，风险社会理论开始引人注目。

风险问题最初只是在诸如保险等相关领域内的专家当中受到关注，但是，随着科技发展以及工业化所导致的威胁日益成为公众关心的问题，社会学家加入风险研究当中，而直接推动社会学家对风险的社会学研究的事件主要是 1986 年的切尔诺贝利核电站的核泄漏事件和英国的疯牛病事件。这些事件不仅给全世界的安全笼罩上了阴云，使生存安全成为人们担心的重点，也推动风险问题开始成为现代社会理论进行反思和研究的主题。

如果我们忽略不同时期的细微差别，而把注意力集中于现代性的本质特性，那么，作为现代生活中一整套经验和行为模式，其中最突出的是它的价值两重性：解放和异化的混合体。一方面，工业、资本主义和理性为人类从匮乏的限制、传统的束缚、宗教教义和其他外在的权威以及愚昧和迷信中解放出来提供了大好机会。另一方面，生活在现代社会的人们也忍受着失去目标、失去意义以及由于伴随资本主义、工业化和工具理性而来的高风险造成的不安全。要深入地理解现代性的利弊，我们就必须重新审视现代性本身的特质，即反思性。现代性可以区分为两种模式："简单现代性"和"反思现代性"，后者作为"第二现代性"，与前者迥然不同。风险社会理论，即"反思性的现代化"（reflexive modernization）理论，正是第二现代性的结果。

玛丽·道格拉斯（Mary Douglas）是第一位研究风险问题的社会学家，她从文化的视角率先分析了民众为何日益关注科技所产生的风险，从而开启了风险文化理论的研究。自此之后，风险社会理论开始以工业社会现代化的批判为着眼点，通过扬弃线性的、简单的"第一现代性"（现代工业社会），发展出自我批判、解决难题的"第二现代性"（反思现代性），因为现代工业社会所造成的安全不确定性、生态灾难已无法再用旧的社会观点、制度来解决。尤其是工业发展所产生的大规模生态灾难和社会不平等风险威胁，已远远逾越了现代工业所内含的民族国家的发展及其疆域边界的逻辑，反过来将侵蚀并且挑战民族国家的体制的基础与统治管理能力。"第一次现代性"的模式——人们可以将其比喻为牛顿的社会和政治理论——已经被反思的现代性——犹如海森堡的社会和政治的测不准关系——所取代……现代社会的基础已破碎、解体或被颠覆。① 不确定性已经成为现代社会的本质特征，风险已经取代了财富而成为社会关注的中心。

① 薛晓源、李惠斌：《当代西方学术研究前沿报告》，华东师范大学出版社 2006 年版，第 87 页。

从目前的情况来看，风险社会理论大致可以分为三个大的流派：一是现实主义流派，其典型是以劳（C. Lau）为代表的“新风险”理论，这一理论认为现代世界进入风险社会是因为现实中出现了新的更具影响性的风险；二是文化主义流派，其典型是斯科特·拉什（Scott Lash）的“风险文化”理论以及范·普里特威茨（Von Prittwitz）的“灾难悖论”为代表的风险文化理论；三是制度主义，其典型是乌尔里希·贝克和安东尼·吉登斯等人的“风险社会”理论。

风险的现实主义或者说劳的“新风险”理论认为，现代工业的发展使得人类社会充满了风险，这种风险比以往时期要明显得多，要大得多。比如前面提到的全球化导致的民族冲突加剧、恐怖袭击、核威胁、生态恶化、资源枯竭，以及诸如男子精液减少之类越发严重的社会疾病等等。现代理性的发展使得人类社会已经高度分化为多领域的、复杂的专业化系统，这种复杂的、体系化的系统一方面对生活于其中的人形成了控制，另一方面则给沟通设置了障碍，导致了不确定性。现代社会尽管形成了分化发达的规则、法规与制度，似乎非常地有序与稳定，但是规定与制度本身其实就是人们应对社会系统复杂性和偶然性的结果，这种理性体系越是分化发达，就越具有危险性。这些高度分化的社会系统内在地导致了风险，其中主要有制度层面、经济层面、军事层面、政治层面以及文化层面的风险。现代性所出现的各种不可预测性事件或危害性事件，实际上都是现代性分化必然带来的更多风险性的表现，它在实质上就是现代性分化所造成的发展方向多元化问题，也就是现代性发展的多种可能性问题，是时间结构中的未来不确定性的问题。① 在“新风险”的支持者看来，现代社会已经面临着全方位的实实在在的新威胁。

与此不同的是，风险文化理论者认为，尽管人类社会当前的确出现了许多新的严重的威胁，但是风险在总体上并没有增加，人类社会也不比以

① 高宣扬：《鲁曼社会系统理论与现代性》，中国人民大学出版社 2005 年版，第 264 页。

往遭受更多的威胁。现代社会中的民众之所以更加地关注风险问题且感到更不安全，主要是因为风险意识的提高。[①]比如，拉什就认为，无须像“风险社会”理论那样按照社会个体成员功利性利益来假设一种决定性的、制度化的等级化秩序，并以此来说明风险的存在，相反地，风险文化存在于非制度性和反制度性的社会相互作用中，是一种基于审美的而不是认知性的反思，并且审美判断的非限制性特征对作为风险文化背景预设的心态和习惯都是必不可少的因素。并非所有的风险主要都是社会建构出来的，风险既是基于文化认知的建构，也是基于客观事实的决定性判断。就建构维度而言，其核心是基于“审美价值”的反思性判断。风险文化理论主要突出的是不同文化背景下的个体或群体对风险认知、解释以及应对方式的不同。

在有关风险和风险社会的理论研究中，乌尔里希·贝克和安东尼·吉登斯的“风险社会理论”是最受关注的。贝克是风险社会理论的主要创始人，他在《风险社会》中第一次提出“风险社会”概念。贝克认为，在古典工业社会时期，财富逻辑占据主导地位，而在风险社会时代，风险生产与分配成为核心问题，即人类社会已经从“我饿”过渡到“我怕”的时期。与许多的现代性批判者不同，风险社会理论并不把现代社会发展过程中所出现的种种问题视为现代性的附带结果，而是看成现代性本身固有的不确定性的体现。

从实践论上讲，风险社会是现代性危机深化的结果，是现代制度成熟的结果。这里的现代制度指的是工业现代化模式。工业现代化的进一步发展在一定程度上使风险概念本身所表达的企图控制不可预测的未来的努力成为不可能。正是工业现代化的深入发展使风险社会将逐渐代替工业社会，风险社会是自反性现代化的结果。所谓自反性现代化是“指创造性

① ［英］谢尔顿·克里姆斯基、多米尼克·戈尔丁编：《风险的社会理论学说》，徐元玲等译，北京出版社 2005 年版，第 96 页。

地（自我）毁灭整整一个时代——工业社会——的可能性。这种创造性毁灭的对象不是西方现代化革命，也不是西方现代化的危机，而是西方现代化的胜利成果。”① 风险社会格局的产生是由于工业社会的自信（众人一心赞同进步或生态影响和危险的抽象化）主导着工业社会中的人们和制度的思想和行动。风险社会不是政治争论中的可以选择或拒斥的选项。它出现在对其自身的影响和威胁视而不见、充耳不闻的自主性现代化过程的延续中。最后暗中累积并产生威胁，对现代社会的根基产生异议并最终破坏现代社会的根基。② 风险社会理论宣布了“自然的终结”，即“人为风险”已成为现代社会的主宰——自然被工业化，传统被理性制度化，而这种制度化正是风险的来源。

当然我们也要注意到，贝克和吉登斯对制度的关注点还是有所不同的。贝克主要是从宏观上来勾画风险社会的图景并建构他的“世界政治体”，吉登斯也从民族国家、世界资本主义经济体系、国际分工体系，以及世界军事体系这些宏观层面来分析社会制度问题，但他还分析了风险对个人生活的影响，比前者更为细致地探讨了风险社会中的政策措施。在他看来，现代化制度过分地依赖于专家精英们的专业知识，这就导致了种种恶果：高度的制度化不仅使得民众难以参与到制度的建构当中来，还因此阻碍了他们与专家之间的相互理解，容易造成曲解与冲突；过度的制度分化使不同领域里的专家们存在交流与沟通上的困难，损害了意见与决策的科学性；分化的制度组织容易造成不同制度之间的摩擦并且留下真空地带。还需要指出的是，贝克的风险社会理论在强调社会制度的风险性时，并没有忽视对风险的文化认知的重要性。他在论述风险与毁灭的关系时指出，风险概念表述的是一种介于安全与毁灭之间的不明确状态，对这种不

① ［德］乌尔里希·贝克、［英］安东尼·吉登斯、拉什：《自反性现代化》，商务印书馆2001年版，第5页。

② ［德］乌尔里希·贝克、［英］安东尼·吉登斯、拉什：《自反性现代化》，商务印书馆2001年版，第10页。

确定状态的“感知”左右着人的思想与行动。所以，风险的文化解释连同社会制度的风险分析一起，都是理解风险的最根本维度。① 风险社会理论不仅解释了风险的产生、风险的特征与风险的影响，还试图提出解困的良方。

总之，风险社会理论庞杂的内容可以归结为两点：一是风险的“人化”。人类活动范围的扩大使其决策和行动对自然和人类社会本身的影响力大为增强，从而风险结构从自然风险占主导逐渐演变成人为的不确定性占主导；二是风险的“制度化”和“制度化”的风险。现代社会主要是以制度的建设来应对风险，而更多的制度同时却又造就了更多的风险。

三 风险社会下的生态安全问题

现代性所造成的生态破坏首先在西方国家引起重视，并率先提出各种建设性的应对方略。几乎在风险社会理论出现的同时，生态现代化理论也在西方特定的社会背景下出现了，并且在国家政治的层面上得到重视。总体而言，生态现代化理论在生态环境问题上主要是诉求于科学技术与市场的力量，因此，它更像是从自然科学领域衍生出来的“半自然科学”。生态现代化理论在一些研究层面上也有着与风险社会理论相似相通的地方，形成很好的互补。

（一）生态现代化理论

生态现代化理论（Ecological Modernization Theory）是出现于 20 世纪 80 年代，并在 90 年代中后期才开始盛行起来的一种环境理论，它最早由德国的约瑟夫·胡伯（Joseph Huber）提出来。胡伯主张将生态现代化理论作为解决环境难题的替代性思路，将理论关注的重点从环境问题的政策法律监管和事后处理转向了如何实现环境问题的预防和通过市场手段克服环境问题。由于经济的发展已经导致了日益严重的生态环境危机，许多

① 薛晓源、周战超：《全球化与风险社会》，社会科学文献出版社 2005 年版，第 137 页。

社会学家因此认为经济发展与生态环境的保持不能并存，正是在这种背景下，生态现代化理论将自己的研究旨趣定位于论证社会经济与生态环境是可以相互促进的：经济增长与环境保护相互协调，经济增长与环境压力脱钩。大体来看，生态现代化理论的发展可以分为三个阶段。

第一阶段为20世纪80年代早期，主要的内容为：①强调技术创新在环境改革中的作用，特别是工业生产的技术创新；②对官僚机构和低效率进行批判；③支持环境改革的市场作用和市场动力；④关于社会机构和社会冲突的系统观，要求建构一种能应对环境恶化并由此导致冲突的管理与协调机构或组织；⑤生态现代化建设必须依托于国家层面来进行，形成国际合作。第二阶段为20世纪80年代后期到90年代中期。这一时期的生态现代化理论不再拘泥于技术层面的探讨，而是深入到对社会制度与社会文化对于环境的意义方面来；在强调政府管理与市场作用相互平衡的情况下，研究社会机构对于经济发展的生态转向的作用；不再仅仅关注工业国家的生态环境问题，还将目光投向广大的发展中国家。第三阶段为90年代中期至今。此一时期，生态现代化理论在研究的理论范围和地理范围上都大为扩展，研究的内容已经拓展到包括非物化消费转向、非经合组织国家的生态现状与趋势，以及全球化进程中的生态现代化课题。这一时期的研究重点在于：①环境问题给社会、技术和经济改革带来的挑战；②现代性的核心——社会制度的转型，包括科技、生产和消费、政治和治理、市场制度等，在地方、国家和全球层面上的转型；③生态现代化理论的定位问题，以区别于后工业主义、后现代理论等等激进的思潮。

概括说来，生态现代化理论声称，自然能够通过对社会组织进行一系列调整而超越当前面临的死胡同：第一，实现这一变革的关键就是，通过“超工业化”过程开发更清洁、更有效的资源不密集的技术。第二，生态现代化要依仗事先制定的规划的实施，这种实践的原型就是德国的预防原则概念。第三，这一方法的成功实现取决于负有生态责任的组织的国际化。最后，提倡生态现代化的人非常重视政府在制定鼓励环境技术创新的严格规章的作用。[①] 生态现代化理论主要分析了当代工业社会如何应对环境危机，其研究的核心集中于关注社会层面中的环境改革、制度设置以及社会和政策议程，从而保证社会可持续的基础。“生态现代化理论”的核心是，环境保护不应被视为对经济活动的一种负担，而应视为未来可持续增长的前提。生态现代化理论通过重新界定技术、市场、政府管治、国际竞争、可持续性等基础性要素的作用，对环境保护与经济增长之间的关系做了一种良性互动意义上的阐释。在生态重构中，要发挥现代科技和市场经济的联合作用。现代科技是生态改革的核心机制，同时强调在生态改革中经济和市场动力的重要性，市场经济鼓励的、政府促进的工业创新能够促进环境保护。[②]

然而，生态现代化理论所遵循的市场优先原则在客观上刺激了经济的无节制发展，无形中抵消了人们对生态环境的关注，从而取消了任何必要的制度性变革和对导致环境破坏的经济生产生活方式进行根本性评估。此外，技术诉求的偏好也使得生态现代化理论在实践维度上遭遇了重重困难：不同的国家或组织团体对此作出不同的理解，从而采取不同的措施，这就造成了极大的混乱。

当然我们更要看到，这一理论的要害之处在于：它通过重新肯定技术与市场在实现环境保护目标中的积极作用，从根本上否定了所有在环境视角下对现代资本主义制度提出的批评及其变革要求。因此，“生态现代化理论”不是增加了绿色变革的现实可能性，而是取消了绿色变革的内在必要性。[③] 作为世界上最大的污染国，美国政府却拒绝签署《京都议定书》；发达国家与发展中国家在2009年哥本哈根世界气候峰会上的博弈表明，将生态现代化理论付诸实践存在着很大的困难。这一理论框架下的国际合

---

① 薛晓源、周战超：《全球化与风险社会》，社会科学文献出版社2005年版，第304页。

② 中国现代化战略研究课题组：《中国现代化报告2007》，北京大学出版社2007年版，综述第3页。

③ 郇庆治：《生态现代化理论与绿色变革》，《马克思主义与现实》2006年第2期。

作在民族国家利益面前往往变得缺少说服力，在2012年的多哈世界气候大会和2014年的利马联合国气候变化大会上，国家利益的博弈同样导致很多具有建设性的协议无法真正落实。由此可见，当市场负载着民族国家的利益时，即使是在全球化时代，它也难以轻易超越国界，生态现代化理论想要在社会经济发展的实践中引领潮流，还需要更为出色的研究。

（二）生态安全的风险源解析

现代社会关于风险的争论是从20世纪50年代开始的，它最先便与生态环境的风险事件相关。以贝克为代表的风险社会理论在与其他流派的交锋中不断地扩大影响，被认为是最有影响力的风险理论。因此，本书对生态安全的现代性解构的探讨，主要是基于这种制度主义的风险理论来展开。

在风险社会理论看来，阶级社会的驱动力可以概括为这样一句话：我饿！另一方面，风险社会的驱动力则可以表达为：我害怕！焦虑的共同性代替了需求的共同性。[①] 对于现代社会中的风险，吉登斯将它们区分为外部风险（external risk）与内部风险即被制造的风险（manufactured risk），并认为外部风险就是来自外部的、因为传统或者自然的不变性和固定性所带来的风险，而内部风险（被制造出来的风险）则是指由我们不断发展的知识对这个世界的影响所产生的风险，是指我们没有多少历史经验的情况下产生的风险。[②] 因为人类活动足迹的扩大，“自然”其实已经消亡了。因此，现代社会所面临的风险主要是被制造的风险。

这种风险社会理论转换的意义在于，“环境”问题不再被认为是外界的问题，而是从逻辑上被放在了现代制度的中心。风险社会中的风险更多的是人类社会自身导演的结果，各种风险其实是与人的各项决定紧密相连的，即它是与文明进程和不断发展的现代化紧密相连的。这意味着，自然

---

① ［德］乌尔里希·贝克：《风险社会》，何博闻译，译林出版社2004年版，第57页。

② ［英］安东尼·吉登斯：《失控的世界》，周红云译，江西人民出版社2006年版，第22页。

和传统不再具备控制人的力量，而是处于人的行动和人的决定的支配之下。“夸张地说，风险概念是个指明自然终结和传统终结的概念。或者换句话说：在自然和传统失去它们的无限效力并依赖于人的决定的地方，才谈得上风险。”[①] 由此可见，要准确地理解现代社会的生态危机，我们既不能简单地将其归结为流行的价值观念和相应的技术副作用，也不能仅仅归咎于资本主义的生产方式，而是应该追溯到基于市场经济制度及其蕴含的主宰自然世界观念的等级制的社会形式。

在生态恶化的问题上，生态现代化理论强调现代科技在实现生态恢复努力中的意义，而风险社会理论则对科技解决生态问题方面所起的作用十分怀疑。因为按照现代性的自反性观点来看，科学技术在现代性制度框架之下的应用本身也是风险源之一。风险总是依赖决策，总是以决策为前提。无论是来自于自然的风险，还是来自于社会中的风险，它们的产生都在于人们将不确定性和危险转化为安全的决策过程中。前工业社会的无法计算的威胁(瘟疫、饥荒、自然灾害、战争，同时还有魔力、上帝、恶魔)在工具理性控制（现代化过程在生活的各个领域都提倡这一点）的发展之中和资产阶级社会中形势与冲突的特点。[②] 所以，生态安全的风险源应该从现代社会本身去寻找答案。无论是现代性批判理论、后现代理论，或是风险社会理论，都无一例外地指出了由现代工具理性主导的现代社会构成正是社会病症的罪魁祸首。具体说来，对生态安全的威胁主要是来自于科学技术的社会应用、社会制度和社会文化等方面。风险社会理论的不同流派都对这几个方面有所探讨，但通常都采取“分而析之”的方式，且对彼此的论说嗤之以鼻（贝克是个例外）。然而，在关注现代性的自反性的同时，风险社会理论并没有从科技、制度、文化等几个维度综合地分析生态安全问题。

---

① [德]贝克、威尔姆斯：《自由与资本主义》，浙江人民出版社 2001 年版，第 119 页。

② [德] 乌尔里希·贝克：《世界风险社会》，吴英姿、孙淑敏译，南京大学出版社 2004 年版，第 100 页。

总体看来，在关于风险的各种论述中，生态环境问题并没有占有足够多的分量。贝克虽然花了些笔墨专门论述科学技术的风险，但是，其重点在于“专家体系的”风险及其后果。与其说是对风险源的解释，倒不如说是为了阐述科技风险产生影响的机制。更为全面且深入地考量简单现代性（第一现代性）对于生态安全的“解构”特征，寻找通往第二现代性（反思性的现代性）的途径，消解或是减缓现代性对生态安全的威胁还甚有必要。因此，本书将在接下来的几个章节中尝试性地对这一问题进行分析。

第三章

生态安全解构的科技之维

就像爱因斯坦所说的那样，科学是一种强有力的工具。怎样用它，究竟是给人带来幸福还是带来灾难，全取决于人自己，而不取决于工具。刀子在人类生活上是有用的，但它也能用来杀人。换言之，科学技术是人类创造出来的工具，它既能行好，也可作恶。作为人类本质力量的体现，科学技术把人从被动地受制于自然的境况提升到能够主动与自然对话甚至是凌驾于自然之上的地位。然而，科学技术在物质生产上的巨大成功助长了“科学技术万能论”，导致人类漠视自然的客观规律，以自我为中心，大肆掠夺与肢解自然。在很早的时候，这种霸道的行径就受到了控诉。在英国维多利亚时代，小说家乔治·吉兴就说，“我憎恨和害怕科学，因为我相信如果不是永远也是在未来很长一段时间里，科学将是人类残忍的敌人。我看到它破坏着生命的一切朴实与和善；破坏着世界的美丽；我看到它使人的精神委靡，心肠变硬；我看到它带来了一个发生巨大冲突的时代，这些冲突使过去的上千次战争变得微不足道，它很可能在血雨腥风的混乱中吞没人类几千年所创造的文明。”① 尽管对科学技术的抗议从未消停，但是，只是到了今天，当全世界都为日益恶化的生态环境所困而不得不应对这种退化的威胁时，科学技术才被更为谨慎地批判与对待。

科学技术的迅速发展扩大了人类活动的足迹，全世界的生态环境正面

---

① 转引林德宏：《科技哲学十五讲》，北京大学出版社2004年版，第321页。

临着严重的威胁。在这些威胁中，环境的退化、生物多样性的减少、过度消费所导致的资源消耗，以及某些区域不稳定的经济与社会秩序等，都有可能导致意想不到的糟糕后果。对地球永续性发展构成长期威胁的不利因素主要有：干旱、水质的下降、全球极端气候频发、水电站的副作用、核废料的处理，以及对生活本身的安排策略等等。这些威胁与源自于自然的危险搅和在一起，成为棘手的问题。科学技术应该对环境问题负有责任，虽然把生态环境问题的罪责都推到科学技术身上是一种不负责任的行为，但是，科学技术无疑是原因之一，甚至是一个很重要的原因。

第一节　现代科技的双刃剑作用

科学技术早已不再是神学的奴婢，而是成为手握尚方宝剑的判官，这一切皆因它们所带来的福祉。然而，当代社会的发展又是一个在"科学、技术与社会"的关系上充满矛盾和悖论的进程，往往是老的问题尚未解决，新的问题又出现了，同时老的问题也不断以新的形式出现。也许科学技术的发展本身并没有任何社会悖论性质，但一旦科学技术的发展被绑缚在人类社会发展的战车上时，其福祸相依的性质也就出现了。[①] 科学技术除了像现代性批判理论所认为的那样给人类社会自身带来种种不利之外，同时也严重地威胁到大自然的生态安全。

新技术革命使人类拥有向大自然挑战的能力，先前社会中的那些女娲补天式的幻想今天已经成为现实；上天入地等被认为是不可思议的事物，现在却已经成为活生生的事实。科学技术的飞速发展带动了社会经济的腾飞，但同时也带来了对生态环境的巨大破坏。一些批评者将森林的急剧减少、水土的大量流失、土壤的大面积沙化、资源的迅速枯竭、环境的严重

① 冯鹏志：《STS 视野中的当代社会发展》，《学习时报》2004 年 3 月 29 日。

污染、物种的大量灭绝等一系列归结为人类的贪婪或是目光短浅，但却没有进一步去了解人类这种贪婪与霸道背后更为深层的原因，即科学技术所蕴含与展现出来的改变世界的巨大能量。

正是科学技术强大的改造能力，刺激人们去疯狂掠夺与占有，并不断产生新的欲望。贪婪的层层叠加使得地球不堪重负，掠夺式的开发导致生态环境灾难频发。很久以前，恩格斯就已经清醒地意识到人类这种被激发的欲望的恶果："不要过分陶醉于对大自然的胜利，因为对于每一次这样的胜利，自然都报复了我们。连同我的肉、血和头脑都属于自然界，存在于自然界之中。"[①] 地球是人类生存的家园，对大自然的破坏就意味着将人类推向自我毁灭的深渊。面对生态灾难的威胁，威尔·杜兰特也告诫说，"从蛮荒到文明需要一个世纪，从文明到蛮荒只要一天。"[②] 这不仅是对以科学技术为代表的人类文明进化发展的贴切写照，更是对现代科学技术严重威胁自然环境的警告。

在科学技术与生态环境的关系上，争议并非没有，其中的焦点主要在于科学与技术本质属性及其后果的异同。面对声讨，科学家们鸣屈喊冤，认为自己给技术背黑锅，遭受不公。然而，这种申诉委实软弱无力，因为科学与技术在现代社会中的发展态势模糊了他们的证词。在现代社会中，科学与技术既相互区别又相互结合，科学日益技术化，技术日益科学化。在考查科学技术的社会影响时，将科学与技术视为一个整体也是合理的。同时，也有必要在此基础上的区别研究。

一　解放的力量

科学就像阿拉丁神灯，充满了魔力。在掌握科学技术之后，人类社会的发展进程就完全改变了。就像前文提及的杜兰特所言，人类社会长期在

① 《马克思恩格斯文集》第 9 卷，人民出版社 2009 年版，第 559—560 页。

② ［美］加勒特·哈丁：《生活在极限之内——生态学、经济学和人口禁忌》，上海译文出版社 2001 年版，第 187 页。

缓慢的进路中摸索，而科学的出现则改变了这种情形，可谓日进千里。为此，马克思把科学看成是推进历史发展的有力杠杆，看成是最高意义上的革命力量。以技术为先导的工业革命之后，资本主义世界释放出巨大的生产力，以至于马克思惊呼“资产阶级在不到一百年的时间里创造出比以往所有社会生产力总和还要多得多的生产力”。科学技术对社会的推动作用在人类历史上已经发生的三次产业革命中体现得淋漓尽致，并在方兴未艾的第四次产业革命（新材料与新能源技术革命）中焕发出新的风采。① 具体地说，科学技术的解放特性主要表现在它提高了人类的认知能力与改造能力，推动社会经济发展，促进政治建设，以及改变人们的思想意识形态等等。此外，科学技术还推进了现代军事建设从而抑制了战争，在一定程度上促进了世界的和平。更有意思的是，斯诺在小说《探索》中把科学这个大伤脑筋的活动看作一种令人神往、高尚的娱乐：

一个人也可以由于从科学中得到乐趣而搞科学。任何一个全心全意地相信科学有用或者相信它是真理的人自然也会从科学中得到乐趣。例如康斯坦丁从研究中所得到的淳朴乐趣比大多数人从自己爱好的娱乐中所得的乐趣更多；虽然他是我所知道的最有献身精神的科学家，不过却有不少人由于信仰科学而从中得到乐趣。我倒认为，即令人们不过于相信科学的用处，对科学的真理的价值也没有形成任何看法，他们也还是有可能从科学中获得乐趣。许多人喜欢猜谜。科学是很不错的，而且还有相当的奖赏。所以不少人要么根本不去考察科学的功能，对之漠不关心，要么是把这些功能理解为理所当然，像干法律那一行一样地搞起科学研究工作。他们以此为生，遵从它的规律，从解决问题的过程中得到更大乐趣。这是一种十

① 如果说在近现代社会的开端，工业化生产的进步主要是因为技术的贡献，但是，技术的出现与发展的确不完全依赖于科学，很多技术的获得归功于那些聪明头脑的奇思妙想，与科学并无直接联系。然而，在当前的社会生产中，新技术的出现无不源自于科学研究的进步，真正的技术创新主要寄望于科学。

分实在的乐趣。①

这种猜谜还是个理性的活动，是一种与完善的逻辑方法和经验方法相结合，并在概念上具有高度的普遍性的事业。科学社会学奠基者 R.K. 默顿认为，科学文化具有普遍主义（Universalism）、无私利性（Disinterestedness）、有条理的怀疑主义（Organized Skepticism）以及公有主义（Communalism）等特征。巴伯（Bernard Barber）在遵循“默顿范式”的基础上，创造性地拓展了对科学文化的研究，认为科学文化还具有这些特征：1. 功利主义（Utilitarianism），是指现代人的主要兴趣在于这个世界，在于这个自然界的事物，而不是在于像超越自然拯救这样的其他世界的事物；2. 个人主义（Individualism），指的是受个人良心而非有组织的权威的驱使这种文化价值；3.“进步”与社会改善主义（“Progress” and meliorism）的价值，这种价值要求人们具有相信社会和人类理性是能够通过累积而有所进步的观念。尽管在现实的科学活动中，这些所谓的“科学规范”并没有被科学家们真正地遵从，但是，这些规范在很大程度上影响了科学家的活动，同时也影响到了其他的社会群体。科学追求实事求是、崇尚理性、不畏权贵与权威、团结协作的精神，这尤其有利于解构传统的消极文化，破除迷信，以理性的方式来思考世界，有助于将受到禁锢的人的能动性解放出来。

在马克思、恩格斯看来，科学技术是解放思想的精神武器。科学技术的发展使自然界全部无限的领域都被科学所征服，而且不再给造物主留下一点立足之地。科学不屈的理性精神使人们冲破了封建势力的藩篱，扫除了愚昧，科学理论是人们批判宗教迷信和唯心主义的精神武器。在科学理论的武装下，人们不断克除旧的思想观念，使主体性得到昌明。近代自然科学被认为是从 16 世纪开始的，其主要标志是 1543 年哥白尼《天体运行

---

① 参见［美］J.D. 贝尔纳：《科学的社会功能》，广西师范大学出版社 2003 年版，第 118 页。

论》的发表。《圣经》告诉世人，地球是上帝创造出来供人类居住的，并安排在宇宙的中心位置。然而，哥白尼的“日心说”向神学发起了挑战，动摇了封建神学所宣称的“人是上帝的代理者，处于宇宙的中心”这一思想，产生了深远的影响——在改变人类宇宙观的同时，也彻底地改变了科学从属于神学的命运。德国诗人歌德这样评价哥白尼“日心说”对世界的意义，“哥白尼地动说撼动人类意识之深，自古无一种创见、无一种发明，可与之比。……自古以来没有这样天翻地覆地把人类的意识倒转来过。因为若是地球不是宇宙的中心，那么无数古人相信的事物将成为一场空了。谁还相信伊甸园的乐园，赞美诗的歌颂，宗教的故事呢?”[①] 形而上学的机械论思维是与近代力学和机械技术的发展同步的，而19世纪能量守恒与转化规律的发现、达尔文物种进化论的创立，以及细胞学说等科学成果则使人们开始以辩证的观点去理解世界；20世纪之后，量子力学、相对论、混沌理论与其他的一些复杂性科学的研究成果又一次改变了人们的思维，由线性思维、简单思维转向非线性、复杂性思维。同样的是，微显技术、放射技术和空间技术等等的发展也使人们加深与拓宽了对世界的认识。

社会经济的迅速发展主要归功于科学技术日新月异的发展。科学技术的巨大创造力不仅仅在发达的工业国家里得到体现，这种创造力在世界上的每一个角落都得到了充分的展现。现代科学技术的发展水平已经成为一个国家经济实力的体现，国家的竞争力主要表现为科学技术水平的较量。现代科学技术除了决定着生产力的发展水平和速度，以及生产的效率和质量之外，还决定着生产中的产业结构、组织结构和生产方式等等。科学技术通过对社会资源巧妙的安排与设计，对社会生产的理性重组来展现出前所未有的魔力。从20世纪70年代到80年代中期，“信息化”国家的国民生产总值提高了32 %，而能源的消耗只提高了5 %；美国的农业在国民生产总值上涨了25 %之多的情况下，能量消耗减少了39 %。1970年至

① 林德宏：《科学思想史（第二版）》，江苏科学技术出版社2004年版，第76页。

1990 年在国民生产总值上升到几乎为原来的 25 倍时，美国各类能源的利用仅增加了 42.3 %。仅在 20 世纪的最后 20 年里，在美国，当国内总产值的增长几乎达到 90 %时，煤炭的生产只提高了 32.4 %，而用于国内消费的石油产品的生产仅提高了 15.5 %。

除此之外，现代科学技术还可以变废为宝，化腐朽为神奇，将一些人类已经产生的“垃圾”或是过去无法利用的资源重新加以利用，创造出有价值的东西。瑞典科学家发明了人体尿液收集系统，人体尿液加工后人造肥料具有非常高的能量，然而它却仅消耗世界上 1 %的能量供给。以传统方式处理人体尿液需要使用消毒液等等化学药品，而这种消毒剂的使用又可能会造成新的污染。新技术可以将富含氮的人体尿液加以更合理的处理，每年可减少 1.8 亿吨的二氧化碳排放。

现代科学技术的每一次发现与革新都给社会生产与生活带来巨变，成为一股引领社会经济发展的潮流。一向被认为是水质破坏元凶的藻类植物有可能成为人类的新能源。目前，犹他州立大学的科学家们正在对藻类进行研究，期望能在 2019 年之前将其成功转化为具有市场竞争力的生物柴油。当供给二氧化碳时，海洋中的绿藻将疯狂地生长，每公顷绿藻可生成的生物燃料是玉米、大豆和甘蔗田地的 100 倍。美国佛罗里达州墨尔本市 Petroalgae 公司曾计划申请一项许可，希望 2010 年在中国建造世界上第一个 2000 公顷商用绿藻生物燃料基地，并表示绿藻能够吸收从发电站大烟囱释放出来的二氧化碳，再循环转化成为生物燃料。如果绿藻生物燃料基地在全球得到推广，每年将减少 90 亿吨二氧化碳排放量。再比如，互联网的发展给全世界带来了莫大的利好：它在很大程度上使人们摆脱了对纸张的依赖，直接减少了人们对用于造纸的树木的需求，延缓了人们对森林的破坏；互联网的普及还大大地提高了信息的传播速度，提高了工作效率。

20 世纪中后期迅猛发展的微电子技术、核能技术、超导科技、海洋科技、空间科技，以及基因科技等，都给人类社会带来无限的遐想。当美国 IBM 公司的科学家用扫描隧道显微镜在镍表面上搬移了 35 个氙原子，拼出“IBM”字样时，就宣告人类开始拥有在原子层次操控世界的能力。尽管人类距离像修复机械部件一样任意修整我们自身的毛病，或者是随意转化物质形态以便利用的现实还有一段路要走，但那已不再是虚无缥缈的神话。美国著名未来学家阿尔文·托夫勒认为，科学技术的发展将决定人类社会今后的走向。对科学乐观者来说，现代科学技术有着广阔的发展空间，会使人类社会在将来实现更为美好的愿望。这种理论坚信：在现代科技理性的指引下，人类社会正在沿着一条直线型的进步道路从落后的、非理性的、恶的传统社会向富足的、理性的和善的现代社会前进。以科学技术为支撑的工业现代化不仅会带来“物质财富的异常增长”、生活水平的空前提高和科学技术的长足发展，还必然带来作为系统的社会的整体变迁和转型，如政治的民主化、自由化和人权状况的极大改善以及人的素质的普遍提升。丹尼尔·贝尔在《后工业社会的来临》中系统地勾画了未来世界的景象。他认为，后工业社会的知识社会，是一个各领域专家人员占据着主要地位的社会，科学技术知识已经成为后工业社会的社会组织基础，成为社会革新与变革的主导力量。总之，科学技术就像阿拉伯神话中的阿拉丁神灯，永远照耀着人类前进的道路。

二 背叛与控制

前文已经指出过，人们更多的是将“科学技术的双刃剑作用”或者是“科技的负面效应”理解为技术应用的消极后果，而不将科学也纳入其中。这种观点的逻辑建立在对科学技术的截然两分的基础之上，认为科学与技术在本质上迥然不同。这种观点认为，从性质上看，科学属于认识范畴，旨在回答有关“是什么”、“为什么”的问题，是一种知识体系；技术则是个实践范畴，主要是为了解决有关客观世界的“做什么”、“怎么做”的问题，是一个操作体系。从特征看，科学是一种“从无到有”的创造性活动，而技术更多的是基于经验或理论指导下的改造活动。从评判标准看，科学的根本标准是真理性（客观性），即人的思想必须与客观事物及其规律相一致、相符合，技术的根本标准是合目的性，它追求可行、有效、实用，以满足人类的需要。

学术界有很多人认为科学没有负面作用，这是因为人们仅仅从结果的角度来理解科学，把科学当作确定无疑的知识，当作观念形态的存在。这种将科学看成是世界表征的理论优位的科学观是偏颇的，它忘记了科学研究活动首先是科学家实际操作的实践活动，只有从实践优位的角度出发才能真正理解科学活动。[①] 科学作为一种观念形态的知识，产生于科学家的复杂的实践活动。在科学实践活动当中，人们必须直面研究对象、研究环境、不同个体或群体所形成的看法，这些方面的不利因素或多或少都会产生负面影响。如果说，作为观念形态的科学知识不能直接产生实际作用的话，那么作为至少是对研究对象进行控制和干预以获取知识的科学实验活动本身，某种角度上说就是一种技术活动，在产生着实际的作用。

作为人类操控对象世界的机巧，技术对社会生活的影响自然就直接得多。就生态危机而言，技术专家在环境问题上的无能，归根结底在于科学的缺陷，因为“技术意味着科学和其他已被掌握的知识在实际工作中的综合应用。它的最重要的影响至少对经济学的目的来说，是迫使任何这样一类工作中划分和再划分成为它的组合体。因此，而且只能是因此，已被掌握的知识才能应用于实践。”[②] 技术上的谬误，看起来是来源于它的科学基础的支离破碎的性质，而技术上的支离分散的设计则是它的科学根据的反映。因为科学细分为学科，这些学科在很大程度上是由这样一种概念所支配着，即认为复杂的系统只在它们首先被分解成其彼此分割的各个部分时才能被了解。还原论的偏见也趋于阻碍基础科学去考虑实际生活中的问

---

① 蒋劲松：《科学实践哲学视野中科学观念的负面影响》，《科学对社会的影响》2006年第2期。

② 巴里·康芒纳：《封闭的循环——自然、人和技术》，吉林人民出版社1997年版，第149页。

题，诸如环境恶化之类的问题。[①] 纵观历史，我们发现，每当重大的技术创新和技术进步都必然地导致科学研究上的重大发现，而每一次科学的重大发现最终也会带来技术的突破。

事实上，在现代社会里，科学与技术已经高度结合，难以截然两分了，这种一体化是在科学和技术各向对方渗透和融合的基础上实现的。在西方学界流行的 technoscience（科学技术）、scitech（科技）等等词汇也可以说明，科学技术研究已经难分你我。大科学时代需要在合作的前提下将不同科学技术机构、不同学科的科技人员整合起来，协同地展开某一或某些重大课题的研究。比如说，空间科学技术、海洋科学技术等等，缺少技术的支撑，科学难以作为，而没有科学理论的突破，技术也成了无源之水。总的来说，无论是称之为科学的副作用也好，或是称之为技术的副作用也罢，都不能否定科学技术对社会所产生的消极后果——科学技术的异化。

首先，从科学技术与政治的关系来看。科学技术所取得的成果通常掌握在统治阶级的手中，被作为加强阶级统治的有效工具。一方面，资产阶级正是通过借助科学技术的强大力量来摧毁封建统治的；另一方面，在建立起资产阶级政权之后，科学技术又变成资本家对外进行军事扩张与殖民掠夺，对内残酷剥削与压榨无产阶级的手段。马克思早就注意到科学技术成为统治工具的事实，他认为，机器具有减少人类劳动和使劳动更有效的神奇力量，然而它却变成了阶级统治的工具，引起了饥饿和过度的疲劳。

其次，从科学技术与经济发展的关系来看。西方发达国家无论是在科学技术的研发水平，还是在科学技术成果的转化能力方面都领先于广大的发展中国家，成为游戏规则的制定者。因此，科学技术的迅猛发展通常会给发达国家带来更多的好处，这一现象的结果就是“知识鸿沟”的产生，

---

① 巴里·康芒纳：《封闭的循环——自然、人和技术》，吉林人民出版社 1997 年版，第 154 页。

从而造成新的经济不平等与霸权。比如说计算机技术的全球应用，其先进的核心技术掌握在少数发达国家手中，这便于它们对其他国家的控制与摆布。又比如说，有关环境壁垒的问题，也称绿色壁垒问题。发达国家通常以保护环境、维护人类健康为由，通过立法和制定强制性的技术法规，对欠发达国家的商品进行准入限制的贸易措施。发达国家利用其经济水平与技术能力设置贸易门槛：一方面，有利于掠夺发展中国家的资源初级产品，同时把低端的污染产业或者一些高污染高风险的企业转移到发展中国家，转移其国内的环境压力；另一方面，又极力将环境问题与贸易条约机制紧密挂钩，有利于抵消发展中国家资源与廉价劳动力成本的比较优势，限制发展中国家的经济发展，以保持它们在国际多边经济贸易领域的霸主地位。这种以"环境保护"名义在国际贸易中引入所谓"环境条款"，这种基于科学技术优势而设置的壁垒给广大的欠发达国家，尤其是给贫穷国家的发展造成了严重障碍。

再次，从科学内部来看，科学文化存在着理论与实践的分歧。科学文化的理想形态是普遍性、平等性与开放性，然而，在现实的科学研究实践中，这种文化软弱无力。虽然科学声称对所有人开放，对所有领域开放，对所有人一视同仁，但是，声望、地位与人际仍然不可小视。科学研究中，真理倒是不分性别与年龄，但真理的确只掌握在少数人的手中，这类少数人便在地位、声望与权力等有着密切的联系。声望、地位与权力的造就一方面是研究者能力的体现，但也不是完全如此，它们还会受制于机遇、人际以及所处的环境；另一方面，这些因素先天对普通的研究者而言则是一道紧箍咒：在经验与知识积累阶段受之左右，研究范式人为地框定，同时形成一种马太效应的后果，包括同行评议之类的科学门槛无形中划定了不同的人所应该处在的位置。来自于外部的力量也极有可能导致不同的科学研究者在投身科学的过程中遭受歧视，科学研究的领域也被限制。默顿在谈论科学发展的长短期差异时指出，科学的长期发展主要归因于它自身，而短期发展则受到外部的极大影响。与此同时，他其实也已经言明，除了科学的规划为外部所影响，科学研究领域也不能避免，即政府会在特定的时期规定了科学的有所为与有所不为。这种限定一方面影响了参与科学研究的人数，另一方面则影响到研究领域的排序或限制。

最后，从科学技术与社会道德、文化的关系来看。现代社会中的科学技术其实就是西方普遍理性的体现，而社会道德则具有明显的区域性与民族性。与现代科学技术的普遍性相比较而言，社会道德和社会文化则表现为多样性。西方国家依靠其科学技术优势获得了强大的经济实力，并以此为突破口，向全世界推行其“经济人”理念，瓦解了许多国家、地区的民族文化。科学技术的工具理性对这种不同社会道德与文化涤荡的后果是引起了民族的冲突。世界范围内的很多民族冲突便是因工业文化的扩张而起，美国的“9·11”事件便是典型的案例。科学技术理性的全球化不仅造成了工业化国家与其他国家的冲突，也造成包括它们自身在内诸多的国内社会问题。

科学技术之所以在作为人类认识与改造世界的工具的同时，发展为一种控制人类社会的力量，其主要原因就在于科学技术本质上是一种社会中的实践活动，是一种价值关涉的人类行为的结果。作为人类认识与改造自然的实践活动，它必然要受到一定时期的社会政治经济制度和占支配地位的价值观的影响，统治阶级总是要把自己的本性、目的和需求投射给技术，把技术纳入自己的控制之下。[①] 科学技术是人的有目的的社会实践活动，他们不是纯粹的知识和技能的体系，而是渗透着价值的社会过程和社会事业。

事实上，那种“好的归科学，坏的归魔鬼”的观点已经遭受批判，从辩证法的观点来看，显然也是应该受到质疑的。人类掌握并发展科学技术之后，极大地获得对客观世界的认识能力与改造能力，在精神上与物质上都取得了很大的成功；但是科学技术所带来的诸多不利的影响也是显而易

① 殷登祥：《科学、技术与社会概论》，广东教育出版社 2007 年版，第 239 页。

见的。在给人类社会创造出丰富的物质财富之后，科学技术的地位也就逐渐地发生了变化，从主人家里那乖巧的奴仆转变为专横的暴君。在现代社会中，经济维度、政治维度、道德维度和文化维度都存在着科技异化所造成的阴影。

启蒙运动发现了人的主体性，而人的主体性是科学技术得以发展的理性基础，但是这种主体性的张扬是一种以蔑视和贬低自然为前提的自然观。科学技术在近代社会的上位归因于它们的工具理性的作用，而今天，这种理性的越位也正是导致科技异化的原因。科学技术使得自然不断的祛魅，人类的欲望已经被撩拨得无法控制，从而给人类带来了日趋严重的生态灾难。同时，在社会生活中，科学技术的全方位渗透也迫使人们不得不依赖于它们，须臾不可离，从而人与科学技术的关系发生了颠倒——科学技术成了目的，而人却变成“为了科学技术的人”。

科学技术的进步并不必然地带来社会道德与文化的进步，甚至会出现相反的一面：人类依靠科学技术来最大限度地填充欲望的无底洞，从而在毁坏大自然的同时毒害了社会。卢梭就对科学技术与人类文明的进步是否有益于人类、是否有益于道德风尚的提高表示怀疑：“人们啊！你们应该知道自然想保护你们不受科学之害，正像一个母亲要从自己孩子的手里夺下一种危险的武器一样……人类是作恶多端的，如果他们竟然不幸生下来就有智慧的话，他们就更坏了。”① 马尔库塞对科学技术所造成的单向度社会也给予了猛烈的抨击，认为科学技术控制了人们的思维，也框定了人们的社会生活。科学知识，就其本性来说，应该有助于人们的团结。然而，现代世界很明显地被分为后工业中心和工业的而且局部甚至可以说是前工业的边缘地带，而且，这些中心和边缘地带的自然趋同在今天看来是绝对不现实的。即使是后工业中心的范围里又形成了两个对立的阶级：一方面

① 杨堪寿等：《20世纪西方哲学科学主义与人本主义》，北京师范大学出版社2003年版，第533页。

是知识和技术的占有者和管理者阶级，另一方面是在信息经济结构中不能找到适当位置的被压制的阶级。① 在他看来，科学技术就如同莱茵河上的"妖女之歌"，它利用甜美、婉转动听的歌声让人民无法抗拒，引诱人们进入陷阱。

三　科学合理性的建构与解构②

自远古的柏拉图时代以来，人们有各种各样的理由相信科学是人类最伟大的发现，将科学视为毋庸置疑的理性活动，即使是在黑暗的中世纪，科学的理性也被当作是与宗教神学分庭抗礼的资本。启蒙运动以降，科学就开始以"理性"代言人的身份自居。然而，科学发展历程所出现的一再的纷争使人们注意到了这种"理性"代言人的身份是很值怀疑的。"合理性"与英语中 rationality 一词相对应，其意原来为"理性"，在原来的哲学中指思想的规律性、逻辑性，在科学哲学的研究中逐渐转为科学研究的普遍方法，在科学哲学发展到 20 世纪后期，又进一步转换为"合理性"，这主要是夏佩尔（Shapere）提出了"预设主义"并对它的批判所致。③ 但是，也有人认为，理性是就人自身的内在本性或能力而言，合理性是就对象之合乎秩序或合乎目的性而言的。韦伯则认为科学的合理性分为工具合理性和价值合理性，探讨科学的合理性就必须正视科学的社会功能。

无论如何，科学的"合理性"都是科学哲学研究中的核心论题，"把整个分析哲学统一起来的是，它全神贯注于对合理性的理性讨论。"④ 但是，它又是个始终无法消除异见的棘手问题。在基础主义者看来，科学的

---

① ［俄］B.Л.伊诺泽姆采夫：《后工业社会与可持续发展问题研究》，牛启念译，中国人民大学出版社 2004 年版，第 76 页。

② 此部分内容笔者发表在《科技进步与对策》2010 年第 6 期。

③ 李健华：《科学哲学》，中共中央党校出版社 2004 年版，第 126 页。

④ ［英］乔纳森·科恩：《理性的对话——分析哲学的分析》，社会科学文献出版社 1998 年版，序。

合理性问题是与构成科学的基质相关联的问题，与基础问题是同一问题；反基础主义对合理性的理解却更多的是突出了科学活动的主体优位以及场景理论——一种“实践过程”的合理性。“强纲领”更进一步，认为如果以合逻辑性或是经验符合论为评判标准，那么，科学的合理性问题是个伪问题，科学并不存在什么合理性；科学的合理性在本质上是“建构的合理性”。科学的合理性其实也关系到真理性问题，很多也同时指向了对“真理”问题的争论。巴曼尼德和柏拉图以来的哲学家和科学家一直试图证明科学是一种追求真理的事业，是一种试图依靠“必然”的数理逻辑的论证。正如布朗（H. I. Brown）认为的那样，合理性概念的古典模型具有三个特征：普遍性、必然性以及规则性。普遍性是指所有理性思考者如果从同样的信息开始，得出的结论应该相同；必然性是指最终结果能够从给予的信息中必然地推出，必然性比普遍性更基本，它保证了普遍性的实现不是随机的或有条件的；规则性要求我们严格确认每一步的理性推论是否符合规则，从而确保合理性的推导过程都是规则控制程序。布朗把规则性看作合理性的核心规则性确保我们从同样的信息开始，必然地得到普遍性的结论。在古典模型中，逻辑和数学是合理性的典范，古希腊以逻辑—思辨理性为中心的科学合理性形式。① 原始人的神话观念蕴含和表征着一种根深蒂固的理性精神，它是不可动摇和不以个人意志为转移的。所以，在原始人那里，萌芽状态的科学理性是一种经验—神话理性。这种科学理性的影响一直延续到古代文明时期，成为古代自然哲学借以实现其科学发现的观念前提。在科学合理性问题的争论过程中，先后出现了以下几个主要学派：逻辑经验主义（包括批判理性主义）、历史主义、科学知识社会学以及后现代主义（有学者称之为后科学哲学主义）等等。每个学派的研究都给科学的合理性进行了积极的补充，却又都存在着各自无法遮掩的缺陷。

---

① 转引自王巍：《科学合理性的哲学分析》，《自然辩证法通讯》2004 年第 2 期。

（一）科学合理性的“经验—逻辑”建构

20 世纪的科学认识论哲学是从逻辑实证主义哲学开始的，按其在不同历史时期的具体表现可分为逻辑实证主义（Logical Positivism）和逻辑经验主义（Logical Empiricism）。因孔德、马赫等人的影响，实证主义继承了古典经验论的经验主义传统，剑指科学理论的经验基础，寻求科学知识的实证性和可靠基础，形成一套关于科学知识是可实证的“真知识”的理论体系。他们认为，科学是真理性的事业，其合理性是由具有普适性的科学方法来保证的。因此，区分科学的标准十分明确：凡是能实证的知识，通过经验的或观察实验证明的知识就是科学的，不能实证的所谓知识都是毫无意义的形而上学的、非科学的东西。普特南在评价逻辑实证主义的合理性观点时指出，“这种实证哲学观宣称科学本身的合理性在于，或者部分地在于这样一些事实：科学的预见至少能够被公开地加以证实；对科学预言的结果是否能获得，对该理论所预言的现象是否确实出现，没有异议”。① 然而，随着科学的不断发展，涌现了许多对逻辑实证主义所谓的实证或确证观点不利的经验事实，他们所信赖的“可靠”的经验基础也被极大地动摇或否定。在受到不断的猛烈抨击之后，逻辑实证主义者不得不放弃可实证性（Verifiability）标准，退却到可确证性（Conformability）标准，因此逻辑经验主义者继而又提出证实的“逻辑概率”。如果证实的意思是决定性地、最后地确定为真，那么我们将会看到，从来没有任何（综合）语句是可证实的。我们只能越来越确实地验证一个语句。因此我们谈的将是确证问题而不是证实问题。② 这种向“确证”的退却尽管有利于消除“经验事实”的反例，但对于“经验”与“理论”的二分无济于事。波普尔批判了实证主义的概率观念，提出了“逼真性”（verisimilitude）代替“概率”。他认为科学虽然不能达到真理但可以逼近真理，科学的目

① ［美］希拉里·普特南：《理性真理与历史》，上海译文出版社 1997 年版，第 188 页。
② 洪谦：《逻辑经验主义》，商务印书馆 1989 年版，第 69 页。

标是追求逼真度（the degree of verisimilitude）更高的理论。因此，科学的合理性就在于以经验事实为基础，对所提出的由问题引起的理论进行不断的否证，从而不断地抛弃被否证的理论，提出新的假设理论，进而不断地逼向真理。然而，波普尔一样依赖于经验检验，这种依赖于经验的“经验证伪”又一次陷入区分“经验”与“理论”的无休止的循环当中去。问题的实质在于，无论是正统的逻辑经验主义，还是波普尔乃至拉卡托斯，都始终以“两种语言的科学结构理论”为立足点，把观察经验绝对化，使观察经验成了科学绝对的、唯一的基础和来源。在他们看来，“全部科学语言”可以被划分为两个部分：“观察语言 Lo 和理论语言 Lt”，但是“汉森观察负载理论”的论证使得科学语言的明确二分的基础受到挑战，观察与理论本身并非是不证自明的基础。

除了以经验检验为科学合理性的基础之外，逻辑经验主义（包括实证主义和否证主义）的另一本质特征是：科学的合理性在于科学方法的符合逻辑性（对于实证主义者来说主要是符合归纳的逻辑，而波普尔等否证主义者主要是演绎证伪原则）。在批评实证主义的科学观时，波普尔搬出休谟，认为经验事实是个单称命题，由单称命题到科学理论这种全称命题的跳跃并不存在必然的归纳逻辑的通道。由此看来，这种“跳跃的产生”势必存在其他的影响因子。这样，对科学活动的研究也就实现了由逻辑实证主义的静态分析到对历史的动态研究的过渡。在逻辑经验主义者看来，科学合理性的评价标准是永恒不变的，科学方法是一种一经获得便经世可用的、放之四海而皆准的客观方法，即这种符合严格的归纳或演绎逻辑的方法具有普适性。逻辑经验主义的合理论强调科学的合理性在于遵循严格的经验检验与严密的逻辑推理，对近现代社会的科学发现起着巨大的促进作用。但是，这种科学哲学努力有悖历史事实。与之相反的是，历史主义科学哲学认为科学的每一次重大突破都离不开非理性因素的参与。比如说个人的灵感、意志品质和社会历史条件等等，这些非理性因素在科学活动中常常体现出不可或缺的作用。

（二）科学的合理性是一种历史过程

波普尔的科学哲学观所认为的不断地猜想与反驳的过程其实已经暗示了一种动态的合理性观念，为科学哲学的历史主义转向作了准备。以库恩为代表的历史主义者把历史因素引入科学研究当中，复活了被逻辑经验主义者驱逐出境了的非理性因素对科学的作用。库恩认为科学活动的实质是“范式”运动变化的形式，科学的合理发展是以“范式”为核心，以常规科学和科学革命相互交替的过程，科学理论的发展导致人们的观念发生了改变。他指出，正是爱因斯坦相对论的提出深刻地影响了人们对世界的看法，传统的观念也受到全面的批判。他否认了科学标准是一成不变的逻辑，把科学的合理性问题视为由“科学共同体”在“范式”的指引下的一种约定。这种约定受科学共同体所处的社会环境的影响，不同的共同体也因而形成各自的对科学图景的不同理解，因此不可能存在任何一种普适的合理性标准。

科学是一种“科学共同体”的活动，在不同“范式”引导下的共同体有着自己的合理性概念，因为“范式”的不可通约性，不同的科学共同体是无法比较和相互取得一致的，不同“范式”的更替或者转换仅仅是一种心理学上的现象。在库恩眼中，科学理性并非不可侵犯，其可靠性或是那些让人们据以为信的东西也不是不证自明的。库恩所作的历史研究表明，科学中的基本理论转换不只是用独立于情景脉络的推理和评价标准预言的、对不断增长着的关于实在的知识之理性回应，倒像是类似于宗教皈依那样的情感偏好。如果说库恩的“范式”对科学的合理性还有所约束的话，那么在费耶阿本德那里，科学的所有规范和禁忌都被他解除了。费氏认为科学的方法最好是一种没有任何标准限制的方法，这一观点从他那惊世骇俗的“什么都行”（anything goes）口号中一览无余。他提倡在科学中采取“无政府主义”的行为，认为这就是能被称为“方法”的方法，这就是科学的合理性。

库恩还算是一个温和的非理性主义者。他并不完全否认形式合理性在常规科学中的作用，只是认为形式合理性仅仅是科学合理性的一部分，且可能是一个不重要的部分，在任何场合下都需要有非形式的合理性。他试图在历史的流变进程中考察科学的合理性问题，寻求一种历史理性的科学观。然而，在解除了形式合理性的合法性之后，库恩反而滑进了相对主义的泥潭，"酒神"与"日神"在他那里似乎水火不容。质言之，库恩认为科学的合理性取决于常规科学时期科学共同体所拥有的价值判断。费耶阿本德借助波普尔的思想，把历史主义科学哲学观点推到了非理性主义的极端，认为科学理论因人而异，只有相对于个人的合理性，没有任何标准或据以评价的东西。因此，科学的合理性完全是出于个人倾向且符合方便原则的东西。如果说库恩为相对主义打开了方便之门，那么费耶阿本德就是通往后现代主义（Postmodernism）便利的桥头堡。历史主义对坚守科学的合理性基础的观点而言，是一种反基础主义。库恩使我们更加注意科学史对理解科学合理性的巨大作用，启发我们如何在历史的动态发展中理解科学；费耶阿本德的多元方法论主张破除对某个单一理论、方法的迷恋，对科学的理解采取一种更为灵活的方式，同时也在提倡多种方法相竞争的局面下获得更大的进步。在历史主义学派中还存在一种与库恩相当不同的所谓的新历史主义：走一条与传统逻辑经验主义和库恩的历史主义相共的中间路线——将两者进行合理的重构。拉卡托斯（Lakatos）对他的老师波普尔的朴素伪证主义进行改进，同时强调对科学史进行合理重建的理性。他提出了其科学哲学的核心概念研究纲领，表明科学活动遵循一定的理性方法的重要性，但这种科学方法是历史地变动的。科学活动是依据一定的科学研究纲领进行经验预测的理性活动，科学的合理性在于科学研究纲领的进化。在融合历史主义与逻辑经验主义的过程中，拉卡托斯过多地依赖于逻辑形式，并没有实现对这两者很好的整合，从而没有给予人们信服的理由。

新历史主义发展的新阶段的主要代表人物是劳丹（Larry Laudan）和夏佩尔（Shapere）。劳丹在《进步及其问题》一书中提出了一种新颖的科学进步和合理性观点：科学的合理性在于其进步性，即在于科学理论解题能力（有时是指效率）的提高。以解题为核心的可合理性模式出发，他进一步提出把理论——方法——目标三者的线性结构发展为网状的双向模型，从工具合理性的角度给予人们如何理解科学的合理性以新解。在劳丹的理论中，科学的合理性成了一种与真理无涉的信念。他说道："如果合理性即在于只相信我们能合理地假定为真的东西，并且在经典的非实用主义的意义上来定义'真理'，那么科学就是不合理的（并将永远不合理）。"①劳丹割裂了理性与真理的联系，显示出反实在论的立场。这种否认真理的观点可能给迷信、宗教甚至是巫术等这类非科学的东西以可乘之机，使得科学与非科学的划界愈发模糊，从某种意义上说是一种倒退。新历史主义的另一位关键人物是夏佩尔。他反对传统的逻辑经验主义在科学合理性问题上的预设主义——科学有无合理性就在于科学中有无一套普适的标准——一种可用来理解科学的元方法。库恩的历史主义同样为夏佩尔所批判，他主要是批判了历史主义中的相对主义怀疑论。要正确阐明科学合理性标准的合理演化，最重要的是必须发展"理由"（reason）这个概念。在科学活动中，我们的判断、决定或行动，如果有一定的理由作为其根据，那就应认为是合理的。在科学中表征合理性的理由，一般都表现为一种科学信念。这种信念建立在科学当时所取得的认识成果的基础上，但它往往并不是这些成果的直接体现，而是通过科学思维对这些认识成果加工改造而形成的。②可以看出，夏佩尔站在实在论的基础上以反相对主义的形象论证了科学的合理性和真理的关系，用他自己的话说是，因为我们必须把最有理由相信而没有(具体的）理由怀疑的东西看作是真的。因此，"理由"和"真理"之间的联系性和非联系性都被保留了。夏佩尔对科学合理性的分析是深刻的，实现了对库恩和拉卡托斯的全面超越，标志着科

① ［美］拉里·劳丹：《进步及其问题》，上海译文出版社 1981 年版，第 167 页。
② ［美］达德利·夏佩尔：《理由与求知》，上海译文出版社 2001 年版，第 40 页。

学理性主义发展的新阶段。

（三）科学合理性的消解

牛顿·史密斯（W.H.Newton Smith）一直希望保持科学的合理性。他认为传统的理性主义为科学的合理性辩护时，需要面临五项任务：(1) 解决不可通约问题，不同理论的术语有根本的意义差异，使得理论无法比较；(2) 证明科学有统一、固定的目标；(3) 针对该目标能够建立一系列的比较规则；(4) 这些比较规则不仅将来可以为科学带来进步，而且过去也是这样进步的；(5) 其模型重建的历史和实际的科学史大致匹配。[①] 大多数科学哲学家和正统的科学社会学家都把与经验相符、一致性、合逻辑性、有效性等等当作是科学和理性的普遍标准，强纲领则认为这种标准是不存在的。科学知识社会学（SSK）将社会、经济、政治和文化维度作为决定因素带入对科学的理解中来，从而在科学合理性问题上迈出了更为激进的步伐。SSK 强纲领是在社会语境下对科学合理性的一种解读，理性、客观性和真理等概念的全部内容最终被归结为具体的社会文化群体通常所采取和执行的有局限性的社会文化规范。SSK 的一个重要信念是：科学知识与其他知识没有本质的区别。他们把科学拉下了神坛，把它描述成平民的形象，他们认为真理仅仅是“局部可信的那部分知识”，理性、客观性和真理等概念的全部内容最终被归纳为具体的社会文化群体通常所采取和执行的有局限性的社会文化规范。科学就像宗教一样是一种信仰，我们不应该深入地去探讨经验现象层次后面的理性和真理等等，而应该仅停留在经验事实的表面，因为这就是科学的全部。科学知识社会学把科学视作一种社会建构的产物，自然并没有多大的作用，科学知识是科学家内部妥协的结果。最终，科学的合理性就是社会建构的合理性，科学的合理性由此也就被消解于无形了。

由于量子论的创立，不确定性理论的发展（如混沌理论），科学发现

① W.H. Newton-Smith, *The rationality of science*. London: Routledge, 1981, p.267.

中的许多不确定现象在一定程度上助长了后现代主义的激进观点。相比于科学知识社会学，后现代主义在反科学理性方面走得更远，它对现代人类关于理性的渴望抱持一种怀疑论的态度。后现代主义思想家力图撕碎那种现代人精心编织而成的理性网络，给出一幅多元的、全景式的超越旧有思想的图像。后现代主义者不再把一切送上理性的审判台，而是把它们放进历史实践活动中去考察。[①]后现代主义代表人物之一的范·弗拉森就把科学真理的唯一性、解释的唯一性和科学合理性的唯一标准视为不合理的。罗蒂更是认为，“客观性就是主体间性”，科学研究和其他人类活动一样，“只有一个伦理学的基础，而没有任何认识论的或形而上学的基础。”[②]科学“不过是文化中告诉我们如何预见和支配将会发生的事情的那个部分，这是值得去做的事情。但预见和支配的成功并不表明，较之在政治思考和文学批评中的成功，我们更‘接近于实在’或更‘受硬事实制约’。”[③]法国后现代主义思想家利奥塔认为科学活动中也是没有什么既成的规则与方法，没有权威，每个人的责任是自由地非逻辑地想象，创造与他人不同的科学概念和方法。到了后现代主义者手中，科学已经被降解为一种文化基础，泛理性的社会实践活动。

由此，我们大致可以看出科学哲学家对科学合理性问题认识的大致趋势，即从形式的合理性过渡到非形式的合理性；从严格的预设主义跳到了极端的相对主义；从理性主义跳到了非理性主义；从对科学内部合理性的寻求跳到将科学内部合理性与科学外部非理性因素有效地结合起来；从对科学合理性的哲学分析走向对科学合理性的政治学、社会学、文化哲学的分析。然而，无论是逻辑实证主义的科学合理性，还是库恩主义的科学合理性，抑或后现代主义的科学观，它们的共同点是都忽视了经验向理论的渗透以及这种渗透在维持经验传统中的重要作用，忽视了方法论的内在构

① [英]蔡丁·沙达：《库恩与科学战》，北京大学出版社2005年版，汉译前言第10页。
② [美] R. 罗蒂：《后哲学文化》，黄勇译，译文出版社1992年版，作者序。
③ 洪晓楠：《科学合理性——从绝对到相对》，《学海》2008年第2期。

造以及这种构造的演化，由此它们都离开了传统的研究路线而没有得到人们的选择、确认。科学的合理性原本立足于科学的方法，科学的方法给出科学的价值。因此，科学的合理性主要是科学方法或方法论的合理性。而今，科学哲学家们比较普遍地倾向于一种价值的或工具的合理性，价值论相对方法论处于主导地位。正是在方法论与价值论何为主导这一点上，科学合理性思想和科学认识论的演化出现了一个断层。[①] 事实上，科学理性的形式和科学合理性的标准并不是孤立地存在着的，在科学哲学的意义上，它总是和某种确定的理论结合在一起，化作一种解释模式或理论评价的标准而生动地展示出来。更进一步说，考察科学的合理性不能仅仅着眼于某一方面，而应该是在分析不同科学侧面的基础上综合看待其合理性。对此，有学者提出了“协调合理性”。协调力模式认为，合理性探索不应放弃对科学的某个总体目标的追求，也不应该放弃对科学的某些局部的不变目标的追求。所谓科学目标的变化应当理解为认识主体对科学的某些不变的局部目标的选择在发生变化，而不应对这些局部目标的本身固有的价值发生怀疑。科学的总体目标是消解冲突，追求协调。[②] 这种协调不仅强调理论间的一致性，还要求科学理论具有简单性和开放性等，在一定程度上突破了以往对科学合理性的单维度考察，推进了对科学合理性的理解。然而，在这种模式的说明框架下，基于个体的科学活动如何上升到科学共同体的普遍层面，这些规范性因子与不同背景知识之间的协调转换，尤其是普遍性与后现代主义所谓的知识地方性之间的整合协调，都还需要更为深入的探讨。即使是从综合的合理性入手，也会涉及对各种不同因子的协调计量问题，这更是个紧迫任务。在这种综合协调的努力过程中，以科学的工具理性与价值理性为突破口，将科学的合理性首先定位在科学方法论与科学认识论的结合应该是很有希望的。因为科学方法论既在一定程度上

---

① 郑玉玲：《科学的合理性究竟在哪里?》，《哲学研究》1995 年第 3 期。

② 马雷：《冲突与协调——科学合理性新论》，商务印书馆 2006 年版，第 3 页。

决定了科学的社会意象，是认识科学的“基础”；同时，科学方法论中的指导“规则”也必须展现为认识论的认同。质言之，两者是科学合理性的一体两面。

四　科学为何“引火烧身”？

既然科学的合理性不是与生俱来，而是充满争议，那么，科学难道不该质疑吗？或者是针对科学的评头品足多是胡说八道？人类掌握科学之后，“女娲补天”有了现实版；翱翔九天，上天入地的梦想变成了事实。与之相对，其负面影响也使人心存疑虑——科学在给予我们福祉的同时也会带来了祸害！它不但挑战人的智慧，还解除了生活中人所依赖的诸多信念，被迫皈依科学门下。在科学面前，一切都没了情感，唯有理性。自然科学把一切关系归结为数量关系，追求客观公正的判断与价值无涉。科学主义者认为自然科学知识是人类知识的典范，是最为精确可靠的知识；一切研究领域都应参照自然科学的模式，采用自然科学的方法才会真正获得认知，方为“理性”；所有问题都要以“科学”为准绳。即使是人的理想、人的感情也应是科学研究的“标本”，科学有义务去发现“理想分子”以及“爱分子”。科学委实强大，它能造成伦理上、心理上以及生理上的混乱，所缔造的强大的物质力量使人类有反受奴役之虞。科学的负面影响可分为两类：一类是虽然合理应用科学技术，但仍然不可避免的负面效应，我们称之为自发性负面效应。如兴修水库而使生态遭到的破坏；另一类是本可避免，但由于滥用科技成果所引起的负面效应，我们把它称为人为性负面效应。如核技术的滥用，激光技术被用作杀伤性武器等。① 人类因理性而有别于其他动物，然而这种理性也是有限的，作为理性活动产物的科学也不能尽善尽美，科学正是从正负两个方向展现自己的威力。因而，科学主义所宣扬的科学万能论就此给一些人诟病

---

① 吴伯田等:《科技哲学问题新探》，知识产权出版社 2005 年版，第 304—305 页。

科学留下口实。

传统科学追求“规律性”与“确定性”，现在的科学则是“反叛”，正朝向所谓的“后现代”，即对不确定性的钟爱。科学本身的发展变得愈发的不确定，其影响也越发难以控制。层出不穷的触目惊心的事故加剧了人们的忧虑与不安，科学又成为古希腊神话里的潘多拉魔盒，释放的是各种灾难。首先，人们对“后现代”科学的理解存在偏差。比如说，不确定性研究所取得的成果对偶然性与不确定性的地位作出了全新的解释。一直以来，偶然性与不确定性被认为是外部扰动的结果，是一种“不利的骚扰”。科学新近研究成果却表明，“蝴蝶效应”是一种相当普遍的自然规律，正是这种随机涨落机制创造了世界。分形理论创始者芒德勃罗认为，欧几里得几何学是“呆滞”的，不规则性却是活跃的，不是“噪音”，而是自然界创造力的标志。“后现代”科学放弃对确定性知识的追求，走向对混沌、分叉、复杂性的研究，走向流变，走向“地方性”，在理性的平台上走向“非理性”。后现代科学研究个别的、不确定的和复杂的事物，赋予它们与一般、确定和简单同样甚至更重要的意义。① 有人因此认为科学方寸已乱，变得“怎样都行”。其次，长期存在的科学与人文之间的裂痕令人深感困惑，从而质疑科学的合理性。近代科学革命之后，科学便从它所生长的文化土壤中分离出来，相对独立地发展。在与其他文明的冲突当中，自然科学凭借着自身的优势荡平了一切竞争力量，这种强势使人觉得科学背叛了其他文化。这种现象正随着科学所取得的成就而日趋明显，似乎难以逾越的鸿沟就此画下。爱因斯坦因此曾忧虑地指出，我们切莫忘记，单凭科学与技巧并不能给人类的生活带来幸福和尊严。再者，科学在不同时期和社会中的发展呈现出差异性，致使人们认为科学在本质上可能就是一种与其他社会文化并无差别的社会性产物。

---

① 吕乃基:《科技革命与中国社会转型》，中国社会科学出版社 2004 年版，第 154—155 页。

科学史表明，中西方科学的发展经历了不同的发展历程，呈现出极不相同的态势。就社会土壤而言，当时的西方国家更利于科学的生成和发展，其独特的传统思想特征及社会结构都更符合近代科学产生和发展的要求。此外，科学中心的不断转移也说明不同的社会现实极大地影响了科学发展。既然科学是一种与其他社会文化无异的东西，它高高在上与唯我独尊的地位就可以质疑。最后，也是最重要的，人们总是无法根除科学的负面作用，这与科学主义者时常宣称的“科学救世论”并不相符，心理反差自然也容易转变为对科学的批判。科学霸道地摧毁其他文化和信念，撕裂了人们的信仰，并留下认识上的空场，这种侵略性的扩张常常导致了一个单向度的社会与单向度的人，它的不可避免的副作用成了人们攻击的把柄。

人们追问科学，意图祛除它的神秘外衣，使之近乎裸奔。从逻辑经验主义到批判理性主义，再到科学之文化研究，连同无数的无门无派的攻击，科学本身已成为“研究”对象，已被无数次拷问。SSK 近乎偏执的责难给科学带来了无数的口水，甚至有被肢解的危险。在逻辑经验主义那里，科学的合理性与确定性并没有受到太大的动摇；SSK 却要扬言揭开科学的“真实谎言”，拆除了合理性的基础，科学的客观性也变成了由社会建构的产物，是一种由科学家磋商和协调的结果，自然界并没多大影响，甚至可以不在场。布鲁尔（David Bloor）在他的书中说过，“本书所论述的各种核心论题——诸如有关知识的各种观念够建立在社会意象之上，诸如逻辑必然性是道德义务的一个类，以及诸如客观性是一种社会现象，都具有简单明了的科学假说所具有的全部特征。”① 科学已被看成一种与社会文化、社会心理以及整个社会环境密切相关的非理性活动，不论是对于成功的或是失败的科学理论，社会主流文化认知势力就是权威。这种观点为人们理解科学提供新解，但也给攻击科学的人作了

① ［英］大卫·布鲁尔：《知识和社会意象》，东方出版社 2001 年版，第 251 页。

极坏的榜样。

第二节　科学对生态安全的解构

科学引起的争议很多也与生态环境相关。科学技术是人类认识与改造自然的最有力工具，也构成了对生态安全的最直接的威胁。据统计，在高度工业化的今天，全世界每年排入大气的颗粒物约为 5 亿吨，而且吸附着许多有毒有害的金属、无机物和有机物；机动车辆和煤炭发电厂每年排放氮化物约 1.5 吨，排放的二氧化硫超过 1 亿吨，一氧化碳 2.6 亿吨。在我们提高了单位收成时，化工肥料遍及每一寸耕地；当我们需要雨水时，却是酸雨覆盖着每一块土地；在我们打算享受休闲时，有毒气体却弥漫每一寸空间；当我们想跃入江河中畅游时，却又遭受致病污水的包围。人类在发展科学技术增加社会福利的同时，已经过度地干预了自然界的自我运行机制，破坏了生态系统的稳定状态。一句话，科学技术解构了生态安全！

然而，科学技术对生态安全的这种挑战性并没有得到一致认同，人们依然对此各执一词：悲观生态主义者认为，当代人类生态环境问题是科学技术发展的产物，科学技术就是生态问题的罪魁祸首。要缓解并扭转日趋恶化的生态环境，避免科学技术的进一步发展导致现代文明的毁灭，人们应该拒绝科学技术，回到小国寡民社会中去。乐观生态主义则认为，现代社会之所以陷入生态困境，主要是科学技术发展尚未发达，还仅仅处在半成熟的“工业社会”阶段。随着科学技术的进一步发展，现阶段所产生的消极后果终将得到解决，发达的科学技术将带来人类社会所想要的美好图景。

从表面上看，似乎悲观主义者与乐观主义者大相径庭，其实，这两种观点都有其合理的一面，即都看到科学技术对生态环境所造成的影响。我们不能把当今环境问题的全部责任都推到科学技术本身，但也不能否认科学技术是生态愈发不安全的主要原因之一。

一　科学制造的混乱

近现代科学诞生以降，人类认知与驾驭世界的能力出现了质的飞跃。从此，科学备受瞩目，深受拥戴，“科学”意味着正确、有效、有价值、甚至是真理，成为衡量人类活动的最主要的标准。科学的标准是唯一的，其外就是非科学、伪科学。自然科学体系的成功使得它的方法被扩大到社会科学的领域，在这种实证主义的影响下，很少人去质疑科学的研究内容、所获得的知识以及运用的方法等等。正因如此，原先作为解蔽方式的科学在某种层面上却又变成了一种新的遮蔽。

直到 20 世纪 70 年代之后，科学活动的各个环节才被社会科学家们以十分不同的方式揭示出来。由此，人们开始讨论科学家们的活动、谈论科学活动的制度，甚至关注科学家们的出身、背景、社会地位等等方面对科学本身的意义。人们从此对“科学争论”有了新的理解，不再简单地认为这种争论仅仅是关于“客观”与“真理”的争论，而是一种关涉“社会势力”的较量。此后，科学也就被看成是名与利的角逐场地。

（一）话语权之争

科学争论是科学发展过程中普遍存在的现象，它可贯穿在科学发展的始终，也可发生在科学发展的某一阶段；它可能发生在每个学科的内部领域，也可能发生在学科领域之间。由于科学争论的特殊性质，它成为现代科学给我们的世界制造混乱的一个主要的来源。

所谓的科学话语权争论，主要是指科学家对世界解释方式的合理性界定权所进行的争夺，即通过设置一套特殊的观念、概念与表述方式赋予对象以某种意义。哈杰认为，利益首先是通过话语形成的，从而把其他制度实践和制度本身排除在利益形成之外。话语政治并不只是“用语言表现权利资源，而同时涉及怎样利用故事线（赋予对象以意义的范式——笔者注）、姿态和选择性地运用综合系统去创造实实在在的行动结构和领域。"①

科学是否是纯客观的理性事业？有的人认为，科学是理性的楷模，科学知识是系统化的、有条理的、说明自然规律的理性知识。就如哲学家亚里士多德那样，认为真正的科学知识具有必然真理的性质，这种真理性来源于科学知识的获得是以严格的归纳—演绎为基础的。但是，反对的意见也很有说服力。从包括科学社会学、科学知识社会学，以及 STS 等理论在内的分析来看，科学既是有着独特性征的知识体系，也是一种社会体制，一种社会文化。比如，拉图尔就认为，连同其核心——科学知识在内的科学研究并不是什么神圣的东西，实验室中产生的科学事实只不过是实验室全体人员相互磋商、协调与构造的产物。在这种协调构造中，所有的声望和物质的资源都构成重要元素，也就是所谓的可信用性或借贷能力。通常地，科学家的争论要么是因为研究范式的不同，要么是出于利益的争斗，要么是道德上的差异。

首先，科学家争论的重点是关于"范式"的争论或冲突，这直接导致了在生态安全问题的理解上的不可通约性与不可调解。从科学史的角度看，由于科学家在不同的范式下工作，他们对研究对象的认识差异因而发生争论，这种争论可以是概念、原理、理论方面的，也可以是假说、学说、科学方法，等等问题。在库恩所谓的科学革命时期，重大的理论突破通常会引起激烈的争论。近现代科学发展史记录了大量这样的争论：化学领域的氧化说与燃素说之争，光学里的微粒说与波动说之争，宇宙学中大爆炸学说与稳恒态学说的争论，爱因斯坦与以玻尔为首的哥本哈根学派关于量子力学的大论战，以及关于气候的"冷暖"之争等等。

法国政治月刊《今日价值》几年前发表过一篇题为"气候变暖：他们所不告诉你们的实情"的调查报告，文中介绍了科学家们对于全球气候变

---

① ［加］约翰·汉尼根：《环境社会学（第二版）》，中国人民大学出版社 2009 年版，第 38 页。

化的相反观点，一些科学家认为全球气候逐渐变暖，而另一方则认为全球气候不会变暖。科学家们争论的焦点是：气候到底是在“变化”还是在“变暖”，气候变化的主要原因到底是人类工业活动的结果还是大自然的自然规律，气候变化对人类到底会带来灾难还是福音等三个方面。① 不仅仅是法国的科学家在质疑全球变暖的说法，其他国家的科学家也有相当一部分人不认同“全球变暖”的科学发现，尽管这种说法现在已经成为流传最广的科学理论。他们认为，环境保护人士以“变暖”来说服公众气候灾难已经迫在眉睫，而人类活动是这一变化的原因，这是毫无意义的说法。气候一直在自我变化，而人类活动对这种自然变化的影响却无法证实。“范式”差异导致的争论是显而易见的，因为即使是在“变暖派”内部，科学家们对变暖原因的看法也大相径庭。有人把罪责加到人类的头上；而有的人则怪罪于海洋蒸发的大量水汽；也有一些科学家认为，牛打嗝排出的甲烷才是“温室效应”的真凶。进一步说，如果真的变暖了，结果会怎样？科学家对此也见解不一。

其次，科学事业本身的独特体制也决定了它对生态安全的解构性质。科学事业的“优先发现原则”与“唯一性原则”决定了它的竞争性。任何理论在通过“同行评议”之前，它总是不能被称为科学；而且，同行评议本身也是一种与某种社会利益（价值观、社会身份、共同体的社会影响等等）息息相关的行为，同样充满了竞争性。除去这些因素的干扰，即使是所谓的纯科学研究中，科学家也无法保证其理论是对研究对象的客观反映。

再者，科学争论的存在由于技术的介入变得更加复杂。我们生活在一个处处打上技术印记的世界，在“人—世界”的关系日益演变成“（人—技术）—世界”的关系时，技术无疑已经融入到我们的存在方式中，而且现代技术甚至成为我们建构对象的一种内在要素：作为“座架”的技术既

① 《气候变暖：他们所不告诉你们的实情》，《文汇报》2009 年 12 月 2 日。

框定了我们，也被我们所“同化”，以致我们常常很难将技术从我们的整体中“剥离”出来。而越是往后，实在本身就越来越为技术所遮蔽，以至于不仅第二种技术实在（功能性实在——笔者注）掩盖了自在实在，而且还可能由第一种技术实在掩盖了第二种技术，技术实在从中介变成了终极现象。①由此看来，科学只能认识到自然存在的第二种实在——技术装置所提供的“间接性实在”。因此，科学对于客观存在的认识也仅仅是一种虚拟或者近似的认识，是对技术实在的认识，而不可能是对自然存在的全息式的反映，至多是比较“客观”地反映事物的本来面目。同时，科学家总是在特定知识背景下开始其研究的，前期所能接触并获得的“既有知识”构成了他们的理论背景，这种背景总会渗透到后来的认识当中去。由于观察中渗透着理论，专家们不可能做到纯粹的中立性的观察。由此而产生的知识必然地带上“主观”的印记。

其四，科学争论中的利益掺入或渗透，包括政治、经济、荣誉等等在内的利益因素的影响，往往导致在生态安全问题上的科学理论冲突。无论是近代科学还是现代社会中的科学，都作为一种社会活动而存在，都需要一定的社会资源来保证。对社会而言，即使是那些看似无法取得实际应用成果的理论研究也被期望在将来的某个时间里能带来好处，人们不可能去资助那些没有任何应用价值的科学研究。从近代发达国家起，到当代各个民族国家，没有哪个国家把科学技术仅仅看成自由的、仅仅从科学家兴趣出发进行研究的、可有可无的事业，而是当作关乎国家根本利益的基本力量与核心要素。②就科学家而言，争取到社会的支持也是他们的大事情。所以，不管从哪一个方面来看，功利性始终是科学的基本属性之一。一些科学家甚至被卷入政治当中，成为一个国家或是国际政治谋求利益的工具。对于科学与政治相互勾结的事实，全球气候问题同样给出了最好的脚注。

---

① 陈凡主编：《技术与哲学研究（2004 年，第一卷）》，辽宁人民出版社 2004 年版，第 70 页。

② 吴彤等：《科学技术的哲学反思》，清华大学出版社 2004 年版，第 83 页。

当科学家在地球是否变暖的问题上相持不下之际，丑闻发生了：美英气候科学家之间的秘密邮件被黑客抖搂出来。邮件的内容泄露了存在于这些科学家之间的阴谋，他们有意地歪曲科学研究结果。黑客入侵全球著名气候变化研究机构——英国东安格利亚大学（University of East Anglia）研究中心（CRU）的计算机，盗取了研究数据并将其公之于众。从那些私人通信来看，气候变化的怀疑者认为科学家们篡改并故意操纵气候变化的研究数据，夸大了全球变暖。在黑客公布的一封私人电子邮件中，研究中心总监菲尔·琼斯（Phil Jones）暗示气候科学家在数据图表中做了手脚，隐藏了近年来全球气温下降的情况。同时故意隐瞒了自 20 世纪 60 年代以来，全球气温上升有所停滞的相关证据。琼斯在电子邮件中表示，汇总新数据时，他“使用了些‘伎俩’，从而使从 1961 年到 1980 年或 1981 年到 2000 年的每 20 年间，全球气温变化符合气温上升的趋势。”[①]CRU 的另一位核心专家在他的邮件里说，他会联络 BBC 的环境记者理查·德布莱克，质问对方为何有另一个该媒体的记者被允许发表含糊的气候怀疑论文章。在为“升温论”辩解时，该大学副校长戴维斯教授说，重要的是，所有国家应该采取措施通过大幅降低温室气体排放量减缓气候变暖，以减少气候变化最危险的影响；而这次的“无理取闹”可能就是出于转移对各国政府采取合理的紧急行动辩论的性质的目的。英国政府一直是解决国际气候问题最积极的推动者之一。[②] 这可以认为是两国科学家“让地球变暖”，其主要目的是为了支持国家政府在国际社会的行动，使其更具“合理性”。

其五，科学争论的一种特殊的形式是发生在自然科学家与社会科学家之间的，主要是关于“科学与社会”的关系的争论，这样一种自然科学家与社会科学家的话语权争夺也会导致在生态安全问题上的理论混乱或话语

① 《科技日报》2009 年 11 月 24 日。

② 《21 世纪经济报道》2009 年 11 月 27 日。

混乱。大批科学的社会与文化研究团体的学术理论家严肃地声称，科学只不过是一种认知方式，不应该具有唯我独尊的认识论地位；社会科学家们希望能够挑战自然科学家们高高在上的权威，而自然科学家则在极力地排除社会科学家对这种权威的获得。自然科学家们大多很反感社会科学家涉足自然科学（尤其是对自然科学理论）的评价和批判，通常将其贬损为一种“门外汉”式的攻击。

（二）争论不仅仅是科学界的事

科学争论的影响并不局限于科学界内部，它已经全面地影响了社会生活。在科学共同体之外，争论的重点在于“科学争论”对社会生活所造成的影响。在现代社会中，科学有着众多的信徒。人们普遍以科学理论作为生活方式的指导，而科学的争论（尤其是在不同理论相互驳斥的情况下）通常使人们在生态安全问题上无所适从。

由于利益的争夺而相互攻讦，丑闻迭爆，这不但极大地伤害了科学的形象，也影响到人们的社会生活。像吉登斯提到的那样，在面对那些后果似乎相当严重的事件时，人们习惯性地依赖于那些得到共识的科学结论，并以此来评判自己的行动。他认为那些漠视气候变化的人的短视行为要归咎于气候变暖的“怀疑论者”的干扰，因此，当有人建议那些驾驶大排量 SUV 的驾驶员改变肆意浪费的方式时，那些制造额外污染的人通常会以此为借口，“不是还没有证实么，是不?”① 科学无国界，一方面指科学理论是一种放之四海皆准的普遍性原则，另一方面是指科学的社会后果超越国界，科学家们的争论不仅影响了公众的政治生活、经济生活与文化生活，也严重地影响了人们对当今生态环境问题的应对。面对着“变暖”与“变冷”的争论，很多人会质疑，我们该相信谁？怎么做才是对的？人们可以在支持哪一种科学理论的问题上作出选择，也可以坐等科学争论之后

① ［英］安东尼·吉登斯：《气候变化的政治》，曹荣湘译，社会科学文献出版社 2009 年版，第 4 页。

可能获得的结论。但是，事态的发展却不会等待这些争论，人们不得不在前途未卜的情况下采取行动，人类的发展也因此而风险倍增。无论是哪一种观点最终成为胜利者，它们争论的时间越长，影响后果就越是巨大——在错失良机或加速崩溃之间承担后果。在风险争论中变得清晰的，是在处理文明的危险可能性的问题上科学理性和社会理性之间的断裂和缺口。双方都是在绕开对方谈论问题，社会运动提出的问题都不会得到风险专家的回答，而专家回答的问题也没有切中要害，不能安抚民众的焦虑。……严格地说，即使是这种划分也变得越来越不可能了。对工业发展风险的科学关怀事实上依赖于社会期望和价值判断，就像对风险的社会讨论和感知依赖于科学的论证。①

地球在悄然变暖了？还是处在非常的变动时期？或是准备变冷了？这当然只能由科学家们来证实，去说服对方。然而，如果是等到争论的结果出来了，那时还有意义吗？要么静候“佳音”，要么贸然行事，这就是科学争论带来的后果。所以就出现了像吉登斯提到的那位司机一样的行为，“不是还没有确定吗?”“吉登斯悖论”正好说明了科学争论对社会影响的这种后果：气候变化问题尽管是一个结果非常严重的问题，但对于大多数公民来说，由于它们在日常生活中不可见、不直接，因此，在人们的日常生活计划中很少被纳入短期的考虑范围；悖论在于，一旦气候变化的后果变得严重、可见和具体……在实践的角度看，一旦处于这样的情况，我们就不再有行动的余地了，因为一切都太晚了。② 同样地，如果贸然行动，后果也可能很糟糕。一方面是没有找到很好的理由，另一方面是有可能付出太大的代价而最终却发现做了无用功。人们可以认为地球气候会因为人类的活动而受到影响，并试图立即去拯救它。人们可以根据这种“猜测”而采取“限制发展、节能减排”等等行动，然而，一旦地球变暖最后被证

① ［德］乌尔里希·贝克：《风险社会》，何博闻译，译林出版社2004年版，第30页。

② ［英］安东尼·吉登斯：《气候变化的政治》，曹荣湘译，社会科学文献出版社2009年版，第307页。

实为只是一种错误的“猜测”的话，那么，那些仍然在温饱线上挣扎的人就遭受冤枉。如果对危险的认识基于“不明确的”信息状况而被否认了，这就意味着必然的反作用被忽略了，而危险在增加。参照科学精确性的标准，可能被判定为风险的范围被减到最小，结果科学的特许暗中在允许风险的增加。坦率地说，坚持科学分析的纯洁性导致对空气、食物、水体、土壤、动植物和人的污染。① 我们因而得出一个结论，在严格的科学实践与其助长和容忍的对生活的威胁之间，存在一种隐秘的共谋。

二　科学理性的限度

理性赋予我们理性行动的选择，而认识的理性成分诞生于非理性的母体，仍然受到无理性的诱惑。就科学的工具合理性和价值合理性的关系而言，工具理性的过分强势正是科学理性限度的表现。有学者认为，科学的负面影响可分为两类：一类是虽然合理应用科学技术，但仍然不可避免的负面效应，我们称之为自发性负面效应。如兴修水库而使生态遭到的破坏；另一类是本可避免，但由于滥用科技成果所引起的负面效应，我们把它称为人为性负面效应，如核技术的滥用，激光技术被用作杀伤性武器等。② 科学的负面作用其实就是人类认识局限性的展示，它以正、负两个相反的方向展现自己的威力。

科学的发展水平总是与特定时期人类的进化程度相关，它受制于人类社会现实。从科学产生的历史环境来看，我们发现它有机械性的一面——机械自然观的社会基础，即中世纪末的社会发展。具体来看，文艺复兴之后欧洲社会的手工业得到更快的发展，各种机械装置得到迅速发展，钟表技术的发展尤为突出，这激发人们以机械的观点去理解自然界的结构与运行。近现代物理科学的产生是以牛顿的力学为基础的，而牛顿的力学理论

① ［德］乌尔里希·贝克：《风险社会》，何博闻译，译林出版社 2004 年版，第 73 页。
② 吴伯田等：《科技哲学问题新探》，知识产权出版社 2005 年版，第 304—305 页。

就是一种机械的自然观。这种自然观推崇通过“分析与还原”的方式得到科学的认识，并且强调只有这样的方式才是可靠的认知方式。牛顿力机械力学的巨大成功使其被全面运用于所有的领域，并成为近代科学研究固定的思想模式。因此，也就出现了霍布斯的“心脏不过是发条，神经不过是游丝，关节不过是一些齿轮”的机械观。在现代社会里，机械自然观仍然像幽灵一样在意识深处影响着广大的科学工作者与民众。在这种机械、片面的科学理论的指导下，人们很容易将自然界还原为简单的机械力的相互作用，只要具有拉普拉斯妖的计算能力，整个世界就尽在掌握之中。机械力学滥觞的结果就是整个世界都被以科学理性的方式来计算。在《人类宇宙学原理》中，两位作者（约翰·巴罗和弗兰克·蒂普勒）宣称，“从达到‘欧米茄点’的时刻起，生命将不仅能控制某一宇宙中所有的物质和力，而且能控制逻辑上存在的一切宇宙中的物质和力；生命将扩展到逻辑上可能存在的一切宇宙中的所有空间领域，将能够储存无限的信息，包括逻辑上可能获得的一切知识。”①

在人们沉溺于科学理性，热衷于用科学去发现“理想分子”以及“爱分子”的同时，新的科学理论却认为世界是“杂乱无章”的。整个自然界与人类社会一样，充满着不稳定性、随机性、复杂性、不可逆性，都包含着涨落并能产生新的结构。在生态环境问题上，德国海德堡环境物理研究所科学家巴勃罗·威尔德斯提出一种新方法——利用时间非线性分析法证实人类活动影响气候。科学家此前在大气和海洋循环模型框架内利用计算机模拟计算所得的结果是对这种人类活动影响气候观点的最有力支持。然而，虽然该计算方法能很好地描述各种不同的远古气候状况，却不能描述20世纪的气候变化。②因为在这个世纪中，人类活动的影响远非之前的任何社会所比拟，它与自然演化规律交织在一起，远远超出了自然的自身

① ［美］艾德·里吉斯：《科学也疯狂》，张明德、刘青青译，中国对外翻译出版公司1994年版，第7—8页。

② 《科技日报》2007年8月10日。

演化规律。

如果以传统科学所追求的“规律性”、“确定性”目标来看，现在的科学则是一种对传统的反叛。现代科学的影响变得愈发的不确定，科学的发展也愈发难以控制。的的确确，有大量的关于科学技术飞速发展之负面作用对人类造成风险和灾难的例证，而且像那些与化学污染、核辐射、转基因组织等密切联系风险和灾难在一定层面上已经超越了人类所谓所能达到的范围，对其进行事先预防预警和善后处理的一系列工作已经具有人类意识不可企及的特征。这些因科学技术飞速发展之负面作用对人类造成的风险灾难游离在人类意识能力之外，甚至游离在借助于科学技术之力的人类意识能力之外。① 无论是那些依靠实验室推论所获得的科学知识，还是那些由逻辑推理得到的知识，都无法满足对自然界的认识需要。或许正因为如此，英国皇家环境污染委员会（RCEP）指出，“科学无关乎确定性，而只关乎假说与实验。它通过考察对于现象所提出的可供选择的解释和放弃旧有的观点而取得进展。这种不完备是科学的本性中所固有的，特别是对环境科学这样的研究‘实验室之外的世界’的科学来说就更是如此。”②

科学理性的限度在科学发展的历程中并不鲜见，DDT 污染事件就是较为典型的案例之一。瑞士著名化学家穆勒（Paul Muller）于 1939 年成功合成了 DDT。通过蚊子、昆虫等试验，他发现这种物质有很强且持久的杀虫效果，而且这种化合物对人类和牲畜无害。于是，DDT 作为人类第一个被大量使用的有机合成杀虫剂，被大量推广应用。DDT 不仅作为一种有效的杀虫剂在农业领域得到广泛的应用，而且在防止传染病方面也有相当的作用。因此，穆勒获得了 1948 年的诺贝尔生理学或医学奖。但是，科学家们在一开始没有想到的是，DDT 在自然环境中难以降解，并

① 薛晓源、周战超主编：《全球化与风险社会》，社会科学文献出版社 2005 年版，第 78 页。

② 英国上议院科学技术特别委员会：《科学与社会》，北京理工大学出版社 2004 年版，第 56 页。

容易通过生物链发生集聚，从而产生危害。同样的事情发生在氟利昂的发明上，当时谁也没料想到这东西带来的麻烦事。直到1974年，当两位美国科学家首次发现氟利昂会破坏大气的臭氧层时，人们才对此幡然醒悟。但是，氟利昂最初由杜邦公司发明之时，其使用前景却是被科学家极力推崇，甚至被神化过的。

层出不穷的触目惊心的科学事故加剧了人们的忧虑，科学似乎又成了古希腊神话里的潘多拉魔盒，释放的是各种灾难。科学不再是天使或明神，却倒使人变得惴惴不安了。不确定性研究所取得的成果对偶然性与不确定性的地位作出了全新的解释。一直以来，偶然性与不确定性被认为是外部的扰动，是一种不利的“骚扰”，但总是“为必然性开辟道路”。然而，“蝴蝶效应”是一种相当普遍的自然规律，正是这种随机涨落机制创造了世界。分形理论的创始者芒德勃罗（Benoit B.Mandelbrot）就认为，欧几里得几何学是“呆滞”的，不规则性却是活跃的，不是“噪音”，而是自然界创造力的标志。人类本身作为自然界的一部分而存在，它不可能都对周遭世界洞察无遗，因为在很多时候上帝也会掷骰子。

自然界中的生态环境是一个复杂的整体，其中的人与生物、人与非生物、生物与非生物之间的关系一直处于不停的运动变化过程中，是一种动态的平衡系统。对于自然界这个巨大、复杂的运动体系而言，人类现在所掌握的自然科学仍然不能穷尽对它的理解。这或许就是我们在应用科学产生正作用的同时产生生态环境问题所应当吸取的经验教训：科学技术对客观存在的描述或模拟是基于还原论，与对象自然只能保持某些点的接触，不可能是对象自然的绝对完整的客观反映，更不可能是绝对正确的反映。① 事实上，人类所有知识的发展就像纽拉特（O. Neurath）的“修船隐喻”所描述的那样，只能是携带着问题一直前进。科学事业的发展就像一艘在大海中航行的大船一样，即使出现了问题，水手们也只能在大海上

---

① 叶平、武高辉等：《科学技术与可持续发展》，高等教育出版社2004年版，第43页。

一边航行一边修整船只，而不可能在干船坞中拆卸并用最好的材料修缮它。对生态环境问题来说，科学的这种情形可能会导致极其危险的后果：生态环境研究的不完善性（比如说数据的缺乏、环境科学理论本身的冲突等）不但使人们对生态环境无法作出正确的判断，而且还有可能为既得利益者的操弄提供了机会。这并不是在提倡一种不可知论，而是要表明我们引以为豪的科学并非像科学主义者所宣称的那样完美或是万能。

三 现代社会的功利科学

如前所述，现代科学的局限性之一体现为它是“价值负载”的。这种价值负载并不局限于科学共同体或是群体之间的利益争夺，也表现在全人类的利益需求方面，即科学能够对人类进步提供帮助。滥觞于启蒙运动之后的欧洲科学主要是以人的利益为标准，以人统治自然为指导思想，以人类中心主义为价值导向，科学的合理性被理解为人类对自然存在的捕获，科学活动的出发点和落脚点在于教导人们捕获自然规律，使自然祛魅，给人类改造与统治自然提供支持，从而有利于人类按照自己的意愿让自然臣服。

现代化工业在物质上的成就给科学的“实用”转向找到了很好的借口，毕竟，要养活地球上人类几十亿甚至是今后的上百张嘴没有别的选择。现代化的过程，是一个科学知识全面应用的过程，因此在某种程度上也是一个全社会都按照实验室进行改造的过程。为了科学知识的成功应用，整个物质性的生态环境都要按科学实践所要求的进行改造。然而，这种标准化重构，虽然可以保证科学知识的普遍性，却带来了深刻而复杂的生态环境问题。[①] 科学已经给生态环境造成了前所未有的伤害，但是，科学技术所显示的太多潜在的好处使人类不可能放弃它。在现代社会中，任何一种科学研究在一开始的时候就有明确的意向性，都被寄予厚望，人们总会期待

① 蒋劲松：《科学实践哲学视野中的科学传播》，《科学学研究》2007 年第 1 期。

着能够在精神上但更多的是在物质上有所回报。

科学在本质上是人类进步方式的表现形式，同时也是一种工具。它是人与自然关系的桥梁，成为物质、能量以及信息在人与自然之间流动的中介。表面上，社会物质财富是通过技术控制与改造来实现的，但是，科学却是背后的推手。技术的研究和创新离不开现实的经济价值、社会价值，技术主要以是否适用和能否带来某种经济效益为标准。科学上的重大发现往往能导致技术上的重大突破，因此，科学技术的社会影响力实际上是一个整体。区别仅仅在于，技术直接地为控制与改造物质对象而存在，而科学除了这种直接的目的性之外，还可以表现为目的的“间接性”，即它可以不局限于为了某种既定的目标，可以是更为“自由、随意”。科学终究是社会生活中的科学，人类之所以发展科学就在于实现其改造自然的目的。如果说许多的先贤是出于好奇心的驱使而进行科学研究的话，那么，从科学家成为一种职业的时候开始，这种纯粹为了好奇心的科学已经逐渐地被消解了。科学家总是生活在特定社会中的人，科学研究也不是孤立的、理性“苦修”的事业。

现代科学的功利性是全方位的，甚至是科学理论的提出过程也渗透着这种思想。从科学理论提出的时候开始，直到理论脱颖而出，都是因为合目的性取代好奇心成为现代科学的价值导向。科学理论的提出不仅有科学内部历史的根源，也有社会关系中的根源，而且这种社会中的根源是科学家以及科学事业永远无法避开的。加塞尔（H.A.Gasser）认为，有很多理论是同样可取的；其中一种之所以显得特别优越，严格来说完全是基于实用的原因。制物而用之放在首位，发展物理学。物理学的这种优越性是暗把实用价值援引作为真理衡度的结果，作为一种追求、目标和尺度。① 如果某种科学研究不能令人看到“丰收的希望”，那它是不可能被宠幸的。

---

① 转引自叶平、武商辉等：《科学技术与可持续发展》，高等教育出版社2004年版，第42页。

现代社会中科学研究耗资甚巨，产出已经成为衡量研究可行性的基本依据，尤其是在官产学联盟的时代里，科学研究的命运更是掌握在“经济”的手中。民意调查的结果显示，在评价科学的说法时，它的来源以及资助方是谁，被认为是一个非常重要的问题。这种情况不仅仅出现在英国，美国也普遍存在这一问题。《快报》（*Express*）的科学编辑用极端的说法表达了这种观点：“没有那种所谓的未掺入金钱、贪婪或个性的纯粹的科学，它总是被某种东西影响的。”①“跑项目”成为现代社会中科学研究的正常现象，而能否“跑”到项目则必须经过许多环节的审查，这些审查通常以“社会效益”为考量。

说科学已经被“实用主义”主宰了，并不等于说科学家完全是为了利益而工作，而是说，整个社会都以更加功利的态度来对待科学。这种社会心态使那些为了“纯粹的求知”而工作的科学家被边缘化。卡尔·米切姆认为，在现代世界里，人类关于自然的认知被分割成以科学知识为主导的（包括技术的、经济的在内的其他众多学科）研究，人类被指导进入一个自然起着持续缩小和次要作用的世界当中，自然越来越少地直接呈现，越来越沦落为有待征服、开发和反映的对象。前现代科学把世界作为一个整体，以一种分离的或是深思的评价为目标，现代技术科学所作的是把科学理论转变为以最大限度和尽可能大范围地改变自然为目标的实践应用。小城镇扩张为大都市，自然环境——事实上作为一个整体的地球——成为一个十足的被开发、监控和经营的矿场。②科学越社会化，其研究活动的实用倾向就越是明显，它就越是依赖于来自政府与企业的资助，从而也就越发地成为与国家需要紧密相连的工具，即变得越发的“祛中立性”。

---

① ［英国］上议院科学技术特别委员会：《科学与社会》，北京理工大学出版社 2004 年版，第 61 页。

② 《技术与哲学》（2004 年，第一卷），辽宁人民出版社 2004 年版，第 240 页。

第三节 技术对生态安全的挑战

阿基米德曾经说："给我一个支点，我就可以推动地球。"这个支点指的就是技术。技术是人与自然相互作用的产物，无论是技术的生成、传播，还是技术应用以及应用产生的结果，无一不是在人为性因素参与下，通过对自然之然的"干扰"、"破坏"来实现的。人类使用技术来改变自然存在的状态，使之以符合人类需要的方式展现出来。可以说，技术的生命、本质和价值，就是在对自然之然的"干扰"、"破坏"的过程中和结果里实现的。从这一角度说，技术必然具有"反自然"性。

由于自然系统的复杂性，新技术问世要经历哪些环节？要经过多长的时间才能准确判定它所产生的不良后果？这些往往是不能完全预料到的。因而，每一项新技术的出现与运用，都会给环境和人类自身的健康带来一定的负面影响，都会给生态安全带来风险。一个高度技术化的社会注定是风险社会，发达的技术既是风险社会的特征，也是风险社会的成因，正是高技术的发展造成这种"不明的和无法预料的后果"。技术的发展，使知识和社会的分化越来越复杂，当社会系统自我分化的复杂性超出人类的负荷，就会形成社会演化的危机。高度发达的现代文明创造了前人难以企及的成就，却掩盖了社会潜在的巨大风险；而被认为是"社会发展决定因素和根本动力"的科技，正在成为当代社会最大的风险源。① 比之于科学来说，技术与社会生产的关系要紧密得多，它强大的改造能力常被寄予厚望。

技术的运用总会存在风险，那种对不超出我们掌控的绝对合乎目的的技术的追求仅仅是一种无法实现的美妙设想；与此同时，一种意欲以传统的理性思维来对技术风险进行预见与防范的努力通常会因为无处不在的不

---

① 费多益：《科技风险的社会接纳》，《自然辩证法研究》2004 年第 10 期。

确定性而遭受失败，技术风险就是现代理性遭遇风险的最直接的表现。就生态安全而言，无论是那些应用于工业生产的技术，还是那些被用于生态环境保护的技术，风险总是存在，技术所造成的伤害总会接连发生。

一　工具理性的僭越

技术并不是“客观”的，而是人类主观意志的体现。技术的“效用性”在根本上首先暗含着这样的预设：主客体的截然二分。这种思维指导下的技术应用就造成了人与自然的对立，形成了“自然界为我所用”的经济人思维。它贬低自然独立的内在价值，把自然归为可供使用的资源，从而为现代技术肆意统治和掠夺自然的欲望提供了意识形态上的理由。

技术是人类阶段性科学认识物化的结果，这种有限度理性的物化必然会对社会与自然生态产生意想不到的作用。在生态学马克思主义看来，高茨对“技术法西斯主义”进行批判的理论意义重大。他以法国核技术的发展为切入点，分析了以核技术为代表的“硬技术”在西方社会中的强势地位与影响，揭示出“技术官僚主义”与“技术法西斯主义”的关系，以及“技术法西斯主义”在资产阶级统治中的政治作用。在高茨看来，现代技术通过与国家权力以及各种社会经济、政治、文化制度的相互结合，成为阶级统治的工具，从而变成禁锢人们的精神枷锁，成为新时期的“宗教”。[①]然而，更糟糕的是，技术的这种统治被掩藏在它所缔造的丰富的物质世界里，而这个物质世界消除了人们的质疑。

在技术进步的乐观主义者那里，不但最容易找到技术工具理性统治社会的证据，而且他们的技术观念反过来正好印证了现代技术对社会所构成的威胁。劳动、资本品和自然资源在生产中可以相互代替，随着社会技术的发展，日益严峻的自然资源的稀缺将为技术进步所弥补。只要技术在进步着，即使是以缓慢的速度进行着，我们也可以保证社会经济的总体规模

---

① Andre Goze. *Ecology as Politics*. London: Pluto, 1980.

的稳定并有所发展，而人均消费水平的提高则需要更加地依赖于技术的显著进步。显然，技术的无限进步空间可以使人们突破那些所谓的进步极限。阿诺德·盖伦（A. Gehlen）将技术所取得的巨大成就与资本主义生产方式的诞生联系在一起，认为除了科学的发展所提供的支持之外，技术的成就还是韦伯所说的根源于 17 世纪的资本主义精神进一步发展的结果。技术的合法化在于它所取得的物质成就，这种成就使得“实验”发展成为工业社会中的一种统治精神，将所有的事物转变为以技术方式操控的实验，“它仿佛变成了对于它自身的一种威力，直到今天它已经成为当代意识的进步形态，并且处处都以命运的不可抗拒性在肯定着它自身。”① 在技术横行的时代，没有任何东西能够逃避被技术宰制的命运。现代技术的操作模式已经超出了物质层面，在技术格局里发展出来的各种控制思想模式已经强行地把其他并不适合这种模式的非技术格局也纳入其中。

在“构架”的技术化强权中，文化的意义连同生命的意义也都悉数被卷入技术化的急流当中。在《技术和作为“意识形态”的科学》一书中，哈贝马斯将技术解释为一种“意识”。哈氏认为，现代技术的发展已经导致了技术力量的倒置：技术由原来作为人类改造自然与解放自身的进步力量转变为一种政治统治的手段，现代社会的统制因为借助了科技这个“外壳”而变得合法化。在科技的合法外衣下面，工具理性得以扩张，宰制的思想得以借尸还魂。法国哲学家贝尔纳·斯蒂格勒（Bernard Stiegler）从本体论意义上就技术与人性的关系追问人类的本性，他从技术对种族（区域）、新的知识、自然、政治、经济和空间的变迁所造成的负面影响来剖析技术的叛逆，以及它所导致的人性的变质。在他看来，技术的本质是就是统制。

现代技术是对自然施加的暴力，是一种逼促，而不是对作为自然存在

---

① 阿诺德·盖伦：《技术时代的人类心灵》，何兆武等译，上海世纪出版集团 2008 年版，第 31—32 页。

过程的合理的解蔽方式：现代技术的形成也就意味着形而上学得到彰显，意味着计算理性达到了旨在占有和支配自然的计划。然而，在这一过程中，作为技术的创造者的人类却没能借助技术而得心应手地主宰这个世界，相反地，人类自身连同自然一起也服从技术的要求，成为技术的一部分。“我们唯一最严重的危机主要是工业社会意义上的危机，我们在解决‘如何’一类的问题方面相当的成功，但与此同时，我们对‘为什么’这种具有价值含义的问题，越来越变得糊涂起来，越来越多的人意识到谁也不明白什么是值得做的。我们的发展速度越来越快，但我们却迷失了方向”。① 社会的技术化给技术理性的控制提供了条件，这也是技术异化的原因。

在工业技术发达的西方国家中，技术的这种背离则表现得更为突出：技术力量愈是在改造自然的过程中取得成功，它愈是使得社会生活趋向于“非人化”。卢梭把技术视为人类背离自身本性的根源，正是技术的计算机巧使得人类由平等变为不平等，并使人变质、腐败、杂乱和沉沦。人类灵魂已变得“面目全非”，造成这个现象的原因就是隐藏在社会和文化名义之后的技术：进化使人不断地远离自己的根源。② 这种离异会随着技术渗透力量的增长而变得越发的明显，而且造成的后果就越发的严重。工业化的技术对理性和自由作了设定，它不仅规定了人类理性精神与自由的面相，而且成为更为庞大的支配性的体系，统制了人类活动的内容与形式。与此同时，技术理性显示了它的政治性，产生了一个极权社会，这个极权社会将自然界、社会中的个体与组织都调动起来，围绕着技术所倾向的目的性运转。一旦技术使得社会中的所有人以及自然界都被调度起来实现技术的目的，那么，人就变成为“技术之人”，自然也就变成技术的“实验田”。这种异化就像瓦托夫斯基（M. Wartofsky）所理解的那样：技术的

① [波] 维克多·奥辛廷斯基：《未来启示录》，徐元译，上海译文出版社 1988 年版，第 193 页。

② [法] 贝尔纳·斯蒂格勒：《技术与时间》，译林出版社 1999 年版，第 125 页。

“压制的”种子早就暗藏在“解放的”理性之中，它只是在解放的进行曲当中显露出来。日益增长的对技术的驾驭能力，起初能够把人从不动脑筋的工作中解放出来，去实现自己的潜力，然而后来在满足人的需求时，它却只能是一个副产品：日益增长的文化财富和知识，提供了进行破坏的材料。①

二 技术的价值负载

理性的限度使得人类在评价新科技的可靠性及其对环境的影响方面存在问题，即技术研发无法将它未来的所有遇境都考虑在内，疑点总是存在的。一方面，风险评估通常是基于实验室或者程序的外推，无法解决的不确定性一直存在，等到技术已被普遍使用，它对人和环境的影响已经出现。另一方面，就技术与社会的关系而言，其产生、发展以及社会后果首先关涉到技术主体对技术的利益需求，社会的需求催生了技术的研发并左右其发展。在技术的研究、开发以及技术的传播扩散过程中，社会的不同利益主体先在地将技术赖以产生与发展的社会大环境分割成相对独立的散片，这种条块分割的社会情形超出了任何人的掌控。各种利益的博弈使得科学技术往往沦为资本的工具。根据技术使用中的“默菲法则”，只要技术允许，同时又有利益诱惑，就会有人不择手段地把某种技术付诸实践。因此，无论是从人为因素看，还是从技术本身的局限性看，技术的副作用都具有不可消除性。②

作为社会实践主体的人在物质上和精神上的需求，促使人们去劳动，去实践，以使自己的要求得到满足。天然自然不能满足人类的多样需求，人类只能借助于某种方式、手段去改造活动对象以实现自己的目的，这便

① [美] 马尔库塞：《爱欲与文明》，黄勇、薛民译，上海译文出版社 1987 年版，第 79—80 页。

② 刘松涛、李建会：《断裂、不确定性与风险——试析科技风险及其伦理规避》，《自然辩证法研究》2008 年第 2 期。

是古代技术的产生。恩格斯曾经断言，社会一旦形成了需求，就比十所大学更能把科学推向前进，我们也可以断言，对于技术而言亦然。没有基于社会需求的技术目的的推动，技术也许可以产生，但却难以获得大的发展。古代社会的技术的产生及其进步，直接与社会的需求相统一。

技术的研发与创新，正是因为原有的技术对需求的不适应。创新是技术发展的主要特点，而技术创新也需要社会提供一个先在的条件——技术创新能带来价值（社会价值或是个人价值）。在这里，社会价值是个根本条件。人们主要是出于社会需要得到满足的程度和效率而求助于技术的发展，技术因此而具有不竭的生命力，但与此同时，不确定性或风险也随之产生。因为，在技术的发展历程中，不同社会、不同地域、不同民族的社会需求产生了不同时期、不同地域的不同技术特点；即使是同一技术的社会应用也会被社会的不同利益主体进行不同的选取与对待。某项技术的前景一旦获得人们的较好预期，那么，社会就将从诸多方面给予特殊关照。其结果是被预期的技术往往会超出人们的预期，走出一波相对独立的上升行情；反之，没有被预期的技术则多半处在蓄势整理之中。① 换言之，技术的研发与预见工作是在设定系列参数条件下进行的，这些参数往往又是随环境的变化而变化的，这些变量使得预见本身就存在风险。比如：国际技术竞争环境发生了重大变化，致使主导技术的发展方向发生变化；国家的某项政策法规的出台或废止也会迫使某种技术得以产生或是寿终寝正；也可能是由于民族文化的差异而导致所引进技术的不当使用。

无论是对特定技术的认知抑或掌控，由此而产生的风险都可以归于多元的社会利益诉求。伊丽莎白·贝克－格伦歇姆指出，最近的研究更关注技术的文化先决条件与其所能提供的东西之间的关系。在这里技术可以被看作一个螺旋状的过程。技术看起来既是社会需要、利益和冲突的产品，

① 李健民、浦根祥：《技术预期与政府控制》，《科学管理研究》2001 年第 3 期。

又是它们的手段。技术既是原因，又是结果。① 因为技术本身就是人类控制的工具，它生来就是为了实现特定的利益而“被使用”的，所以它不存在“本质堕落”的问题。但是，今天的技术以及技术专家的确要比前现代社会“势利”得多了，他们被利益左右了，成为一种没有思考余地的谋利工具。对此，墨西哥大学教授、工程师亚伯拉罕·莫莱斯在与技术哲学家舍普的谈话中就指出，现代社会中的工程师就是接受别人给他布置的任务并完成任务的人，他所依据的是人们已经设定好了的详尽的规定。工程师不能自己决定是否建造这样一座桥梁或是一座什么样的核电站，他所能做的事就是根据自己是否有能力完成这方面的任务接受或拒绝别人的提议。而一旦他接受了任务，那么，按照别人所指定好的意见去完成任务就是他所能做的事了，至于桥梁或电站的规模、位置、外观，甚至是材料的使用统统与他无关。② 从这里我们可以看出，技术的价值负载很容易导致技术被不合理地应用。就像谈话中的那位工程师一样，他所能够考虑也只该考虑的就是按照指定的目标去完成任务，至于工程可能会导致什么样的生态后果与社会后果则不是他要想的事。对这些技术专家而言，结果只有两个：一是接受任务，并完成它；二是拒绝任务，不干。

技术的这种“势利”给生态环境带来压力：与那些不易察觉的，且又相对“远离”广大民众社会生活的生态安全而言，更多能够满足物质欲望的生产技术要更受追捧。由于技术的这种价值负载普遍存在，因此也就不难解释，在生态环境问题上，为什么现代社会流行“先污染，后治理”的做法。况且，即使人们很是重视技术的生态环境后果，从而努力地去避免技术应用所可能会产生的不良后果，但是，既然技术是社会需求的直接产物，它就必定决定于社会的轻重急缓的需求秩序。因此，只有在技术的恶果显现出来之后，对这种恶果的消除才会成为必要。换言

---

① 薛晓源、周战超：《全球化与风险社会》，社会科学文献出版社 2005 年版，第 31 页。

② ［法］R. 舍普等：《技术帝国》，三联书店 1999 年版，第 39 页。

之，因为利益的渗透，对亲生态环境的技术需求通常是排在其他的生产技术之后。

三 技术风险认知的理性贫困

现代高度分化的技术体系使专家被分门别类地限制在自己的狭小领域内，同时还使专家之间的交流与沟通受到限制，从而对自己专业之外的事知之甚少。这种割裂的系统模式内在地蕴含了风险。无论是从知识体系方面来看，还是从社会影响后果方面来看，技术体系中的不同部分都存在差异，这种分化的系统在一定程度上也意味着利益的分配。因此，技术风险就在系统内部滋生了。

技术的对象是某种具体的存在物，除了考虑科学知识储备之外，它还必须考虑到技术的经济、社会、安全、环境等等诸多方面的因素。与技术负效应不同，技术风险是潜在的，是可能发生但尚未发生的危险，并未造成实际灾害；而技术负效应总是与技术的应用结伴而行，是正在发生的实际危害。技术风险源于技术运行的正常状态，而技术负效应却是技术反常运行的结果。研究表明，任何技术系统都潜伏着结构失稳与部件失灵的可能性，进而导致技术运行失控，诱发种种技术灾害。从理论上说，导致技术系统运行失控的内部与外部、微观与宏观因素及其作用渠道、机会众多，技术风险难以避免。① 技术在应用的过程中通常出现“追加”的情形，即导致了另一种技术的追加研发与应用。比如说，转基因技术的开发，技术专家在开始的时候不可能对生物转基因的安全性形成周全的措施，也不可能准确地预见它的生态环境影响。问题总是随着研究的深入而逐渐暴露出来的，它们迫使相关人员、政府与其他社会组织不得不“跟进”，采取必要的行动来应对出现的问题。

① 王伯鲁：《广义技术视野中的技术困境问题探析》，《科学技术与辩证法》2007年第1期。

在转基因研究的初始阶段，专家们主要考虑的是如何实现基因之间的“优势互补”，关心的是它所能带来的社会效益，而有关法律、政治，以及包括人类在内的物种安全等方面并没有得到足够的重视，即使是得到了重视，危险也仍然存在，因为人类在现阶段的技术能力还不足以掌控整个复杂的生态系统。尽管因为转基因逃逸而导致的生态环境破坏还没有被确证，但是，人们也没有足够的理由来证明诸如“斑碟事件”、加拿大的“超级杂草”以及墨西哥“玉米事件”等等与转基因毫不相关。这些问题的处置都远远超出技术专家们的认识能力，并且新的问题总会随着技术的进步而不断地涌现。2012 年 3 月 16 日的《科学时报》报道，科技发展出了更为精密的检测技术，发现有部分 DNA 并没有被消化系统摧毁。英国学者在食用转基因食物的志愿者的排泄物中已经发现了被转入的 DNA 片段。法国卡昂大学（University of Caen）的教授塞拉利尼做了世界上第一个时间长达两年的转基因毒理学实验，并认为转基因对其所用的老鼠产生致癌影响。当然，这些研究也被发现漏洞百出。全球范围内的“反转”与“挺转”争论不时发生，这也说明了转基因技术自身并无必然把握。

有学者在追溯技术困境的根源时认为，技术开发困境的发生有其深刻的社会文化根源，至少可以追溯到人类谋求发展的本性与生存环境的变迁两个方面。此外，由于技术效果衍生结构的复杂性以及主体认识能力的局限性等原因，人们对技术效果的全面认识往往要经历一个漫长的过程。从逻辑顺序看，总是先有技术负效应、技术灾害的发生，才有对它们的逐步认识；同时，技术消极后果的清除也是需要时间和付出代价的，即使弄清了技术消极影响的发生机理，减轻或消除它们的技术改进也不是一蹴而就的，其间总存在着一定时滞。① 即使是存在“即时”处理问题的能力，那也是在技术被应用之后才能作出的反应，而且新的问题也会立即随之浮

① 王伯鲁：《广义技术视野中的技术困境问题探析》，《科学技术与辩证法》2007 年第 1 期。

现。直言之，从能力方面来说，以技术的手段来解决它所产生的问题，只能是一种“追赶式”的情形，“解决”总是只能跟在“问题”后面。比如，在发展风能的初始阶段，专家们就没能考虑到它对生态环境的不良影响。风力发电场可能影响了候鸟与其他飞行物种的正常迁徙，同时，它还可能造成一定的噪音污染。科学技术总是在不断发展的，即使是那些目前不被认为对生态环境具有危害性的技术，在将来的某个时候也有可能被证明是危险的。比之于日新月异的技术进步，生态环境的自然进化步伐要缓慢得多，技术介入势必扰动这个进程，因此，风险注定产生。

前面曾经提到，高度分化的技术系统导致了风险的滋生。但是，这种风险很难被认识到，因为这种内生的风险从根本上说是由于人类的理性缺陷所致。保罗·莱文森分析了理性产生的根源——前理性（pre-rationality）。通过发生学的分析，他既不支持“理性之根合乎理性”的要求，也不赞成“理性源于非理性”的主张。在他看来，理性不能够在自己的范围内充分说明其运作机制。我们不必为理性的出现找出一个理性的原因，就是说，理性主义者想给这种转化找出一个理性的基础，是徒劳无益的，因为无理性状态转化为理性依靠的完全是它自己的无理性状态。……正如生命的起源不可能解释为生命的结果一样，理性的起源不能用理性来解释。相反，我们要寻找艾根所说的前理性的聚合物——使无理性状况转变为前理性的那些特征。① 显而易见的是，人类陷入技术困境除了有价值、利益等因素的影响之外，还因为人类在技术风险认知方面的“无知”，即我们无法厘清技术的理性根源，更无法据此来设定万无一失的程序。尤其是在大科学时代，科学的技术化与技术的科学化越来越难以为专注于某一领域的科学家或技术家所理解，那种意欲通晓一切的想法注定是荒谬的。也可以说，技术的趋利性特征能够使其最快地为社会所应用。

无论是在发达国家，还是在欠发达国家，价值负载对技术应用的绑架

① ［美］保罗·莱文森：《思想无羁》，南京大学出版社 2003 年版，第 36 页。

已经屡见不鲜了，趋利性使得人们总是急于求成，把那些尚未得到充分论证或完善的新技术应用到各个领域中去。新技术应用的安全性问题在转基因技术方面尤其明显。无论是对于生态环境还是对于人类社会，许多的转基因既没有被证明是安全的，也没有被证实是不安全的。但是，这种不确定性并不能阻止人们在生产中使用转基因技术。

技术风险的程度取决于技术本身的历史发展水平，受到特定社会环境的制约。不同时期的不同民族国家、阶级、集团与个人等不同的利益关注与不同的意识形态，都会影响到对他们技术风险的认知，影响他们对技术的应用与评价。基于异质利益追求所构成的社会客观导致了技术风险成因的复杂性和多元性。技术风险的发生是一种由多种因素引起的综合并发症，是多重因素蓄积和作用的结果。此外，在技术目的的实现过程中，技术转化为现实生产力还有可能因科学知识的缺失而存在变数；同样地，技术的转化也可能因为某种认知的引导而最终朝向特定的目标，从而引发不可预见的风险。危险在于我们力图把认知对象简单化和抽象化，归咎于我们用以指导技术进步的实用思想。技术改造宇宙要大获全胜——完全根据人类的设计来改造宇宙——几乎是不可能的，因为即使最精心计划的技术，也会遭遇意料之外的结果。这就是说，理性引导的技术，即使取代了盲目演化的进程——迄今为止，宇宙借此生成变异，即使它取代了自然选择赖以运作的原材料，它也不可能取代难以预料的选择过程本身。① 如前所述，技术的研发与应用受到太多社会因素的影响，而这些方面却不可能都被预见到。

在个体化的社会里，个体对生态环境的反应更具有灵活性，同时也意味着更具投机性。如果说在专家代表着权威的社会中，对技术的生态环境风险先天地具有忽视的偏见，那么，个体社会中的技术风险则被多元化消解了。也就是说，社会个体对生态环境问题的不同理解相互抵消，无法形

① ［美］保罗·莱文森：《思想无羁》，南京大学出版社 2003 年版，第 291 页。

成一种强势的统一力量。此外，在面对生态环境责任的问题上，个体更易于采取搭便车的行动，或者是采取一种无动于衷的态度。因为对于相对势单力薄的个体来说，一方面更易于被社会流言左右，另一方面则在主观上以及客观上都被削减了“影响力”，即无论是采取维持或保护生态环境的积极行动，还是采取消极或是敌对的态度，个体所产生的后果都极为有限。在理解生态环境的问题上，个体认知能力在总体上要比那些专家组织低下得多；当然，在应对的能力方面，个体化趋向的社会更不利于解决当前的生态环境退化问题。

四　技术风险规避的多维制约

现代技术理性源于传统的社会理性，承认人类理性的确定性，相信技术对其所指涉对象的可靠计算。然而，在风险社会理论看来，那些貌似合乎逻辑的因果链条却经不起推敲。以贝克等人为代表的风险社会理论家们将“不确定性”引入了社会，将“风险逻辑”视为人类活动的基本特征，最终发现整个现代社会的风险无处不在。在这个充斥着“不确定性”的社会中，现代技术显露出另一种意象。

（一）风险社会中的技术意象

现代社会是一个高度技术化的社会，这既是风险社会的特征，也是造成这种“不明的和无法预料的后果”的原因。风险社会作为现代化结果的一种社会形态，是一个工业化道路上所产生的威胁开始占主导地位的社会。因此，在风险社会中，风险获得了与以前社会中的“风险”概念所完全不同的含义，即现代风险的人为性（manufactured risk）。高技术的发展，使知识和社会的分化越来越复杂，当社会系统自我分化的复杂性超出人类的负荷，就会形成社会演化的危机。用贝克的话说就是，“阶级社会的推动力可以用一句话来概括：我饿！风险社会的集体性格则可以用另一句来概括：我怕！”这就是对现代技术社会的精妙阐释。技术的运用总会存在风险，对不超出我们掌控的绝对合乎目的的技术的追求仅仅是一种无法实现的美妙设想。

美国社会学家培罗曾警告说，高度发达的现代文明创造了前人难以企及的成就，却掩盖了社会潜在的巨大风险；而被认为是社会发展决定因素和根本动力的科学技术，正在成为当代社会最大的风险源。科技的社会化和社会的科技化正好说明了为什么当代风险主要是“被制造的风险”，作为异质的科技全面地渗透了人类的整个生活世界，不确定性由此得以产生与扩张。与传统社会所认知的技术的负面影响极为不同的是，在风险社会语境中，对技术本身及其后果的看法被视为是第一位，对技术应用目的的追逐被迫让位于对技术的这种自反性审视——进入对技术的反思阶段。正因如此，卢曼把越发突出的科技风险看作是现代社会最近发生重大变革的标志，与这种变革相伴的是关于其自身未来的新型关系。行为可能性、偶然性和决策的压力都在上升，太多的不确定性和决策意识形成了我们的未来，产生了明天的结果。置言之，对科技的产生及其后果的批判反思开始成为时髦。

自反性问题是风险社会理论认识论的核心，这种自反性具有吊诡性，它是一种虚拟与现实的结合——指向未来的风险既是一种感知，也是一种实质的存在；当它不被认知或感知时，它也可以被认为是一种虚构。更为吊诡的是，风险的无中生有：当人们认为存在某一种风险时，即使这种风险并不存在或不构成真正的威胁，它也会自我放大，从而形成真正的风险。安东尼·吉登斯将风险区分为外部风险与被制造的风险——人为的风险，它不像外部风险那样易于计算与预测，“我们完全不知道风险的大小和程度，而且在很多情况下，直到很晚，我们也不能确切知道这种风险的大小。”① 技术的研究对象是具体的人工自然物，除了考虑科学知识储备之外，它还必须考虑到技术的经济、社会、安全、环境等等诸多方面的因素。

① ［英］安东尼·吉登斯：《失控的世界》，周红云译，江西人民出版社2006年版，第25页。

与技术负效应不同，技术风险是潜在的，是可能发生但尚未发生的危险，仍未造成实际灾害；而技术负效应总是与技术的应用结伴而行，是正在发生的实际危害。技术负效应源于技术运行的反常状态，而技术风险却是技术正常运行的必然。有研究表明，任何技术系统都潜伏着结构失稳与部件失灵的可能性，进而导致技术运行失控，诱发种种技术灾害。从理论上说，导致技术系统运行失控的内部与外部、微观与宏观因素及其作用渠道、机会众多，技术风险难以避免。显然，技术风险的产生在很大程度上取决于技术本身的历史发展水平，受到特定社会环境的制约。不同社会的不同民族国家、阶级、集团与个人等不同的利益关注与不同的意识形态，都会影响到对他们技术风险的认知，影响他们对技术的应用与评价。基于异质利益追求所构成的社会客观存在导致了技术风险成因的复杂性和多元性。此外，在技术目的的实现过程中，技术转化为现实生产力还有可能因科学知识的缺失而存在变数；同样地，技术的转化也可能因为某种科学认知的引导而最终朝向特定的目标，从而引发不可预见的危险。

（二）技术风险规避的不利因素

技术风险已经引起了现代社会的极大关注，但规避这种风险依然是件棘手的事：一方面风险的认知与规避首先依赖于技术的进步；另一方面风险又不因人类知识的增加而得到解决——技术的进步本身创造了一系列危机，造成了新的不确定性后果。质言之，技术解决问题的能力越大，它所带来的风险也越大。就理性的扩张而言，颇具讽刺意味的是：人的支配力量越强，自然对人的反作用也越强。自然总是在以这样那样的方式报复人类。技术越是发达，人对自然界的作用就愈是带有经过思考的、有计划的、向着一定的和事先知道的目标前进的特征，但无论如何，预定的目的和实际达到的结果之间总是有非常大的出入，或者其负面的影响最终可能把得到的结果也抵消掉了。技术的发展并未从根本上改变人与自然的这种作用与反作用机制，科技越进步，人对自然的变革力量越大，自然的报复就越强，技术风险便存在于它与社会的复杂关系之中。

第一，技术与利益诉求的张力。任何技术都不是完善的，都有其内在的缺陷。人类理性的限度使得如何科学地评价新科技的可靠性及其对环境的影响方面存在问题，即技术研发无法将它未来的所有遇境都考虑在内——无知总是存在。在技术的应用中即使思考了风险的存在，但这种风险评估通常是基于实验室或者程序的外推，无法解决的不确定性一直存在，等到技术已被普遍使用，它对人和环境的影响已经出现。同时，就技术与社会的关系而言，其产生、发展以及社会后果首先关涉到技术主体对技术的利益需求，社会的需求催生了技术的研发并左右其发展。在技术的研究、开发以及技术的传播扩散过程中，社会的不同利益主体先在地将技术赖以产生与发展的社会大环境分割成相对独立的单元，这种碎片状的社会超出了任何人的掌控。根据技术使用的“默菲法则”，只要技术允许，同时又有利益诱惑，就会有人不择手段地把某种技术付诸实践。因此，无论是从人为因素看，还是从技术本身的局限性看，技术的副作用都具有不可消除性。各种利益的博弈使得科学技术往往沦为资本的工具，这在客观上难以规避技术风险。

物质和精神上的需求促使人们去劳动，去实践，以使自己的要求得到满足。当天然自然不能满足人类的多样需求时，人类只能借助于某种方式、手段去改造活动对象以实现自己的目的，这便是技术产生与发展的根本原因。创新是技术发展的主要特点，而技术创新也需要社会提供一个先在的条件——技术创新能带来价值，社会价值是技术发展的根本条件。没有社会的需求，技术无从产生更无从发展。技术的风险就潜藏在这种利益的诉求下面，并随之被脱离掌控地放大。高科技奉献了无限多样的文化产品，扩大了帮助实现现代化的全面内涵，然而也把我们囚禁在单向度的文化工业中。某项技术的前景一旦获得人们的较好预期，社会就将从诸多方面给予特殊关照，其结果是被预期的技术往往会超出人们的预期，走出一波相对独立的上升行情。换言之，技术的研发与预见工作是在设定系列参数条件下进行的，这些参数往往又是随环境的变化而变化的，这些变量使得预见本身就存在风险。

第二，风险认知的理性制约。在追思技术带来的困境时，人类谋求发展的本性与生存环境的变迁凸显。此外，由于技术效果衍生结构的复杂性以及主体认识能力的局限性等原因，人们对技术效果的全面认识往往要经历一个漫长的过程。从逻辑顺序上看，总是先有技术负效应、技术灾害的发生，才有对它们的逐步认识；同时，技术消极后果的清除也是需要时间和付出代价的，即使弄清了技术消极影响的发生机理，减轻或消除它们的技术改进也不是一蹴而就的，其间总存在着一定时滞。这表明技术除了价值负载之外，还揭示了人们对其风险认知的“无知”。尽管技术的风险已经逼促人们将其置于怀疑的名单中，但对这种质疑的准确理解总是跟不上节拍。路丝·麦克奈丽（McNally, R.）以欧洲狂犬病根除计划为例，显示了风险评估是如何在一种由技术导致的风险的封闭圈中运作的，这种封闭圈被创造出来以取代“自然风险”。她的分析清楚地表明了风险管理自身的风险：在专家意见的大旗下，一项旨在对特定风险进行基因重组的计划被设计出来。但是，我们尚未探索的未知变量要多于已有的控制技术。这些未知变量的闭合以及它们被排除于“加入网络”之外是风险管理自身的一部分。① 理性所及的深度与广度如此有限，而技术关涉的对象无限。现代技术具有创造性、功能潜在性和不确定性等密切联系相互影响的特点，它所产生的某些后果具有滞后性。技术的功能具有潜在性，它的应用效果与应用领域远远超出了技术发明时的最初设想，这就决定了技术发展的不确定性，人们很难预料什么样的技术会出现，所获得的技术会应用于什么样的领域，技术的应用会出现怎样的后果。在风险社会中，即使是对技术自身的“全面审查”也达不到警示目的，因为技术的不确定性在更大的程度上决定于社会政治、经济与文化等等更深层次的东西，而全球化浪潮在

① ［英］芭芭拉·亚当、［德］乌尔里希·贝克：《风险社会及其超越：社会理论的关键议题》，北京出版社2005年版，第31页。

很大程度上使得对技术的掌控更为复杂，更为困难。

现代性的全球化也是一个不断创造新风险，不断改变人们的既有生活方式、认知体系的过程，它可以带来并放大技术的不确定性。吉登斯因此指出，“在某些领域和生活方式中，现代性降低了总的风险性；但它同时也导入了一些先前年代所知之甚少或者全然不知的新的风险参量。这些参量包括后果严重的风险，它们来源于现代性社会体系的全球化特征。”① 在全球化时代，任何民族国家、阶级或者是集团与个人都无法置身事外，都被卷进了这种具有大一统趋势的运动中去。基于不同的文化与制度这一现实，全球化进程注定充满对立，到处都是同化与反同化的争斗，社会生活的很多不确定性就来源于这种争斗，而这种争斗通常都会超出人们的理解与控制，也没有人能够获得万全之策以避免不确定性。在全球化进程中，国家不仅变得太小以至于无法解决大问题，而且也变得太大以至于无法解决小问题。② 全球化浪潮动摇了各民族国家的政治与经济台柱，瓦解它们各自制度体系的相对稳定性，为技术风险的通行大开方便之门。

全球化的另一个结果便是现代社会的日益个体化趋向。个体化并不必然意味着社会中人的个性化，而主要是指社会权利结构以及力量中心的多元性变化。现代化不仅仅导致中央化的国家力量、资本的集中、更密切的劳动分工和市场关系网络，以及流动性的大众消费的发展。它同样导致一种“三重个体化”：脱离，既从历史地规定的、在统治和支持的传统语境意义上的社会形式与义务中脱离（解放的维度）；与实践知识、信仰和指导规则相关的传统安全感的丧失（去魅的维度）；重新植入——在这里它的意义完全走向相反的东西——亦即一种新形式的社会义务（控制或重新

① ［美］安东尼·吉登斯：《现代性与自我认同》，赵旭东等译，三联书店1999年版，第4页。

② ［美］安东尼·吉登斯：《失控的世界》，周红云译，江西人民出版社2006年版，第9页。

整合的维度)。① 这三重“个体化”构建了一种普遍的、非历史的个体化模式，对现存社会的政治、经济以及意识形态都造成了巨大冲击，使得原本相对有序的社会结构步入动荡，从而导致风险。日益个体化的社会导致了权力以及资源中心的分散，是对中央化社会结构的侵蚀，最终使得社会的制衡力量多元化。因为制度依赖，个体化的社会同时变得对所有那些围绕着传统边界存在的冲突、约束和联合敏感起来，这就造成了与传统的分离，而多元化的最直接结果是社会失去（至少是削弱）了对技术选择的制约，风险被最大限度地释放。

（三）风险认知的吊诡性

风险社会之所以出现“泛风险”，在一定程度上可以说是人们对风险的认知使然。当风险被认为是风险时，风险将被认知、预防与规避；而在风险被认为不是风险时，风险也就可能“不存在”，而且通过风险的自我消除，风险也有可能最终被规避，风险的认知与防御都是在这种情形下进行的。简言之，有的风险总会体现为：说它存在就存在，说它不存在就不存在。风险被认为是控制将来和规范将来的一种方式。然而，事情并不是这样。我们控制将来的企图似乎对我们产生了意想不到的影响，它迫使我们寻找不同的方式来处理这种不确定性。② 这就是风险自反性的体现。

风险是反身性的、创造性的和散漫的认知过程，这一社会建构过程是一种转型的认知过程：一方面，它利用已经存在的知识和认知结构；另一方面，它产生新的知识与认知结构。通过这个过程，风险知识被集体地生产，风险社会因此被建构。荒谬的是，散布谣言对于减少我们面临的风险可能是必需的。然而，“如果这种谣言真的减少了风险，那么，它则真的成了谣言。”吉登斯对艾滋病问题进行了分析，并指出，“这种荒谬的事在

① [德]乌尔里希·贝克：《风险社会》，何博文译，译林出版社 2004 年版，第 156 页。
② [美]安东尼·吉登斯：《失控的世界》，周红云译，江西人民出版社 2006 年版，第 22 页。

当代社会中变成了常有的事，但是我们却没有什么可供选择的方法来解决它。正如我在前面提到的，在大部分被制造出来的风险中，是否存在风险甚至都可能受到怀疑。我们不能预先知道我们什么时候真的在散布谣言，什么时候又没有散布谣言。”[①] 因为风险并不是有序排列，不带有明确的结构性和指向性。更重要的是，风险作为一种心理认知的结果，在不同文化背景下有不同的解释话语，不同群体对于风险的应对都有自己的理解图景，因此风险在当代的凸显更是一种文化现象，而不是一种社会秩序。一个社会越是迫切地关注未来和积极地塑造未来，风险观念就越普遍化。在现代社会，对未来如何是可能的、可信的和可能得到的说明，变得比对过去的说明更重要。科技风险变得越不可预测，它们决定公众意识的方式越明显，政治和经济行动者受到的压力就越紧迫，社会行动者确保接近“作为决定力量的科学”就越重要——无论是为了减弱、分散、再定义还是为了夸大和阻止以方法论批判这种方式进行的“对决策的外在干预”，都是这样。[②] 对于现代社会的风险的描述，贝克认为，在哪里现代化风险被“承认”——并且在这里有很多东西卷入进来，不仅仅有知识，而且有集体的对风险的知识和信仰，以及对原因和结果的关联的政治阐述——在哪里风险就发展出一种难以置信的政治动力。它们丧失了所有的东西，它们的潜在性，它们的安抚性的“副作用结构”，它们的不可避免性。[③] 也就是说，在这种认知下，风险变成了一种现实存在着的威胁。反之，风险就会被当成一种“无中生有的建构”。无论是以哪一种态度来对待技术风险，其结果都使得其偏离实际的倾向——风险总会被建构出来。

---

① ［美］安东尼·吉登斯：《失控的世界》，周红云译，江西人民出版社 2006 年版，第 27 页。

② ［德］乌尔里希·贝克：《风险社会》，何博文译，译林出版社 2004 年版，第 207 页。

③ ［德］乌尔里希·贝克：《风险社会》，何博文译，译林出版社 2004 年版，第 93 页。

第四节 社会技术工程的非理性构成

人类实践活动日渐“工程化”，旨在满足人类需要的“造物”的工程是一种有着明显价值指向性的活动，从工程的提出到工程的实施直至完结——整个过程都体现了人与人的关系的层次性与复杂性，与其说工程活动意在“造物”，毋宁说先在“造人”，也就是说社会因素已经渗透到了工程系统当中。更为复杂的社会工程体系在指涉人与人之间关系的同时，还包含了不同群体对于自然的认知、体验与反应等因素，这也是哲学界与工程界呼吁共同进行工程研究的原因所在，因为任何单独的一方都不可能完善地解决工程活动当中所出现的层出不穷的问题，工程决不是单一学科的理论和知识的运用，而是一项复杂的综合实践过程。以科学、技术为支撑的现代工程活动，在考虑如何满足人的物质需求的同时，应该更多地关注人的价值观念问题，因为工程活动决不是简单的科学和技术的应用，它应该在更广泛的社会关系网络中实现对科学、技术、社会、经济、文化、自然等等要素的集成、选择和优化。价值负载的工程的关涉的不仅有“物性”，也有“人性”，是社会不同价值观之间、诸多利益之间互相博弈的结果。

一 社会技术工程的不合理性

工程活动过程的每一个环节都体现了人们对价值的追求，这种追求本应该是实现对知识价值、经济价值、社会价值、环境价值与人文价值的融合。工程的合理化主要就是要实现对这些价值的整合优化，这种整合最终集中在工具理性与价值理性这两方面，也就是马克斯·韦伯所说的“形式合理性”与“实质合理性”，即“目的合乎理性”与“价值合乎理性”。韦伯认为，谁要是无视可以预见的后果，他的行为服务于他对义务、尊严、美、宗教训示、孝顺或者某一件“事”的重要性的信念，不管什么形式的，他坚信必须这样做，这就是纯粹的价值合乎理性的行为。价值合乎理性的行为（在我们的术语的意义上），总是一种根据行为者认为是向自己提出的“戒律”或“要求”而发生的行为。谁若是根据目的、手段和附带后果来作为他的行为的取向，而且同时既把手段与目的，也把目的与附带后果，以及最后把各种可能的目的相比较，作出合乎理性的权衡，这就是目的合乎理性的行为。① 也就是说，所谓的工具理性是指基于目的合理性，对实现目的所运用的各种技术手段的评估，预测由此可能产生的后果，并在此基础上追求预定的目的，即“通过对外界事物的情况和其他人的举止的期待，并利用这种期待作为‘条件’或者作为‘手段’，以期实现自己合乎理性所争取和考虑的作为成果的目的”；而所谓的价值理性是指行为在价值上是理性的，把人们的追求目标视为一种（或一些）特定的价值。

生态环境的恶化需要人们同心协力去应对，现代社会生态安全的构建同样也离不开整个人类社会的协作，而一致性的社会行动需要一个基本的行动框架，这个框架则取决于理性的社会体制。现代社会高度科层化的结构已经远远超越了以往仅凭经验的做法，高效的社会制度设置依赖于设计者对不同社会阶级、阶层、群体以及个人的合理定位，且他们之间的复杂关系也非经验所能及。但是，无论社会系统工程的设计者如何的具有真知灼见和胸怀宽广，他 / 他们也受制于他们所代表的阶级、阶层或群体的力量，从而致使整个社会工程先天地带有偏见的烙印。这种偏见与非理性是一枚硬币的两面：对于操控整个社会工程体系的设计者而言，“理性”源自于其所属的阶级或阶层，保证社会按其所愿去运行是理性的最后体现；相反地，那些受到体系控制或制约的阶级、阶层、群体或个人则因为这些社会系统的存在感受到偏见、歧视与压迫。在生态环境领域，这种非理性的社会技术设计反复得到“公地悲剧”的验证。

---

① ［德］马克斯·韦伯：《经济与社会》上册，林荣远译，商务印书馆 1997 年版，第 57 页。

虽然绝对理性是一种奢望，但从另一种意义上说，理性的工程活动应该是既符合目的理性又符合价值理性的，是这两者的有机统一。然而，许多工程活动却表现为这两种理性的背离，这种偏离在一定程度上是受了机械自然观的影响。机械论世界观将"心"与"物"都还原为力的相互作用的结果，以力学定律解释一切自然、社会和人文现象。随着这种"力"的解释在物质控制上的巨大成功，"精神"从而被遮蔽了。对于这两种理性相背离的根源，韦伯极有洞见地指出：从目的合乎理性的立场出发，价值合乎理性总是非理性的，而且它越是把行为以之为取向的价值上升为绝对的价值，它就越是非理性的，因为对它来说，越是无条件地仅仅考虑行为的固有价值（纯粹思想意思、美、绝对的善、绝对的义务），它就越不顾行为的后果。① 价值合乎理性在与以目的合乎理性的为目的的关系中常常成为一种"情绪的、感情的"阻碍，即这两者有着正相对立的本性：以工具理性来看，价值理性在常因种种终极的信念（这种信念主要来自于自然的启示从而敬畏"自然"）使得达到目的的手段遭到排斥或贬低，因此是一种非理性的品质，表现为不在乎行动的结果；对价值理性而言，工具理性似乎总是"惟利是图"的，是对人的精神自由的压制，对人的信仰与尊严的诋毁，是对人性的挑战。就工程活动的不合理性而言，两种理性的相互抵牾只是原因之一。此外，它也源于行动者的认识能力的欠缺。所有的行动都是在情境中进行的，对于任何一位既定的行动者来说，这些情境都包含了各种各样的因素，这些因素既非行动者本人一手造成的，他也不能充分地控制这些因素。②

再者，工程活动（尤其是现代的工程活动）必须依赖于一定的科学、技术条件。技术是人类借以改造与控制世界来满足自身的生存与发展需要的物质装置、技艺以及知识等体系，技术的这种"手段"本性也就决定了

① ［德］马克斯·韦伯：《经济与社会》上册，林荣远译，商务印书馆1997年版，第57页。

② ［英］安东尼·吉登斯：《社会的构成：结构化理论》，三联书店1998年版，第487页。

它的工具理性倾向。在以机械观为指导的科学认知与有“手段”倾向的技术的双重影响之下，以造物和用物为基本目的的工程活动也就更倾向于满足人们的“物欲”，倾向于对工具理性的追求。工具理性对于数学化、定量化、功利化、最优化、实用化、工具化、技术化的追求，对于性能与功效的偏好，对于物欲性、占有性的强调，使得人类生存活动的另一维度，即体现人类生存和发展需要之非功利性、非实用性、非工具性和非技术性的方面受到了忽视和排斥，即人日益变成了非精神性、非生理性的动物。现代科学技术对物质世界的强大的操控力量使其工具理性日益彰显；相比之下，价值理性“非工具性”的本质使其更易于被忽视和屏蔽。工程活动是一种处在社会利益网络之中的造物和用物的活动，工具理性与价值理性的不合节拍会导致工程异化，即工程活动的造物只是意在“物欲”而不在于“精神价值”的满足。

正是工具理性的片面膨胀，使现代工业社会过度地关注于目的与手段之间的非人格关系，而常常忘却了人自身的价值要求，由此便很自然地导致了所谓的形式的合理性（目的——工具意义上的理性化）与实质的不合理性（人为技术所控制等）之间的历史悖论。[①] 从理性的根源来说，我们不可能摆脱理性固有的局限性。我们还看到，智能的理性成分，诞生于非理性的母体，仍然受到无理性的诱惑，无理性的形式又是非理性；尽管从非理性的母体诞生的理性，赋予我们理性行动的选择。[②] 这种理性的局限性也是工程活动当中工具理性与价值理性之网被撕裂的原因，它使人们迷恋于“物欲”而难以自拔。当这种机巧全面控制了拥有话语权的社会技术工程设计者时，或者是技术精英们迷恋技术本身的逻辑而不顾及他人时，经由他们手中而来的社会系统将在生态安全的构建方面无能为力，甚至反过来加重本就不堪重压的生态环境压力。

---

① 杨国荣：《理性与价值》，上海三联书店 1998 年版，第 77 页。

② ［美］莱文森：《思想无羁》，南京大学出版社 2003 年版，第 279 页。

二 工程活动的简化结构

解构社会工程的非理性需要对工程活动的相关主客体进行逐一分析。工程共同体、社会（工程共同体之外的所有个体及群体）以及自然界构成了工程活动的三个组分，它们当中存在着不对等的作用力关系。工程共同体通过科技来改造或掌控自然界，迫使自然界以符合自己要求的方式存在；自然界也以其先在的决定作用制约了共同体的技术选择，甚至以异化的方式来背离工程共同体的期望，从而迫使工程共同体作出改变。在技术层面上，工程共同体的技术选择也必须以社会所能提供的“技术库存”为前提选取技术工具；而在价值层面上，工程共同体除了要遵循一定的工程活动的职业操守外，还同时受到社会大环境的既存价值的规定和导向；另一方面，工程共同体所实施的行为（尤其是因此而带来的重大的结果）反过来促成了社会精神以及构成体系等方面的变化。由于现代社会的高度分工化，很多“造物”活动的进行都要通过特定的工程共同体这一“代理人”来完成，从而致使除此之外的社会群体极少甚至无法参与其中，由此也就无法将自己的意志直接作用于自然界，而只能通过工程共同体这一中介来传达。问题就在于工程共同体决不可能将社会意志毫不失真地传达到自然界一极，来自社会的要求总会被工程共同体以其所认可的方式在一定程度上被过滤掉了。但与此同时，自然界的对人类社会的反作用却并没有因为“社会”的不在场而不对其发生影响，自然界的这种反作用力也不必借道工程共同体，而是直接通达“社会”这一极。以自然界、工程共同体与社会来解释工程活动的相互之间的作用力并不是要排斥作为这种活动结果的工程产物的参与。情况恰恰相反，具有“半自然性”的工程活动的产物一旦出场，就会对整个社会群体产生全方位的影响从而使得事实更为复杂了，但工程产物的在场并不会改变这三者之间的不对等的作用力。

三　价值负载的“造物”活动

对共同体的理解，可谓见仁见智。李伯聪认为，工程共同体主要由四类人员——工人、工程师、投资人（在特定社会条件下是“资本家”）和管理者——构成。有的学者则认为，工程主体作为造物行动的实施者，行动者，并不仅仅只是工程师，它有着复杂的构成：从社会组织的层面看，它包括企业、社会团体、军事团体、政府等等；从个体人员的层面看，它包括决策者、投资者、企业家、管理者、工程家、工程师、经济师、会计师、工人等等。① 综合来看，工程共同体主要是指“直接参与者”，是一个具有共同利益和价值规范的整体。工程活动所体现的价值负载可以通过以下这几个方面的考察得以廓清，即共同体内部的关系、共同体与社会的关系、共同体与自然界的关系以及社会与自然界的关系等方面。工程的价值负载正是在这些异质的价值主体的利益的相互作用下，通过逐渐地整合各种相异的甚至是正相对立的力量而向前推进，体现出一种“∧”型结构。工程活动总是基于一定的社会场域，对于工程共同体或是对于社会来说，都不可能洞察所有可能会影响到工程活动的相关因素，因为有的因子在工程活动的初始阶段只是潜在性的。但是，工程活动从起始阶段就必须尽可能地将一切可被认识的因素都包括进来而它们将会起着什么样的作用或者不起作用。

随着工程的推进，一些因素会逐渐地突出并最终不可避免地因其异质的源头而不得不正面交锋。这些因素可能是规范性的，也可能是条件性的，或是技术性的，它们一起构成了工程的推动力。帕森斯认为每一个复杂的行动体系都存在着相互关系问题，并构成了参照系，这一参照系包含了由目的、手段、条件和规范所组成的结构性成分。他指出，行动之中两

① 杜澄、李伯聪主编：《工程研究：跨学视野中的工程》，北京理工大学出版社 2008 年版，第 69—70 页。

类不同成分——规范性成分与条件性成分——之间，总是存在着一种紧张状态。行动作为一个过程，实际上就是将各种条件成分向着与规范一致的方向改变的过程。[①] 但无论在工程的起始阶段存在多少异质的因子，它们最终都会在工具理性与价值理性这两个向度的合力之下被整合，共同归化于工程活动的结果当中去。吉登斯（Anthony Giddens）对此作出了明确的论述：

人的行动是在历史地构成的脉络中进行的，是一种充满着反思性、合理性和无意识性相结合的复杂活动。在人的行动实现过程中，显然包含着隐含的和显示的两大部分因素，同时也包含着人的意识可以控制到和无法控制到的两个层面……不管是采取预知或无意识地罔视态度，这些因素都会程度不同地随着行动的展开，随着行动展开过程中已有和可能有的各种内外参与和相互渗透而发生复杂的变化，并对行动产生多方面的影响，其中包括已预测到的和不可能预测到的各种可能性。但是，作为能够为自身的行动提供并尽可能运用各种资源的行动者而言，总可以在其能力所及的范围内，为行动的展开进行各种反思和合理化的努力。[②]

韦伯则将这一合理化过程描述为类似于“熵增原理”的“合理性增加原理”：在诸多因素的相互作用之下，在行动的过程中，努力的力量转化为目的的实现或与规范的一致。并且，在合理化过程中，卡里斯马的力量似乎逐渐损耗，到头来只剩下一具“僵死的机械”，也就是说，与传统（保守）相区别的卡里斯马逐渐转化为合理性成分，并为这一合理化目的而逐渐失去活力从而保证为了这一既定的合理化目的的实现而排斥其余的可能性。[③] 工程活动的结果就凝聚了这些异质的因素，使它们定格于两种理性的合力之下。如前文所述，传统的力量在与后天逐渐形成的理性交锋的过程中，不可能全部退出舞台且全然不构成影响，因此，不同群体或个体对

① ［美］帕森斯：《社会行动的结构》，译林出版社 2003 年版，第 827 页。
② 高宣扬：《当代社会理论》，中国人民大学出版社 2005 年版，第 888 页。
③ 高宣扬：《当代社会理论》，中国人民大学出版社 2005 年版，第 849 页。

于生态环境的宗教式体验往往能够决定他们的社会行动。

工程共同体内部存在着层次性结构，是一个复杂的利益及价值主体的构成。构成共同体的亚群体的利益与价值的博弈在很大程度上决定了工程的目标、过程和结果。段伟文就认为，工程的社会运行的实质内涵即工程是由相关利益群体的社会性行动和互动整合实现的，研究和思考工程中的相关利益群体是理解和把握工程的社会运行的基点。帕森斯提醒人们注意区分共同体的特殊性，认为在社会情形中的关系不同于在共同体中的关系。在［社会］的情形中，制度性规范的架构里面的具体关系，都特别是针对具体行动或具体行动复合体而言的。它们在这个意义上要看作是直接行动的各种成分的结果，是机械的关系。而共同体的关系在与之相应的意义上是有机的。因为，要理解共同体关系的具体行动，必须将它们放在这种关系各方之间更加广泛的全部关系中去了解，这样从定义上说就超越了那些特定的行动成分。也就是说，一定共同体的关系是不适合以考察社会关系的方式来考察的，因为这种关系具有区别于社会关系的内在意义和象征意义。工程投资者会认为是否决定投资某一项工程主要由经济利益来裁决。① 作出投资决定之后，投资者就必然面对风险，应对风险的目的合理性就等同于对利益的关注。投资者所关心的某物或某人主要出于认为该事物 人可以被当成手段使用，或者作为一个有内在联系的条件而应当予以考虑。在这种情形下，价值合理性通常被理解为评价工程时与利害无关的态度，价值合理性必然也就让步于工具合理性。此外，工程投资者在工程活动中的投资行为也不是封闭的，决不是一种“鲁宾逊经济学”式的行为，还会将其他的经济活动的利益网络带到工程活动当中来。

工程共同体中的工程师在很大程度上有别于投资者，他（他们）所考虑的不仅仅是工程活动的技术可行性的问题，也将很大一部分精力投放到

① 这里的投资者具有两个含义：一方面指具体的某一项工程的出资人；另一方面也可以指所有那些试图从参与工程（包括社会系统的设计）活动达成自己的某种诉求的人。

工程的社会认可（社会效用）上面来。技术上的可行性仅仅是保证工程活动顺利进行的基本条件，而工程活动的造物的结果在工程师共同体那里成了极为重要的标准，它关系到工程师是否在共同体内部得到承认。作为一种职业，工程师除了遵守基本的职业操守之外，还要对社会的文化要求、社会道德以及社会价值取向有所了解并努力使工程活动与之相符合。在这一层面上，工程师要比投资者更易于受社会环境的影响。与工程师关系紧密的另外一个重要的共同体是工人。工人共同体的活动既是技术在工程活动中物化得以实现的保证，又是一个独立于工程决策层的群体。作为工程活动的实施者，工人对自己的行动以及对他者的行动的期待，固然出自其主观意识的运作过程，能在一定范围内进行自我选择，但他们主要是受包括工程师与投资者在内的他者的干扰或制约，这些干扰或制约使他们有可能做出一些随机性和偶然性的行为。这些行为通常会超出他们的控制范围，在这些行为反作用于其他相关对象时，他者的原本秩序或状态会被扰动，从而增加了事情的复杂性。

工程共同体之外的社会环境是工程活动的另一个制约条件，所有的社会文化习俗、道德规范以及技术积累等等都构成了工程活动的“知识库存”。吉登斯认为，在某些社会里，社会整合与系统整合几近重叠，社会中定位过程的“层化”（layered）程度就不很发达。而当代社会里的个人则被定位于一系列丰富宽泛得多的层面上，包括家庭、工作场所、邻里、城市、民族—国家以及一个世界性系统，所有这些都展现出某些系统整合的特征，将日常生活的琐碎细节与大规模时空的社会现象日益紧密地联系在了一起。① 社会环境作为一种背景对在其中展开的工程活动起着物质性限制、约束以及结构性限制，即对于工程活动的行为者来说，社会因素既是其行为得以进行的条件，也是一种因他们的行为而不断被“调整”（结构化）的动态的时空过程。另一方面，行动者对社会“知识库存”的下意

① [英]安东尼·吉登斯：《社会的构成：结构化理论》，三联书店 1998 年版，第 163 页。

识理解构成了制约行为动机的源头，总会全程地随时对行动者产生的与之不相符的动机进行“矫正”。“反常”的动机即使克服了“知识库存”的制约并表现了出来，社会也常以一系列既存的道德认同或者是［负面］约束（惩罚性的制约）来消除这种行为。然而棘手的是，个人的社会行为在以理性为指导的同时，也会以免除逻辑理性分析之外的剩余物（非理性）来行事。再者，即使是行为者对一系列社会规范的遵从也极有可能是出于对它们的不同理解，也可能是出于不同的目的。

现代社会的工程活动通常由工程共同体来“代理”，社会的“知识库存”只能通过共同体这一“代理人”来间接地对工程产生影响，极有可能因共同体的过滤而失真。正是“社会”与工程活动的这种“间接性”使得社会缺少了对工程的利益性的关注，从而通常也导致了对工程的“漠不关心”，在工程活动的影响尚未显示之前更是如此。比之于工程共同体，社会更倾向于关注工程活动可能具有的价值理性，关注该活动是否是对社会价值规范的提升。然而社会并非铁板一块，它总是由很多不同的亚群体(或个体)所构成，这些不同的组分导致了利益冲突与价值冲突。对此，吉登斯指出，冲突和矛盾之所以往往重叠在一起，是因为矛盾体现了各个社会系统的结构性构成中主要的“断裂带”（fault lines），往往牵涉到不同集团或者说人群（包括阶级、但不仅限于此）之间的利益分割。① 这种利益分割有时会导致社会价值理念的混乱甚至崩溃，使其减弱或丧失了对工程活动的价值评判能力，结果是工程活动的工具理性与价值理性的背离或耦合缺少了控制。可以认为，两种理性的脱序虽然有个人欲望的根源，但是社会化削弱或丧失调控的影响也是原因之一。韦伯对社会规范的作用是抱怀疑主义态度的；他深信（正如他一直分析澄清的那样），不同价值体系之间的决断是不能加以论证的，是不能加以合理动员的；更确切地说，他认为，从内容上来看，是不存在一种价值规范或者信仰权力的合理性的。

① ［英］安东尼·吉登斯：《社会的构成：结构化理论》，三联书店 1998 年版，第 305 页。

与主体间性的社会不一样，自然界对工程活动的影响，常常是客观的、确定的，也是单向性的。任何工程活动的顺利进行都必须基于对自然界的客观认识的基础之上，并以符合和服从自然界的客观规律为行动指南。以“征服和控制自然”为目的的工程活动是要遭受自然界的报复的，也只能是工程目的理性与价值理性的背离，致使异化的发生。工程异化的体现之一就是工程活动对自然界所造成的破坏，造成环境危机与生态危机。这种异化通常是由于人们在工程活动中更多地关注工具理性而忽视价值理性，从而使工具理性的强大物质力量失去“监控”。如果说前现代社会的工程异化主要是对自然界缺乏必要的认识致使工具理性无法很好地实现，也因此迫使人们怀有一种敬畏自然的“终极价值”，那么，工具理性的强势却消解了人们对自然的敬畏或崇拜，同时激发了对自然的掌控欲望。当人们热衷于认识活动，并在认识活动中取得越来越大的成果的时候，就会不知不觉地陶醉于认识活动及其成果之中，盲目地陷入认识过程及其具体程序之中，执着于认识过程中的各种创造活动，为了取得成功而不择手段，从而忘却了从事认识活动所要达到的树立人的主体化地位的最高目的。同时，历史的经验也显示，认识活动一旦展开，认识活动的自律很容易导致认识活动中人的异化，认识活动所带来的利益和成功，加上认识活动的自律化，导致认识活动在人的生活中的优先地位，也导致认识活动对人的生活世界的控制。

当然，只对工程活动中的工程共同体、社会以及自然界这三极进行考察是不可能穷尽工程的价值负载问题的，尤其是这种概略式的考察，并没有对各种共同体内部的“次级群体”做尽可能详细的分析，也没有说明社会与共同体的更微妙的关系，更没有深入地考察社会这一大系统内部的各种情形。而且，就像吉登斯所认为的那样：

现代社会的高度分工化使得社会行为具有了明显的象征性，以至于所有的对这种社会行为的考察也都只能是象征性的。由于当代社会高度复杂化并具有多变性，所以，当代社会理论意识到要穷尽或是高度精确地、绝对地把握社会事实是不可能的。……所以，与其说当代社会理论要研究社会实在，不如说它要研究表现着这个社会实在的象征结构或形式。①

也就是说，每一种社会行为的发生都处于漫长而复杂的“网络”中，从某一视角看来被视为是需要达到的目的，而从另一视角看来却可能是达到更高一级目的的手段，这种目的与手段的可转化性增加了考察的难度。但即使是上文的象征性的考察，工程活动所蕴含的价值负载也足以显露，生态补偿制度就是理性价值负载的产物，也正是这种负载其上的价值判断使得生态安全陷入两难困境。

① 高宣扬：《当代社会理论》，中国人民大学出版社 2005 年版，第 150 页。

第 四 章

生态安全解构的制度之维

生态安全的现代性解构，或者说在生态问题上被制造出来的风险，并不是只涉及自然，也不仅局限于科学技术所产生的不良后果，它还渗透到各种社会制度当中。

作为一种既定的社会现象，制度存在着以下四个方面的基本特征：客观性和主观性的统一，稳定性和发展性的统一，规范性和非规范性的统一，制度存在的普遍性和表现形式多样性的统一。正是这些基本特征决定了制度的不确定性——制度制定的不确定性与制度所产生的不确定性后果。贝克与吉登斯就是从这种不可预测性来分析制度所带来的风险及其影响的。他们认为，现代社会的风险源于决策，它们随工业化而大量产生，同时也是政治行为的折射。而且，当人们试图通过制度安排去化解风险时，那些被设计出来的体系会加重或是产生新的风险。制度是在文化基础上生成的一种社会组织形式，它必然地带有难以消除的文化印记，这使得制度主体的主观性被悄然放大，从而难以实现真正的制度理性。除此之外，从制度所包含的诸多因素来看，它不仅无法根除在生态问题上的不确定性，反而从根本上成为不确定性滋生的温床。而从目前的情况来看，生态危机的全球化趋势的凸显及其对国家界限的解构，更是为这种制度风险的扩散推波助澜，造成了生态风险的汪洋。

第一节 制度的本质及其功能

现代社会中，人们制定了不胜枚举的各种制度，既有国家乃至全球层面上的制度，也有小至购物排队这样的微观上的制度。直言之，制度构成了现代社会的基本部分，成为人们生活的一部分。

然而，人们对制度（institution）的理解是洞见不一的。日常话语对制度有常识性的理解，理论层面的制度也存在着各异的界定，实践领域对制度的使用也有着自己约定俗成的解释，这些理解、解释与定义因其所关注的角度不同而不同。德国学者柯武刚、史漫飞认为，文献中的“制度”一词有着众多和矛盾的定义。不同学派和时代的社会科学家赋予这个词以如此多可供选择的含义，以至于除了将它笼统地与行为规则联系在一起之外，已不可能给出一个普适的定义来。①它不但内容万千，而且形式各异，有着丰富的内涵，这必然要求我们从多角度去把握制度的内涵与本质。也正因如此，有学者认为，制度的本质体现在以下几个方面：是一个历史范畴；是一个中介作用、整合功能的关系范畴；是一个规范范畴。诺斯在《制度、制度变迁与经济绩效》一书中指出，制度是一种用来决定和制约人们相互关系的社会性游戏规则，它通过提供一个日常生活的结构，为人类发生相互关系营造框架，以确定和限制人们的选择集合，从而减少人们行为的不确定性。人为设计性是制度的基本特性，它是制度产生与变化的基础，使得“制度的制定及执行”成为可能。但是，人为设计性在实现“能够减少人们行为的不确定性”这一基本功能的同时，也注进了偏离制度目标的因子。

凡勃伦（T.Veblen）是旧制度经济学中最早给制度下定义的人，并将制度理解为“思想习惯”和“流行的精神状态”。他认为，“制度实质上就

① ［德］柯武刚、史漫飞：《制度经济学》，商务印书馆2000年版，第32页。

是个人或社会对有关某些关系或某些作用的一般思想习惯，而由生活方式所构成的，是在某一时期或社会发展的某一阶段通行的制度的综合，因此从心理学的方面来说，可以概括地把它说成是一种流行的精神态度或一种流行的生活理论。”① 制度在某种程度上确实可以被理解成思想习惯的积淀，但它并不仅仅是习俗的自然而简单的反映，从根本上说，它体现了一定时期内特定国家、阶级、集团或群体“建立与维持秩序”的意愿，是一种有意而为之的控制。

制度是人类生产力发展到一定阶段的必然产物，是人们在特定生产力水平下寻求“有序”的社会活动的结果，是人们在追求“目的理性”的过程中所形成的“交往共识”的体现。因此，规范性是制度的本质功能和属性。强制性是制度的基本属性，它不仅仅是人的观念、意志、思维、要求的表现，而且是占统治地位的阶级或集团维护其社会生产方式并消除或控制干扰因素的反映。制度是一系列被制定出来的规则、守法秩序和行为道德、伦理规范，它旨在约束主体福利或效用最大化利益的个人行为。② 诺斯认为，在历史上，人类制度的目的是要建立社会秩序，以及降低交换中的不确定性，并为经济行为的绩效提供激励。③ 不仅仅在经济领域如此，这种从社会经济人的角度来理解制度的看法同样可以被扩展到社会生活的其他层面来。

从制度的产生、发展以及它在人类社会生活中的作用来看，各种各样的（无论是宏观层面，或是微观层面的）制度都是为了满足人类基本的社会需要——协调不同利益主体的需要。于此，我国学者郑杭生也认为，社会制度是指在特定的社会活动领域中围绕着一定目标形成的具有普遍意义的、比较稳定和正式的社会规范体系。然而，作此理解的制度并不包括

---

① ［美］凡勃伦：《有闲阶级论》，商务印书馆 1997 年版，第 138 页。

② ［美］道格拉斯·C. 诺斯：《经济史中的结构与变迁》，上海三联书店 1991 年版，第 226 页。

③ North (1991), “Institutions”, JEP, Vol5, No.1, Winter, pp. 97-112.

相对隐性的那些非正式制度。杰夫里·斯特西（Jeffrey Stacey）和柏斯德·里特伯格（Berthold Rittberger）综合了理性制度主义与理性历史制度主义（Rational Choice Historical Institutionalism Theory）这两种理论，提出了理性历史制度主义理论，并区分了正式制度和非正式制度。在他们看来，正式制度是指政治行动者有意识建立的，并得到严格实施的制度；而非正式制度则包括有意识建立的制度与无意识（unintended）建立的制度，它们是社会行动者通过长期反复的互动达成的默契，主要表现为惯例、习俗还有各种各样的程序性规则。此外，前者是由多个行动者互动建立的，而后者则是由单个行动者建立的。就制度的社会作用而言，在通常情况下，非正式制度对行动者没有很强的约束力，然而，一些约定俗成的非正式制度往往对人们的社会活动产生更为深层的更强有力的约束力。

作为一种具有强制性的社会规范体系，制度构成了一个相对完整的系统，并通过其中的各个元素相互结合而产生效用。一般地说，制度包含着以下五个基本元素：社会现实基础、规则、对象、理念以及载体。在这个体系中，各种元素作为一个相互关联的整体，保证了制度的存在并发挥效用。对于制度设定的意义而言，规范性是其最基本的功能，即通过一系列的规则为制度对象的行动划定了界限，规定了制度对象的权责与义务。在此，制度可以被理解为“制”与“度”，即在作出规定与限定的同时给予一定的空间。

制度总是指向特定的权益分配，越是基本的制度，它就越是指向更为广泛的群体。而制度越是指向更为广泛的对象，它的不确定性就越明显。社会制度对公众利益影响的广泛性与深刻性驱使各利益主体对社会制度构建施加自身的影响，以期社会制度尽可能满足自身的利益诉求。在公共资源无法充分满足各利益主体利益诉求的情形下，利益主体间在制度构建上的博弈便成为一种必然。在此过程中，不同利益主体间在出发点与信息拥有上的不平等必然导致其在制度构建博弈能力上的不平等。J.R. 康芒斯将制度功能理解为是从利益冲突中产生“切实可行的相互关系”并创造“预期保障”。制度提供解决跟资源稀缺有关的社会问题以及相关利益冲突的方式，通过设定界限与空间来实现各方利益被维系在相对平衡的态势，从而“帮助人们形成那种在他与别人的交易中可以合理把握的预期”。在一个竞争开放的现代社会中，透明公正的制度可以为行为主体确定竞争规范，减少人们行为预期的不确定性，这样可以大大降低交易成本，从而增进社会福利。

需要指出的是，规范功能仅仅是制度功能的一个方面，此外，制度还具有其他的重要功能。首先，制度具有凝聚功能。制度背后无疑都承载着特定的精神观念与意识形态。因此，一个得到贯彻的良好制度的背后，本身就反映着社会共同体成员对某种价值观念的承认与尊重。共同的制度精神及其价值观，会强化社会成员彼此之间的认同感，从而起到凝聚社会力量的作用，特别是将大大增强社会在面临危机和挑战时的能力。其次，制度具有协调与整合功能。制度不仅是要限制与划定人们的思想与行为，它还促使不同的行为主体与利益主体达成“一致”，有利于实现制度设定所指向的目标。这不仅对于社会秩序的维持而言是至关重要的，而且也有利于社会成本的节约。制度将各种社会利益群体合理地聚集在一起，通过分工协作的方式来实现高效率。再次，制度还具有指导与教育功能。制度在规定人们思想与行动空间的同时，也可以通过鼓励性的规定激励行动者去自觉遵守并维护制度。特定制度所包含的社会价值具有伦理教化作用，制度所预设的伦理、价值观念，直接规定着该社会的整体伦理状况或精神文明发展的方向及其可能性空间。制度通过提倡什么或反对什么，鼓励什么或遏制什么的规定来影响人们的选择，并引导人们去营造有利于制度稳定的社会环境。

尽管制度对社会中的人们的活动产生了多方面的影响，对营造并维持社会秩序发挥了重大的作用，但是，制度也仍然无法彻底地规定与限制人们的活动。制度也会出现失灵，有时候不得不被变更甚至被废止。这些现象的出现既有制度自身的原因，也有制度之外的原因。就制度本身而言，阶级性、稳定性、滞后性以及不完善性都有可能致使其功能被削弱或者无法体现。

首先也是最为两难的是，制度的设定要求它具有普遍性和稳定性，但是，制度的普遍性又在一定程度上与它自身所具有的阶级属性相抵触。同时，制度是生成并不是像康德“先天经验”预设的那样，而是取决于特定时期与社会中博弈双方的力量对比，依据当时的历史情境和所要解决的具体问题而设定的。对于瞬息万变的社会而言，制度的稳定性也导致它不能及时地适应社会关系的变化要求，致使制度的功能失效。另外，从制度的目的来看，它是为了解决特定的社会问题，更多的是反映了既有的社会关系，是对已经发生的人们的越界行为的约束，这种设定与人们多样并富于变化的行为显然是不可能同步的，通常不能适应人的行为变化的节奏。

其次，任何制度都是特定国家、阶级、集团或个体所作出的针对特定对象与范围的界定，它不可能是绝对理性的，总会存在不足。在制度的设定过程中，由于国家、阶级、集团或个体利益的渗透，制度的形成总会带有“偏袒”，绝对公平、公正的制度仅仅是理想形态下的制度。无论是在经济利益方面，还是在政治利益方面，或者是在道德约束方面，制度的设定者都有可能占有更多的资源并存在着不同于其他人的诉求，这种差异性构成制度协调功能实现的阻力。

最后，制度的地位也具有局限性。人存在和发展于其中的社会是一个系统，这个系统中的各个要素对人都会产生影响，制度只是其中的一个要素，它不能决定其他要素对人的作用。而且在社会系统中，生产劳动、社会关系、社会制度形成一个环环相扣的链条，制度处于链条的末端，它是被派生、被决定的要素，可以确认、强化、调节既有的关系，但不能决定这些关系的生成和消亡。所以，制度对人的作用，往往与它存在的社会关系密切相关。制度能够促进人的发展，但影响人的发展的因素是综合的、多方面的，制度的激励和促进作用只能在某些方面显示出效力。[①] 在特定的社会活动中，与制度不一致的人情与文化甚至可以极大地消解掉那些显性制度的影响力。

第二节　制度设置的博弈及其生态影响

现代社会的生态危机不能被简单地归结于科学技术的社会应用，它还源自于人类社会的制度。社会科学家强调社会因素在环境破坏中的作用，但他们并不是简单地将生态环境问题归咎于技术的应用或者人口的增加，而是深入地去寻找终极原因。环境社会学从特定的层面来理解社会、理解社会与环境的关系、理解环境问题背后深层的社会原因，揭示出环境污染和生态危机的总根源在于人与人关系的制度性扭曲。它强调，生态环境保护不仅是认识问题，而且是行为问题；不单是动机问题，更是机制问题。就像莱斯在《自然的控制》一书中说到的那样，生态危机问题在根本上是人与人的关系出了问题。

具体而言，在人类的社会生活中，由于人与人的关系主要是通过各种社会制度来体现的，因此，政治制度、经济制度、文化制度、科学技术制度以及各种具体的生活制度无不与生态环境问题紧密相关。尤其是在高度规范化的现代社会中，制度因素更是全面地影响到生态环境的破坏与治理。邓肯（O. D. Duncan）在 1961 年提出了“生态复合体”这一概念，从多个层面解释了环境问题的复杂原因，以及各种原因之间的相互影响。他强调了人类利用制度与技术去主动适应环境的思想，把人类社会看成是由人口、技术、组织制度与物质环境这四个相关要素组成的体系，即所谓的 POCT 模型。在这一模型中，人便是通过技术与制度作用于环境，对环境

---

① 徐斌：《从人学视角看制度的本质、功能及其局限》，《理论前沿》2009 年第 3 期。

产生影响。[①] 这就表明，环境问题之所以产生，源于人们不合理的生产和消费行为，而人的不合理行为之所以产生，根源于我们的制度没有很好地履行其规范人类行为之职责。

也有学者认为，在制度层面上，社会不平等与环境恶化也有着密切的关系。极端的社会不平等通过以下几种方式导致环境问题：第一，社会经济体系顶端的人掌握太多的超过自己基本需要的资源，这样就鼓励他们的奢侈性消费，并借助这种消费来标明自己的地位；第二，更重要的是，拥有大量剩余资金导致人们追逐利润的投资的需求增长，例如土地开发；第三，极端的经济不平等总是与不成比例的政治影响相关，使得那些拥有财富的更能对政府决策施加影响，比如说环境立法，另一方面，穷人则不能采取行动以保持环境清洁，因为他们没有钱，而工人阶级在促进环境保护方面也非常脆弱，因为如果政府加强对其雇主的环境管制，他们就可能失业；第四，社会上层的人们为社会的其他成员树立了一个榜样，或者说提供了一个参照群体。他们的炫耀性消费会使中产阶级、工人阶级乃至贫困阶层以能够模仿这种消费为荣。由此，极端的社会不平等会产生加剧环境破坏的动力。[②] 在这些学者看来，之所以会出现一部分人能够处在社会的顶端，并对生态环境产生了这种不利的影响，其深层原因就在于社会制度的设置认同并保证了他们这种社会地位，在于他们在制度设置的过程中拥有更多的话语权。

在制度对生态环境影响的分析中，施耐伯格（Allan Schnaiberg）区分了社会生产与消费这两种活动，认为前者正是生态环境问题的罪魁祸首。他指出，资本主义体制激励对利润的追求使得资本家迫于竞争压力而将扩大生产与提高生产力视为唯一目标而不管其环境影响。当然，在资本主义体制下，也并不是整个工业生产都对生态环境的破坏作出同样的“贡献”，

① 李培林等主编：《社会学与中国社会》，社会科学出版社 2008 年版，第 814 页。
② 李培林等主编：《社会学与中国社会》，社会科学出版社 2008 年版，第 815 页。

更为突出的实际上是那些较大的垄断企业。但是，纵使面对声讨与指责的浪潮，往往又是这些大企业更能经受风浪，其原因就在于他们掌握了游戏规则。在当今的世界里，强国可以通过制定国际公约来对别国的政治、经济、文化等等方面施加影响；在民族国家内部，虽然无处不在的制度全方位地影响到了每一个人的社会生活，但是，反过来说，并非每个人都能对制度产生同样的影响。这种现象的最新事例就是全球国家在应对气候问题上的表现，即所有的争执都是为了获得制定规则的主导权。

在应对气候变化的问题上，发达国家意欲强迫发展中国家与不发达国家遵守同样的游戏规则，担负同样的责任；实力强大的企业集团试图说服政治领导人制定有利于他们发展的制度。比如说，代表了美国重工业、交通业、煤炭业、石油和化工业利益的一些化石燃料游说集团无视公众加强环境保护的呼声，坚持认为减少温室气体的行动是一个错误。他们对气候变化问题采取了怀疑的态度，大量地著书立说以让人们相信“气候变化成了一个不成问题的问题”。工业游说团体在美国尤其组织良好、势力庞大，因此在影响小布什政府坚决拒绝采取行动应对全球变暖方面，无疑起到了重要作用。①

就像前面提到的那样，制度尤其是基础性的制度安排，总是占主导地位的阶级、集团或者个体的利益诉求的体现。因此，制度的设置与作用其实也就是不同主体的利益博弈的反映。在《气候变化的政治》中，吉登斯描述了一幅风险社会的景象，强调全球国家在应对气候变化时所包括的不确定性。他指出，这种不确定性并不是因为全球变暖仍然是一个悬而未决的科学假说而遭受质疑，它更多的是基于今天世界市场和民主体制的系统性失败，很大程度上是市场资本主义所驱动的过分消费和利益集团绑架了民主的结果。显然，各国的利益博弈并不仅仅体现在应对生态环境问题方

---

① ［英］安东尼·吉登斯：《气候变化的政治》，社会科学文献出版社 2009 年版，第 135 页。

面，而是覆盖了政治、经济、军事、外交与文化等等所有领域。这就是所谓的“一超多强”格局、“绿色贸易”以及“世界文化”的来由。随着广大发展中国家的崛起，西方发达国家不可能再像过去那样依靠武力对别国进行赤裸裸的掠夺与剥削了，它们转变方式，利用现存的不合理的国际经济体系与政治体系来继续保持既得利益。新时期的剥削更多的是依赖于不平等的国际经济政治秩序，利用发展中国家不成熟的社会制度体系。

第一，在全球的层面上，国与国之间在特定制度设置上的博弈和相应的制度话语权之争，是生态安全被解构的全球机制。可以看到，当前的生态环境恶化问题迫使世界各国开始积极地寻求应对之道，并且逐渐地意识到这是个全球性的问题，没有谁可以凭一己之力来解决这一问题，也不可能做到独善其身。但是，这并不足以熄灭各个国家追求制度话语权的热情。很多国家和地区都认为人类过度的工业活动致使气候出现了变化，导致极端气候频频发生，人类需要共同关注与应对这种巨大的危险。然而，无论是对于早在1987年签订的《蒙特利尔议定书》(*Montreal Protocol*)，还是刚刚落下帷幕的哥本哈根峰会，无不是各个利益主体博弈的场所。

我们先看美国的表现。美国政府退出《京都协定书》虽然反映了美国将本国利益置于首位的保守思维，但更为根本的是，《京都协定书》从一开始就是在欧盟的推动下进行的，美国并没有获得主导地位。该协定对发达国家设定了减排目标，规定从2008年到2012年，发达国家将在1990年的基础上平均削减排放5.2%。美国国会一致地反对任何不包括发展中国家减排的协议，担心不要求发展中国家减排会削弱其国家经济竞争力，尤其担心中国会因此而取得对美国的竞争优势。这种将本国利益置于无上地位的更露骨的人是老布什，他在里约热内卢地球峰会上公然宣称，“美国人的生活方式不容商量。”[①] 在京都峰会上，美国一开始就以高压的姿态

① ［英］安东尼·吉登斯:《气候变化的政治》，社会科学文献出版社2009年版，第209页。

迫使俄罗斯不参加协定书，阻挠欧盟推动谈判的努力，以使得自己不用承担减排责任。

俄罗斯对此问题的态度也是一样。就俄罗斯本国的利益而论，尽快恢复国家经济重振强国雄风才是它的战略重心，它也不想参加京都峰会。普京的经济顾问安德列·伊拉里昂诺夫（Andrei Illarionov）的话就反映了俄罗斯的真正立场："《京都协定书》会像一个国际奥斯威辛那样破坏世界经济。"但是，俄罗斯正在申请加入世贸组织，需要欧盟的支持，它最终不得不参加京都峰会。

《京都协定书》没有包括发展中国家，也没有得到美国的支持，最终使得协定所计划的目标无法实现。直到 2007 年的巴厘岛会议，与会代表才就各自享有的权利与义务基本上达成一致。为此，会议主席拉赫马特·维图拉尔（Rachmat Witoelar）自豪地宣布，"我们终于实现了全世界都在期待的突破：巴厘路线图!"然而，与其说巴厘岛会议获得成功，还不如说它是一种退却，因为它回避了《京都协定书》中的问题，没有任何实质性的内容。对于巴厘岛会议这种"成功的失败"，吉登斯认为，更具体的措施到一定时候自然能达成一致，然而，它们的负面影响也是巨大的。关键角色之间的裂痕、各国和各个国家集团之间的利益和认识的分歧，一切照样存在。哪怕锻造出了共同的、特定的承诺，有效的执行机制仍然付诸阙如。①

欧盟是这两次会议的主导者，自然也是节能减排的拥泵，却也对《京都协定书》与巴厘岛路线图的内容颇有微词。一些欧盟的主要国家，比如说法国和德国，就对他们所承担的减排份额不甚认同。法国政要认为，法国根本不应该受减排目标的限制，因为法国是个核能大国，这降低了法国的总排放量。欧洲的商界也对欧盟的气候政策大加批评，认为欧盟

① ［英］安东尼·吉登斯：《气候变化的政治》，社会科学文献出版社 2009 年版，第 214 页。

的气候政策提高了能源成本，从而使得欧洲的企业在世界上更缺乏竞争力。

2009 年哥本哈根全球气候峰会召开之前，尽管各国都面临着要求尽快采取有效措施来应对气候变化的强大社会压力，但是这种全球性的压力仍然被抛诸脑后。因此，在哥本哈根峰会上，与会各方虽然也承认气候变化是这个时代面临的最大挑战这一前提，却也不能阻止他们进行更为激烈的交锋。多家媒体披露说，由东道国丹麦牵头，秘密为此次谈判准备了一个文本，由于文本更倾向发达国家，遭到舆论普遍批评。从曝光的内容来看，首先，这一协议实质性的进展有限，尤其是没有确定发达国家的减排目标，无疑令人失望；其次，草案把每年升温控制目标确定为不超过 2 摄氏度，也很难让小岛国、最不发达国家和非洲集团满意。后者强烈呼吁，根据最新的科学认知，应把升温控制在 1.5 摄氏度内。美国这次倒是参加了会议并同意会议提出的草案，但是它却对自己该如何采取实际行动避而不谈，将注意力放在中国和其他发展中国家身上。美国在 2001 年宣布退出《京都议定书》后，是目前唯一游离于该协定之外的发达国家。到了哥本哈根会议上，美国气候变化特使斯特恩还赤裸裸地说，美国不会加入《京都议定书》。

为了确保经济竞争力，维护本国的利益，美国等发达国家一直试图抛弃现有气候变化谈判的《京都议定书》模式。在欧盟一边，2009 年 12 月 10 日举行的欧盟峰会上没有就气候融资问题提出具体金额，也没有明确资助资金出自何处，更没有明确的时间表。东道主丹麦提出的草案要 2050 年减少全球一半的温室气体排放，并把 2020 年作为碳排放的顶峰年。这一草案遭到以中国、印度、南非和巴西为代表的发展中国家的强烈反对，他们在会上也发出了自己的声音，认为发达国家是当前生态环境问题的主要责任者，应该承担更多的帮助发展中国家应对环境问题的义务。从历史与现实的角度说，阻止气候变暖应该根据“共同但有区别的责任”原则，发展中国家不承担强制减排义务。印度更是坚持国家利益，强烈反对发达国家给发展中国家设定排放顶峰年份的做法。他们甚至代表发展中国家向联合国提交自己的草案，要求发达国家和发展中国家都要履行各自的责任，特别是发达国家应履行承诺，承担中期减排限制性指标，另一方面要通过建立和完善机制向发展中国家提供资金、技术转让及能力建设方面的支持。

从 1992 年的《联合国气候变化框架公约》通过起，世界范围的谈判已经历经 22 年，可谓旷日持久。在历年的气候谈判会上，各方唇枪舌剑，都试图给自己的国家谋取最大限度的利益。发达国家强调发展中国家，特别是新兴经济体要承担更多的减排责任；发展中国家则要求发达国家提供资金、技术和能力建设等支持。按照《哥本哈根协议》和《坎昆协议》的要求，发达国家要在 2010 年至 2012 年间出资 300 亿美元作为快速启动资金，在 2013 年至 2020 年间每年提供 1000 亿美元的长期资金，用于帮助发展中国家应对气候变化，但到目前为止，即便是资金的问题也迟迟无法解决。一方面是地球早已不堪重负的现状，一方面则是无人愿意承担道义和责任。因此，在 2014 年召开的利马联合国气候变化大会上，与会专家和世人都担忧利马磋商演变成“立马挫伤”。气候科学家麦可·迈恩表示，利马磋商以及明年巴黎气候大会也许是我们阻止剧烈且不可逆转的世界范围内气候变化的最后机会。鉴于各民族国家的不同诉求，虽然气候大会年年召开，进展却异常缓慢，类似的情况也许会再次发生。

除了直接争夺设定国际关系的秩序制度之外，各民族国家还通过经济与技术手段来获得话语权。在经济领域，西方发达国家大力提倡低碳经济，并以此作为经济活动的标准，这其实就是在依仗它们的经济与技术优势对欠发达国家进行掠夺与压制。低碳经济虽然属于经济范畴，但本质上讲，低碳经济首先是一个技术创新问题，其次才是一个经济问题，最终应归属为政治问题。低碳经济是一个经济问题，但在世界多极化发展格局下，它已经上升为政治范畴，是发达国家在其世界主导地位遭受新兴国家挑战后，试图利用科技话语权和法律话语权来继续管控世界的新方式，是约束新兴国家经济和社会发展的利器[①]：首先，发展低碳经济需要技术，而先进的技术掌握在发达国家手中；其次，低碳经济在其起始阶段必须依赖于雄厚的经济基础，这通常也不是发展中国家能轻易承受得了的。因此，发达国家乐于推行低碳经济，并将其上升到关乎人类前途出路的高度，挟持欠发达国家一同朝向那条他们所设置的道路上走。低碳经济可以让发达国家找到类似于二战前的那种话语霸权，使本国利益最大化。在低碳经济模式下，最大获利者不可能是发展中国家，而是处于制定交易规则强势地位的发达国家，属于那些能够娴熟把握交易工具的发达国家的商家。不管发达国家所设置的制度是否让自己真正获益，但它们的本意必然是为了获取与维护它们的既得利益的，而这种不平等的制度的存在最终会导致整个世界的大环境的恶化，不利于全球的长治久安。

第二，同一国家内部的不同地区、集团和行业在特定的主导性制度设置上的博弈，是生态安全被解构的国内机制。制度的话语权争夺不仅体现在国与国之间，它也普遍存在于民族国家内的各个领域，地区之间、行业之间、集团之间甚至是不同的利益个体之间也都存在着主导制度设置的竞争。从大的范围来看，不同地区主张在寻求合作中谋发展，同时也相互竞争。比如说中国，东西部地区既合作又竞争，都谋求设置有利于自己发展的战略制度。为了确保自己的经济发展优势，上海、广东以及江浙一带的经济发达地区通常是以“产业转移”的方式与西部地区进行所谓的经济合作。在西部地区不得不制定一些制度规范来应对这些高耗低效的夕阳产业转移所造成的环境破坏，提高准入门槛或是进行针对性的监控。然而，针对这种限制性制度的出台，那些发达地区总会借助于其自身“辉煌的历史”以及所谓的科学论证来试图消除质疑，甚至将注意力转移到其他方面去，从而致使那些制度不再针对他们的利益。

---

① 葛兆强：《低碳经济本质是经济和政治话语权争夺》，《上海证券报》2010 年 1 月 18 日。

这种竞争不仅局限于地区之间，地方政府与中央政府同样也或多或少地存在着。从全局的利益出发，中央政府总会千方百计地统筹不同地区之间的发展，制定出一系列的方针政策；另一方面，地方也总会有自己的利益诉求，有的利益追求甚至会触及或损害其他地区或中央的利益。因此，地方的盘算与中央的规划并非总是协调一致的，两者之间存在着利益博弈。对中央政府而言，所有的制度设置都应该是以大局为重的，是统筹兼顾的，而在地方看来，如何争取更多的制度体系上的倾斜则是头等大事。

第三，政府与公众、商家与公众之间、政府与商家之间关于特定制度的设置权与话语权的博弈，是生态安全被解构的社会机制。同样的是，无论是在经济层面、政治层面或者是在生活层面上，政府与公众之间，商家与公众之间，政府与商家之间也都存在着针对特定对象的话语权争夺，对制度设置的话语权争夺永远存在。例如，各国政府在环保制度的制定过程中愈来愈多地采用面向市场的经济手段，以加大环境资源的使用成本。例如，污染者付费原则和最近的自然资源使用者付费概念。政府的调控手段是要实现对生态环境保护这一目的，而企业则主要是将自然环境作为资源来对待，他们在第一出发点上存在本质的区别。因此，在制定相关的环保制度时，政府更倾向于“保护”目的，而企业却选择“效益”目标。在这种情况下，即使是不得不接受某种制度规定，企业界也千方百计地将其引导到“交易”的计算中，力图代换制度中的一些规定。在汽车行业，从环保的角度出发，政府规定大排量汽车必须交纳更多的费用，以期消费者能更多地选择小排量的汽车，从而有利于控制汽车污染。政府甚至出台各种倾斜性的措施来引导汽车工业发展低排放乃至零排放汽车，比如混合动力或者电力驱动汽车。但是，众多的汽车企业不可能不考虑已经大量投入了的研发经费与那些耗资巨大的生产线，还有大量的既成的人力与物力布局。因此，他们极有可能抵制政府的相关规定，或者千方百计地宣扬某种有利于他们既有产品的消费文化，引诱消费者购买；或者是以“末端治理”的消极方式应对；甚至会联合起来抵制任何的改良与创新。在环境保护的大局面前，这种争夺极大地消耗了制度应有的功效。

总而言之，无论是在国际上，还是在民族国家内部，制度设置的合理与否对生态环境的影响至关重要，这也是生态马克思主义将生态环境危机归咎于资本主义制度的原因之一。其实，并不仅仅是资本主义制度才会给生态环境带来恶果，所有的社会制度在本质上都对它产生不良后果。有所区别的是，孰轻孰重的问题。即使是那些为了改善生态环境的制度也不可能完全实现其初衷，因为制度的设定涉及太多不同的利益主体，它们成为阻挠制度实现它的最终目的的障碍。越是基本的社会制度，它就越是牵涉更广的利益群体，其功能就越是难以实现。因此，对于日益严峻的全球性生态恶化局势而言，这势必不是件好事。如何一统分歧，制定出有效的制度政策是当前国内外在应对生态环境问题上的棘手问题。

第三节　风险的制度化与制度化的风险

在现代社会中，更为普遍也更具影响力的是那些人为制度，而不是自生式制度。这种通过各种途径有意识地建立起来的制度必定是为了满足某种社会需要，准确地说应该是制度制定者的需要。但是，制度设置时的美好主观愿望并不总能实现，一些制度设计不仅没有为人们的行为提供有利于环境保护的激励，反而在很大程度上助长了风险的制度化并制度化地制造出风险，从而深化了生态安全被解构的趋势与程度。

一　风险的制度化

所谓制度化，是指制度对人类现实的社会行动产生影响并使之模式化的过程。对制度对象而言，制度化的基本作用是使人们认定某种行动的合理性，并使其具有可期望性；就制度本身而言，制度化则是指人类社会倾向于选择制度安排来规范其社会行动的过程，强调的是制度的形成。人类的社会行动就是在制度化和正当化的过程中不断地产生着社会秩序；而制度化和正当化的过程又使个人行为在某一个特定的社会网络与历史时期中获得一系列被强制联结的性质。如果说，在制度化实现以前，对人和行动者来说，其行为动机和抉择仍然处于未决定状态和开放状态的话，那么，制度化的建构就使个人的任何行动的这种开放状态有可能被限制在一定的范围之内。质言之，制度是使社会中个人行为相互联结并实现和目的的有序化的“省力”原则。

社会行动者总是相互影响的。一个行动者的社会行动除了受自己的主观因素制约之外，也受与其相关的另一行动者的影响。行动者之间的这种相互影响，以及本就复杂多变的社会现实环境使得任何人的社会行动都充满着不确定性。制度的意义就在于力图消除这种不可预见，将事物的发展控制在合乎目的的方向上。在建构了各种社会制度之后，人们仍然会遭遇到诸多不可预测的复杂情况，但是，总的来看，由规范与制度指导的社会行动要比没有任何规定与限制的行动更有秩序，更易于行动目的的实现。在现代社会中，制度的设置日益专业化与技术化，理性的计算被广泛地运用于制度设计当中，从而尽可能地降低社会成本。有趣的是，这种理性的计算已经被证明是确实可行的，它已经全面地渗透到社会生活的各个领域。正因为这样，人们习惯计算不确定性的概率，并以此为形成制度的基础，从而应对不确定性（这种不确定性极有可能造成不好的后果）。保险业的发展就是运用这种理性计算的体现。

既然不确定性永远存在，风险无处不在，那么，有意识地控制风险就成了唯一的理性选择，因此，也有人将之理解为风险管理。对风险的管理不外乎有两种基本方略：防止与减轻（必须指出的是，风险永远不可能完全被消除）。防止就是要降低风险的概率，也就是说，在采取某种社会行动之前，必须制定相关的规章制度来确保这种社会行动不偏离或超出在制度设定时所预料到的路径与界限。就风险管理而论，风险的客观存在与对风险的主观判断共同决定了人们以什么样的方式来管理风险，既为了预防并减小风险而建立的一套制度体系。只有在了解风险的性质、风险所涉及的群体以及这些群体各自遭遇风险的程度之后，才有可能确定各个利益相关群体的权利与职责，并建立相应的激励与惩罚机制，使各方处在相应的位置上，担负起自己的责任。在行动前先进行制度的设置已经成为现代人规避风险的最流行做法，也是最为奏效的做法。合理的制度可以使得人们的社会活动更有可预见性，从而将风险控制在可接受的范围内。保险业、股票市场以及博彩业都是人们利用制度理性来管理风险的典型。

我国学者杨雪东以博彩业为例，分析了现代社会对风险的制度化管理。他认为，博彩业是一种极易刺激投机的行业，同时也是高风险的行业。因为博彩可能带来巨额的回报，但又极有可能面临血本无归的损失。此外，博彩业还极大地影响到中央政府的公信力以及社会的稳定，而组织好人们的这种投机行为还可以调节社会财富的再分配，为福利事业作出贡献。因此，国家在意识形态上接受了博彩业的合法存在，并以国家垄断的形式制定博彩制度，用制度实现了风险的内化。① 国家利用制度化的形式将社会普遍存在的投机心理与行为加以理性地限定与引导，使得这些投机心理得以释放却又被控制在可以预见的范围之内，把私人的投机行为转化为对社会福利有益的行为。这种制度化的举措有效地预防了过度的投机以及由此而引起的社会不公平与混乱的风险，至少也可以将风险可能造成的破坏减少到一定限度。以制度化的方式应对风险的做法并非局限于前面提到的博彩业、股票市场以及保险业等等，在政治领域、经济领域、科技领域以及生态环境的保护等等方面，这种做法已经成为普遍性的社会策略。

面对日益恶化的生态环境现实，人们制定了各种各样的制度来保证它不被进一步恶化，希望通过制度设置的方式来扭转这种局面。在现代社会中，以制度规范的方式来维持现实秩序与应对种种不确定的事件已经成为一种习惯，希望借此而免遭损失或伤害。然而，不管是为了维持现有的秩

① 杨雪东：《风险社会与秩序重建》，社会科学出版社 2006 年版，第 74 页。

序与状态，或是为了预防危险的发生，现代社会的制度化都不能很好地实现人类这种美好愿望。无论是从宏观层面上的制度还是中观或微观层面上的制度来说，它都体现出难担大任的缺陷。即便是具有法律效力的制度，也无法很好地起到维持现代的生产方式，同时又不至于让生态环境进一步恶化的作用。为了防止生态环境"公地悲剧"的发生，人们明确了产权关系，比如，"谁受益，谁担责"，"谁污染，谁治理"等等。"污染者付费原则"与"最近的自然资源使用者付费原则"等等，作为公民社会生活的规范与指导，它们在一定程度上可以限制人们对生态环境的有意破坏行为。一方面是因为生态环境是一个复杂的巨系统，另一方面是因为人类目前对它的运行机制知之甚少，因此，对于那些有着重大影响的生产活动，人们通常以"三同时"的规定来规范这种活动，以保证生态安全。

再比如，转基因技术的生态环境影响问题。转基因生物尽管还没有被证实会产生不良的社会后果与生态环境后果，但是，许多国家都对此作了预案，设置种种转基因技术的应用规定、转基因生态的跟踪与监控体系。德国在 1991 年颁布了基因技术法，严禁实验使用危险性较大的病原体作为宿主，并将重组生物体释放到环境中等实验列入严格禁止范围，其各类审批手续也十分严格。法国政府更是以立法的形式下令禁止种植转基因作物。同样的是，越来越多的国家、地区认识到设置预案来规避风险的重要意义，他们对现代社会中的高新技术的研发与应用都作出了一系列的制度规定，而不是要等到这些高新技术的影响得到盖棺论定之时才匆忙寻找对策。如同前面提到的那样，科学家们对全球的气候到底是变暖了或是正在变冷仍然无法得出一致的结论，但是这并不影响全世界人们制定各种环保制度，努力减少排放。这其实就是世界各国以制度化的方式应对生态风险的体现。

因为对于前途未卜的生态环境问题，任何人也无法承担得起事后补救的代价，只能未雨绸缪，分担风险并将其尽可能地降低。的确，以制度化的方式来应对不确定的事件，在很多方面已经被证明相当有效。这不但给人们的社会活动提供了依据，也减轻了人类活动对生态环境的压力。

二　制度化的风险

计算理性的成功促使人们去设计各种制度来控制其社会行动，以保证秩序以及可预见的结果。但是，制度化的努力也给人们的社会行动带来了风险。人们并不是一开始就意识到自身的社会需要之所在并创建相应的社会制度来满足它。人类总面临着有历史沿袭而形成的既定结构：组织结构、观念结构、资源结构乃至行动结构。正是在此基础上，人类开始逐渐意识到自身的、具有特定历史内容的社会需要及其意义的存在，开始把握这种需要的行动特征，并对已有的社会制度或各种既定规范体系进行各种形式的依从或改造。① 制度作为一种社会性的存在，它一方面具有相对的稳定性和可持续发展性，另一方面又要随着社会物质现实的变化而随之变化，以适应制度发展和社会发展的需要。人的思想观念和价值体系的转变，尤其是新的价值体系的形成，往往落后于社会现实生活的发展速度，这样，新的生活方式就会与既有的制度体系产生“脱序”，引起各种社会关系的混乱。

总之，这样的情况经常发生：制度相对稳定的规定性与发展变化的需要相互冲突；以计算理性为基础的制度设置无法穷尽对一切未知因素的认识，存在缺陷，从而使得制度体现出“负”功能，偏离原先的目标；不同制度体系之间不能协调一致，相互冲突。这便是制度化所带来的风险。制度的风险指向制度发生作用的后果，它不仅是某一制度本身的理性缺陷的体现，也是不同制度之间的矛盾关系的体现，即制度对作为环境的其他制度的不适应。总体上说，在现代高度制度化了的社会中，某一制度本身的理性缺陷也最终体现为制度之间的冲突。制度风险的存在基础是制度与相关的其他正式制度或相应的非正式制度之间的冲突，只要在同一场域内存在某种与制度不协调的正式或非正式制度，风险就可能发生。

---

① 陆学艺：《社会学》，知识出版社 1991 年版，第 248 页。

制度风险，是指尽管制度的内在结构完整、基本原则与实施方案匹配，但其自身被预期的功能仍发生偏差而出现不确定性。制度的风险指向制度所造成的后果，但它涉及的是制度与其他制度的关系，实质上是制度对作为环境的其他制度的不适应。任何制度都存在于一定的制度系统之中，都在与其他制度的互动中实现自身的目标，一旦环境中的某些制度与其发生冲突，就会使制度的结局或结果偏离预期而出现风险。因此，制度风险的存在基础是制度与相关的其他正式制度或相应的非正式制度之间的冲突。只要在同一场域内存在某种与制度不协调的正式或非正式制度，风险就可能发生。在现代社会中，风险被认为是控制将来和规范将来的一种方式，然而，事情并不是这样。我们控制将来的企图似乎对我们产生了意想不到的影响，它迫使我们寻找不同的方式来处理这种不确定性。[①] 在计算理性的思维影响下，人类更多的是以制度设置来应对当前的生态环境危机，这很容易陷入新的困境：把控制环境质量的恶化归结为精致的成本核算，通常是以经济的手段作为补偿，其结果是完全把自然的一切置于纯粹为了满足人的需要的对象性地位。这种制度化的过程极有可能导致生态环境的进一步恶化，成为人类困局的深层原因。

每一个社会都有这样一些行动的规范性规则，它体现了这个社会终极的共同价值。这样一个规范体系的整合程度如何，是以它在多大程度上被人们出于道德义务的动机加以实践来衡量的。但是，除了道德义务之外，也有人是出于“自身利益”的考虑而决定选择遵从或者不遵从该规范（制度），这取决于行动者会因哪一种行动而获得好处。即使是行动者都选择了遵从某种制度规定，他们对此的态度也可能是不同的。有的行动者是在承认制度的“合乎道德”的基础上选择了对制度的认同，并且从情感上接受这些规范；而另一些行动者尽管采取了符合制度规定的行动，却没有从

---

① ［英］安东尼·吉登斯：《失控的世界》，周红云译，江西人民出版社 2006 年版，第 22 页。

情感上接受这些规范，仅仅是一种考虑到利益不受损害而不得不采取的行动。马克斯·韦伯就曾经指出，动机可以分成与利害无涉和利害相关的，在第一种情况下，秩序被看作是价值的表示，因而遵从这种秩序乃是由于珍视这种秩序本身或它所表示的价值，在第二种情况下，秩序的存在是一个人必须在其中行动的处境的组成部分——它起的作用是行动者达到自己目的的道德中立的手段或条件。① 换言之，遵从这一秩序有利于自己的利益的实现，所以，人们也会去选择遵从这一秩序。

单纯建立在利益相关基础上（因而最终也就是建立在制裁的基础上）的社会秩序，如果起初就预设秩序的存在的话，那在理论上还是可以设想出来的，但在实际上却不可能存在。因为，一方面，对制裁的需要越强烈，制裁背后的终极力量就越弱；另一方面，像人类社会生活条件现在这个样子，要在很长时间里避免发生足以粉碎那样一种脆弱和不稳定的秩序的变动，是绝不可能的，除非把扰乱秩序的力量特别彻底地隔绝起来也许才行。② 也就是说，如果没有道德义务上的认同为基础，制度的功能将会大打折扣，强制性的规定并不足以保证所设定制度功能的实现。问题也在这里显现：作为维护特定利益秩序的制度规定不可能包含所有的道德差异，得到一致认同。因此，制度失灵不可避免。无论是冒险取向还是安全取向的制度，其自身都带来了另外一种风险，即运转失灵的风险，从而使风险的“制度化”转变成“制度化”风险。在高度制度化的现代社会中，风险要比前现代社会更为突出。它全面地影响到每一个人，无论他们是社会制度体系的设计者，还是制度体系中的被约束者。

人类的决策——决策通常就是以制度确立的方式来完成——所产生的影响与来自自然界那些不可抗拒的灾害不同，它所产生的是一种“内生”

① ［美］T. 帕森斯：《社会行动的结构》，张明德、夏翼南、彭刚译，译林出版社2003年版，第738页。

② ［美］T. 帕森斯：《社会行动的结构》，张明德、夏翼南、彭刚译，译林出版社2003年版，第451页。

的风险，而后者对于人类社会而言却是“外生风险”。在工业化时期以前，人类所遭遇的各种自然灾害并非由人类的某些决策而导致的，而风险则肯定源于人们的重大决策。当然，这些决策往往并不是由个体草率作出的，而是由整个专家组织、经济集团或政治派别权衡利弊得失后所作出的，由此也就使得“风险与针对工业化的各种利弊效用以及技术经济的各种利弊效用所进行的权衡和决策有着紧密的联系。”[①] 风险与现代制度是一种必然的关系，风险依赖于制度。它们不同于“战争损害”之处在于它们的“正常出生”，或者更准确地说，在于它们的合理内核方面的“和平本原”以及在法律和规则这个保证人的庇护下的繁荣兴旺。现代社会所遭遇的风险是一种不同于之前社会的风险，主要是因为它的根源与地位截然不同，它产生于从不确定性和危险向决策的转变之中。风险并不是工业社会的独有事物，但在工业社会中，人为的风险却占据了主导地位。在这一社会阶段中，人们对这种由人类自身决策所产生的风险的关注超过了那些来自于自然界的风险。当人们对风险的关注超过了对物质财富的关注，人类社会也就进入了风险社会。

风险社会有着与以往社会大不相同的另一番景象，不仅是风险逻辑取代财富逻辑占据了社会的中心舞台，而且这种风险具有“外在分配性”的基本特征。因为现代社会中的风险主要是源自于人类的决策，因而它也就具有吊诡性：风险促使人们拿出决策与制度，而意图管理风险的决策与制度却又产生新的风险。在贝克所描述的世界风险社会中，一切以计算理性为基础的针对风险的规划与制度管理都将归于无效。在他看来，在现代化的第一阶段，建构和控制促进（社会）思想和（政治）行为的安全机制越来越形同虚设。我们越是想要通过风险部门的帮助来“开拓”未来，它就会越发脱离我们的控制。[②] 社会制度的这种自反性迫使我们慎重而负责地

① 薛晓源、周战超：《全球化与风险社会》，社会科学文献出版社 2005 年版，第 64 页。

② 薛晓源、周战超：《全球化与风险社会》，社会科学文献出版社 2005 年版，第 139 页。

处理不可根除的不确定性和矛盾状态以及我们具有的“无知”。任何类似于工业社会时期的激进的制度控制都将遭遇巨大风险。现代性的全球化一方面消解了传统的应对风险的治理机制，另一方面在建立现代治理制度的过程中则不断地生产全球性的“制度化”风险。从社会历史和社会政治层面上看，生态危机、核危机、化学和基因技术所造成的危机，主要潜藏于管理上的失误和失败及由此而造成的管理系统的坍塌和崩解之中，主要潜藏于有关科学技术和法律法规之思维理念的坍塌和崩解之中，主要潜藏于针对危机社会每一个人之风险和灾难而形成的政治安全保障机制的坍塌和崩解之中。①

“制度的自反性”（institutional reflexivity）可以很好地说明这种制度化的风险，它表现为两个方面的意思：一方面人们对已经存在的制度设置进行积极的反思，不断修正它的不足；另一方面是制度所体现出来的“不适应性”迫使人们解构原来的制度，代之以新的制度。因为“制度的自反性”，人们被卷入无休止的制度构建与解构当中。对制度的反思一方面推动了制度建设，与此同时又产生了对制度的怀疑，成为威胁制度功能的实现与动摇制度基础的缘由。就风险的根源而言，全球性的工业化进程变成了彻底的激进运动。而激进的现代性正如吉登斯所言，因此处于制度化的反思性与不确定性之中，是“现代思想的自主化”（autonomization of modern thought）的结果。正如能够在经济、政治和文化过程的全球性相互联系中所观察到的那样，与“现代性的全球化”相一致，危机与冲突发生在制度层面上，在这个层面上吉登斯概括了资本主义的生产模式、工业组织的性质和社会监督的形式。制度范围间的互动受“知识的反思性占有”（reflexive appropriation of knowledge）的统治愈强，在日益联结为一个整体单元的世界内，全球性的相互联系就变得愈难以控制。② 即对制度的怀

① 薛晓源、周战超：《全球化与风险社会》，社会科学文献出版社 2005 年版，第 83 页。
② 薛晓源、周战超：《全球化与风险社会》，社会科学文献出版社 2005 年版，第 64 页。

疑愈是强烈，制度的组织与规范功能的实现就愈是变得难以确定。

除此之外，制度化还产生了一些必然的而又不与制度目的相符的后果。塔克著名的“囚徒困境”表明，在制度的规定下，每一个受约束的成员即使都依照制度所作的规定而进行理性的选择，也会产生集体性的不合理行为。个体理性与集体理性的冲突不但无法为制度所消解，反而因制度的存在而愈发地突出。在一定程度上，正是制度强制性地设定了行动空间与界限，受约束的人们只能依其行事。然而，个体依照制度选择最大利益化的行动却可能导致悲剧性的后果。在生态环境问题上，这种风险就表现为棘手的“公地悲剧”。

为了保护生态环境，建构生态安全，各国普遍推行生态补偿制度。在本质上，生态补偿制度也是人类理性计算的体现，它的根本特征是一种“价值交换”。也就是说，以经济代价来补偿人类对自然环境的影响。生态补偿机制，在其内涵上既包括对自然破坏的补偿，又包括对环境污染的补偿；既涉及对负的外部性的抑制，又涉及对正的外部性的激励。这种制度规定的本意是要防止人们对生态环境的破坏。按照规定，任何损害生态环境的行为都必定要遭受经济方面的惩罚。但是，相对于生态环境资源的稀缺性而言，经济上的处罚并不足以制止那些侵占自然的行为。不管补偿机制完善与否，它都导致了一种与制度规定截然相反的后果：刺激了以经济价值去换取自然资源的念头。因而，制度本身出现了自反性。

具体地说，在法律规定的层面上，生态环境保护规定中的排污收费制度、排污许可证制度、排污限额制度以及各种行政处罚措施等等，都是对经营主体消费生态资源的行政限制。然而，即使是法律层面的制度，也只是一种硬性的“表面规定”，它不可能在深层次上对人的“欲念”进行规定。在自然资源的消耗中，即使是从制度所起的功能的最好一面去看，每一个个体都严格地遵循这种规定，都以制度所允许的“最大限额”来行事，也会在总体上导致了坏的结果。其结果只能是，最好地规定了每一个个体“以经济的方式换取有限自然资源”的数额。生态环境保护之所以困难重重，挑战不断，其根本原因在于：保护和破坏行为背后的环境利益及其经济利益。没有人会为维护生态平衡而愿意放弃自己的利益；民族国家也不可能为了全球生态环境的安全而放弃国家利益。就目前的生态环境制度而言，仍然无法解决好这种环境利益与经济利益的矛盾。比如，“污染者付费”原则。这种制度规定实质上是将环境污染破坏者的责任限制在了“付费”这一种责任承担方式上，其逻辑可以看成：因为我已经“付费”，所以我拥有“排污”或“破坏”的权利。这显然是在法律层面上明确了这些付费者的“污染或破坏权利”。诸如这种原则的制度规定不但在根本上忽视了行为者在主观意识层面上停止或减轻污染和破坏、恢复原状和消除污染的意义，而且也给污染破坏者以付费来逃避责任提供了可乘的法律机会。

三　全球化时代的制度化风险

就生态安全而言，挑战也来自全球化进程中的制度化。成功的工业现代性的显著结果是，它在空间上穿透国界的扩散以及对民族文化的渗透。全球化挑战了领土主权与民族国家的主权：通过强迫民族国家普遍地采取或接受一种与高度流动的资本幻想相一致的政策，以减少国家及其民众单方面或是独立行动的权力以及经济自治权。民族国家功能的扩大就会导致价值需求与利益需求的自我满足同全球范围的需要相互矛盾，这种矛盾成为民族国家或地区制度设置的阻力。结果是核心层面出现了政治真空，只能依靠那些利用细枝末节式的方法应对全球变暖的非政府组织来填补，而缺少能够制定全面政策的核心机构。国家权力的弱化直接把社会个体推向风险的前台，以个别的方式来应对无限的、不可知的风险。简而言之，全球化解构了国家权力中心，导致了个体化的社会生活模式，从而增加了生态环境方面的不确定因素。

全球化在很大程度上侵蚀了民族国家的文化，削弱其本土文化的社会凝聚力，从而使得民众生活方式多元化。本土文化凝聚力的削弱最直接的后果是民族国家的社会稳定更容易遭受外来势力（包括经济、政治与文化等等全方面）的伤害，而个体选择意愿与利益诉求的多元化又不利于协调统一的反应。甚至，个体化的社会还有利于实施风险的转移：松散的社会结构使得个体无法全面地了解风险的来源以及程度等等信息，别有用心的国家、阶级、集团或者是个人可以更为容易地转移注意力，将风险转嫁到别的地方或者是别人身上，从而造成贝克所谓的“替罪羊社会”。也就是说，风险可以按照需要被错置。在“祛国家权力中心”的社会中，与强大的各种跨国经济组织相比，各民族国家无力抵挡那些包括生态风险在内的危机转嫁，也无力抵抗那些外来的污染侵害。对于这种外来的生态破坏，或是那些有意的风险转嫁行为，个体化社会应对风险的能力成了疑问。

与全球化所要求的“世界主义”相悖反的是，各民族国家根深蒂固的民族国家思维。在全球化要求建立世界一统的秩序时，许多民族国家仍然坚守民族利己主义立场，奉行本民族利益高于一切的原则。这无疑给全球化以及全球性重大问题的解决制造了难以克服的困难，造成了一种“有组织的不负责任”的状态。在全球化时代，一方面，各种损失超越了时、空限制，成为全球性的问题；另一方面，全球性的物质、能量以及人口的流动使界定肇事者的原则失去了往日精确的划分标准，肇事者在这种高度组织化的秩序中得以免除责任。以民族国家为基础的现代性体制在风险的防范和危机的处理上已难以承担其应负的责任。全球化全面动摇了各民族国家的政治与经济台柱，冲击了它们各自相对稳定的制度体系，为风险的产生留足了空间。对生态环境的保护来说，这种世界体制与民族国家观念的冲突成为不可忽视的破坏力量。

在吉登斯看来，现代性存在四个相互关联的基本的制度性维度，即资本主义、工业主义、军事力量和监督体系，而在全球化过程中这四个维度都存在着极大的风险：经济增长机制的崩溃、生态破坏与人为灾难的频发以及国家监控体系的失灵。现行经济体制只看见某些东西而对另一些东西视而不见，这种精密的计算方法常常完全忽略那些难以用买和卖衡量的东西的价值，如新鲜的淡水、清新的空气、美丽的群山、森林中丰茂的生物。事实上，我们现行经济制度存在的这个问题是导致全球环境问题不合理决策的最主要原因。[①] 在全球化体系中，庞大而复杂的力量关系相互制衡连同国家之间一致行动的要求在某些方面会削弱这些国家的主权，然而，通过其他方式而实现的权力联合，又在国家体系中增强了它们的影响力。但是在整体上，国家的权力逐渐地被全球化所削弱，被全球化的力量突破了边界。换言之，国家权力一方面因放大而被抽空了，另一方面又被挤压了。全球化越来越祛中心化，民族国家对于生活中的大问题而言变得太小了，对于生活中的小问题而言却变得太大了。在一定的程度上，全球化时代的精英们在面对生态环境时有着更多的选择：当特定的区域出现了环境问题（无论是被他们制造出来，还是他们以受害者的身份在感受），他们可以头也不回地选择投奔他处，留下烂摊子给地方来处理，因为他们拥有通达全球的能力。精英们的这种选择能力极大地阻碍了环境问题的全球合作意愿，尤其是在估算到这种局部性问题可能不会演变为全球性的灾难时，合作更无从谈起。

---

① ［美］阿尔·戈尔：《濒临失衡的地球——生态与人类精神》，中央编译出版社 1997 年版，第 155 页。

第五章

生态安全解构的文化之维

在某种程度上说，人之所以为“人”，是因为人创造了文化，并以之作为生存与繁衍的根基，即人是文化之人。人类创造的文化在当今社会中不仅塑造了人的文化心态特征，也是人的社会行动的逻辑基础。没有任何的社会行动能够脱离文化的影响，更不存在没有文化基础的社会结构。

当代的社会结构与文化的交错主要发生在三个层面：由人的行动所创造的社会物质条件；通过一系列符号和信号所构成的各种社会制度；直接渗透到行动者内心的各种思想观念、道德意识和各种知识体系。因为文化在现代社会中这种全面性的渗透，在分析现代社会的生态安全问题时仅仅停留在社会结构制度这些有形的层面上是不够的。更为隐性的社会文化才是根源，在器物与制度层面上所体现出来的东西只不过是文化的流射与反映。

积淀的文化与习得的知识就是那个能对人的社会行动产生决定性影响的“握有知识库”（stock knowledge at hand）中的主要组分，而文化对于那些习得的知识而言，又更具根本性，它影响着人对知识的偏爱与选择。因此，当前生态危机真正的内在根源不完全在于人对自然的关系，更在于现代人的价值信仰危机，是现代人的文化危机。这就是为什么有的学者在追问生态环境危机的根源时强调“人的问题”原因所在，莱斯就在这一方面做了很出色的工作。像亨廷顿将世界未来的冲突理解为“文明的冲突”那样，许多从文化史观的角度出发的学者也都认为文化在整个人类社会中起着最后的决定作用。

就作为指导人类生存方式的意义而言，现代文化已经发生了嬗变。在器物层面上，主要表现为大量的工业产品；在制度层面上，市场经济制度和民主法制激励人们追求自我利益最大化，要求平等与独立；在价值观念层面上，个人主义、物质主义、享乐主义、科学主义以及人类中心主义盛行。启蒙运动以降，人的“理性”观念得以彰显，并且与科学技术实现联姻，形成一种以工具价值为主导的态势。这种发轫于欧洲的理性启蒙并不像东方传统文化那样强调“天人合一”，而是强调人对于客体自然的主体地位，是一种人类中心主义。从人与自然的关系来看，西方文化强调了人的主体地位，这必然地产生了将自然视作“为我所用”的控制思想。由于工业革命在物质上的巨大成功，“控制理性”逐渐成为近现代社会的主导文化。伴随着如火如荼的全球化运动，它还将随着全球化的进程产生更为深远的影响。人类社会正面临着日益严重的生态危机，这就是“理性控制”思想伴随着工业现代化全面扩张的结果。然而，文化是一种隐性的力量，它对生态安全所危害不易为人们所认识，这也正是危险之所在。

第一节　生态安全问题的社会建构

人类的历史就是一部人与自然交往的历史，也是一个破坏自然的历程。自然对人类的惩罚也亘古有之，但这种惩罚一直到了现代社会才真正成为引人关注的问题。

环境问题的本质究竟是自然界发生了问题，还是一个社会问题，这是社会学有关环境问题的理论探索中争论的一个焦点。无论任何，经典社会学家们通常视而不见。对此，邓拉普和卡顿在批判传统社会研究时指出，像马克思、涂尔干以及韦伯等等传统社会学的经典学者的社会学理论都不同程度地忽略了对生态环境问题的社会学考察。其根本原因在于他们都遵守了“人类豁免主义范式”（human excetptionalism paradigm, HEP）。这一范式可以被这样阐释，人类最独特的东西就是他们是制造文化、承载文化和被文化控制的实体。正是人类的这些特殊的特征，如文化、技术、语言以及复杂精细的社会组织能够使人类从生态规律和环境影响中豁免出来。① 邓拉普和卡顿认为，要想对当今出现的环境问题作出社会学的解释，就必须彻底改造这种传统社会学的理论基础。他们因而提出了“新生态范式”（new ecological paradigm, NEP）的概念。这一范式认为，人类不能因其所创造的文化和技术等等事物而免受自然规律和环境的影响。相反，人类社会必然受到自然环境的制约。因此，分析社会现象和变迁的时候，环境的变量也是一个重要的考量。人类虽然不能因为它所创造的文化以及技术而免予自然法则的制约与影响，但是，人类的确因文化的影响而对生态环境形成不同的理解。

一 环境意识的形成

自塞缪尔·克劳斯纳(Samuel Klausner)1971年首次使用“环境社会学”一词首次以来，传统环境社会学都遵循着“现实主义”的研究路线，将环境问题视为一种社会客观存在的事实。有学者认为，无论是传统的环境社会学理论，还是邓拉普和卡顿的“新生态范式”理论，或者是以福斯特为代表的马克思主义生态理论，这些理论探讨者都是环境问题的“现实主义者”。但是，实际情况却往往与现实主义的假设不相一致：自然科学知识，包括发布这些知识的自然科学家，作为生活在社会中的人，由于受到社会利益因素的渗透，他们无法逃脱社会的法则从而不可能是客观和真实的代表。社会因素的制约，比如技术的误差、认识水平的差异性、不同的社会背景以及科学的怀疑本质等等，都使得他们所获得的知识的客观性与真实

① 参见［美］查尔斯·哈伯：《环境与社会——环境问题中的人文视野》，天津人民出版社1998年版，第37页。

性存在疑问。因此，以自然科学为分析依据的现实主义在“自然—社会”的关系处理上显得过于简单化。实际情况可能是，自然并非那样直接地作用于人类社会，而人类社会也同样不是那样直接地作用于自然环境，两者之间的相互作用必然经过了繁杂的过程。对环境“现实主义”的批判，导致了环境“建构主义”的产生。①

20 世纪 80 年代，一些环境社会学家开始把源自科学社会学的社会建构论引入到环境问题的研究中，发展出一种环境问题的“社会建构论”。比如，弗登博格（Freudenburg）、帕斯特（Pastor）以及巴特尔（Buttel）等等。他们主张以建构论来分析环境问题的产生与环境知识的获得等方面，尤其关注现代性的环境风险以及如何用社会学的范式去理解环境问题。环境问题的确既是一种因自然界演化而产生的问题，又是人类活动的影响而产生的客观的社会问题，但它也是个与人类的认识相关联的问题。

建构主义者认为，从环境问题的产生过程看，它是事实性与建构性的统一。一方面，环境问题的出现的确是由于生态系统平衡遭到破坏，并给人类社会的生存与发展带来了实实在在的负面影响；另一方面，环境问题之所以成为问题，也是社会对它的理解与反应的结果。如前所述，生态环境的破坏对人类社会的不利影响历来有之，但没有被当作一个社会问题，这与人的意识紧密相关。人的行动过程可以依据逻辑分析的需要而被界定为许多主体所实行的行为系列，其中包括与行动者实施行动前所关联到的各种内外因素的总和。对个体而言，社会文化系统扮演着一个解释中介的角色，对稳定行动者的角色模式和人格系统与个人理念（价值观、信仰以及意识形态等）的特征有着重大意义。对于整个社会而言，文化构成了各个个体行动所要依据的共同的价值规范，甚至被外化为显性的制度体系。

① 李友梅、刘春燕：《环境问题的社会学探索》，《上海大学学报（社会科学版）》2003 年第 1 期。

环境的影响是否是个社会问题，这取决于特定的社会关注，这种关注又决定于大多数人的价值判断以及意识形态。米德（G. H. Mead）的象征互动论认为，人的意识可以表现为“心灵”（mind）和“自我”（self），两者都是在社会生活经验不断积累中形成与发展的。他进而指出，只有人的意识才有可能产生意义，而意识与意义之间必须依靠一系列符号和信号作为中介。[①] 符号与信号的认同需要在社会的相互交往中逐渐地积淀生成，这其实也是文化的生成。因此，社会主流意识形态通常就是社会文化的体现。反映在生态环境问题上就是，当生态恶化对社会的影响累积到一定程度上，人们才在与这种“遭遇”的长期互动中逐渐产生了“问题”的意识。开始只是在极少数人当中形成这种一致，没有成为主流的社会意识。只有在得到大多数人的认同时，“问题”才成为真正的社会问题。建构主义在肯定生态环境问题的客观实在的同时，更倾向于分析它的“社会形成”。在动态的社会形成过程中，生态环境所存在的事实才会被赋予特定的意义。环境建构论不是要研究一般意义上的环境与社会的关系，而是要通过研究环境与社会相互影响相互作用的机制，来考察人类的价值观、信念和意识形态等等社会变量对环境的意义。

二　生态安全问题的社会建构

环境建构论真正开始兴起是在20世纪90年代，现在已经成为影响与推动社会学发展的重要力量。与环境现实主义不同的是，环境建构论者主要关注的是环境问题是如何走入人们的视线、意识之中的，而不是现实世界中的生态环境恶化与否。也就是说，人们是如何地建构了“环境问题”的。环境建构主义的一个重要特点是将社会现象看成一个动态的过程，在这一过程中，没有一成不变的社会实在。所谓社会事实，基本上是人们经由特定过程建构出来的，并且总是处于不断的变化之中。

① 高宣扬：《当代社会理论》，中国人民大学出版社2005年版，第412页。

具体说来，一方面，建构主义者主张解构生态环境问题的自然实在性，另一方面又致力建构"问题的社会性"。建构主义致力于解构环境知识的客观性，以使其具有与社会建构论相符的性征。解构科学知识的客观性策略其实也可以被认为是社会学家对自然科学家控制环境问题的不满与宣战。因为在当今世界的环境问题中，科学证据已经成为辨别环境危险信号，测量危害范围和评估解决办法的先锋。解构科学知识的客观性，自然也就动摇了科学家们的话语权，为社会学研究力量的介入打开方便之门。与科学知识社会学的策略相同，相对主义成为环境建构主义者对付自然科学知识客观性的大杀器。他们反对将关于环境的"科学知识"视为对实在的客观描述，认为科学知识"并非完全是从经验中推导出来的"，人们依据的所谓"科学知识"所认识到的环境问题不过是一个社会建构的结果。这种科学知识产生的背后是不同政治派别、利益集团、组织以及个人之间的竞争，既有经济利益方面的，也有声誉甚至是个人偏好等等因素的参与。直言之，科学知识只不过是在这些社会因素相互磋商与妥协的产物。最终，我们看到的所谓"环境问题"，也就不可能是真实和客观的。

洪大用认为环境建构主义的理论内容主要体现在以下几个方面：(1) 对于人类社会与自然环境之间关系的理解是一种文化现象。(2) 这种文化现象总是通过特定的、具体的社会过程，经由社会不同群体的认知与协商而形成的。(3) 由于具有不同文化与社会背景的人对于环境状况的认知不一样，所以"环境问题"一词本身基本上是一个符号，是不同群体表达自身意见的一个共同符号。(4) 特定的环境状况最终被"确认"为环境问题，实际上反映的是不同群体之间意见交锋产生的暂时结果，这种结果的出现源于一系列互动工具与方法的使用，并且涉及权力的运用。(5) 我们与其关注目前环境究竟出了什么问题，不如分析是谁在强调环境问题，对"环境问题"进行解构很有必要。(6) 解决特定环境问题的关键是利用科学知识、大众传媒、组织工具以及公众行动成功地建构环境问题，并使之为其他人群所接受，进入决策议程，最终转变为政策实践。① 对于特定社会来说，环境破坏的客观事实不一定被认为是事实；即使被认为是事实，也不一定被当作一个问题。因此，对环境问题的理解应当包含其主观建构过程的理解。

除了其少数的极端建构主义者外，环境建构主义并不像布鲁尔和巴恩斯的“强纲领”那样，认为社会因素对科学知识不是简单的影响问题，而是对科学知识起着决定的作用。多数温和的环境建构论者并非有的学者所批评的那样，忽视或者否认环境问题对社会产生的严重危害性，只是一种发之于主观的臆想。他们不关心环境问题的本体论探讨，而是聚焦于环境问题的认识论研究。比之于环境现实主义，建构论者们只不过是从另外一个视角去揭示环境问题与人类社会文化的动态关联。其旨趣在于加入更多的社会参考变量，克服传统环境社会学“环境—社会”的简单二元模式，解构了环境问题的自然实在性。建构主义理论将社会生活中的诸多因素纳入考量环境问题的体系中去，因此，它也更能解释那些对环境问题存在争议的事实，更富有批判性。

如前所述，对于全球变暖是否成为一个环境问题，人们的分歧依然很大。对这一问题的“是”与“否”的定性不仅仅取决于变暖是否存在的事实，更涉及不同国家、群体的认知水平、价值观以及利益诉求等等因素。这说明，某些环境问题之所以成为或没有成为“问题”，实际上反映了“不同的社会利益对环境的主张”。美国环境社会学家汉尼根（Hannigan）在承袭社会问题社会建构论研究的基础上认为，环境问题社会建构论的研究应通过环境问题的聚集、呈现和竞争过程这样的分析工具，来考察环境问题建构的过程。通过对全球环境问题的经验研究，指出成功建构环境问题的必要因素，并且对环境风险和环境知识的建构进行了研究。② 他认为，

① 参见洪大用：《试论环境问题及其社会学的阐释模式》，《中国人民大学学报》2002年第5期。

② 赵万里、蔡萍：《建构论视角下的环境与社会——西方环境社会学的发展走向评析》，《山西大学学报》（哲学社会科学版）2009年第1期。

能否成功地建构环境问题，至少需要具备科学权威证实、科学普及者、媒体、经济刺激、符号象征、赞助者等六个因素。建构论者在研究环境问题时遵循了知识社会学的范式，他们认为环境社会学必须更加关注环境知识的社会建构。环境知识不管是作为一种社会学的知识或者自然科学知识，都具有建构性特征。环境被视为“问题”与其说是对客观事实的反映，倒不如说是社会利益博弈与知识建构的结果。“建构”成为环境建构主义研究的核心概念，也是最基本的范式。有学者也认为，环境社会建构论倡导严格的社会学思想——科学和知识被置于研究中心，其研究多是在知识社会学中完成。通过强调环境问题的界定过程、环境的知识主张和相关议题的社会建构，环境建构论提出了关于环境问题维度的重要和切题的观点。同时，这种强调培育了一个以认知为中心的对环境议题和人类行为的理解。[①] 的确，环境问题的认知既是一个客观的事实，也是文化建构的意义。生态环境要成为一个社会问题，它的破坏需要得到人们的普遍关注（至少是多数人）。

与环境问题一样，生态安全问题也是一种社会建构，而且更具主观相对性。近代社会以来，尽管生态环境已经严重恶化，并且损害到了人们的社会生活，但传统的安全观念并没有包括生态维度，因此也就没有所谓的生态安全问题。这种现象既跟生态学与环境学的研究进展有关，也跟人们的文化传统有关。生态学以及环境学出现得比较晚，相关研究也明显滞后于社会发展的需要，这影响了人们对人与自然关系的理性认识。所以，生态环境的破坏程度并不必然地催生人们的生态安全意识，它充其量也就是个环境污染、资源短缺的问题，无法与国防和经济安全等相提并论。

随着人们对安全观念理解的不断深入以及生态环境研究的推进，生态安全才被人们确认。生态安全成了问题，也是个动态的发展过程。在传统

① 赵万里、蔡萍：《建构论视角下的环境与社会——西方环境社会学的发展走向评析》，《山西大学学报》（哲学社会科学版）2009 年第 1 期。

的安全框架内，即使人类的某一行动对生态环境造成了极大的破坏，它也不一定被认为是危险的行为；而在今天对现代性反思的文化逐渐散播的社会里，任何人类对生态环境所做的事都被认为是个需要慎之又慎的问题，哪怕是那些出于保护环境的所作所为也难以免受怀疑。换言之，两个时代的同一种社会行为具有截然不同的意义。比如，环境史表明热带雨林的砍伐一直都在进行着，而且也给人类正常的生产造成了威胁，但都没有成为社会的中心议题。只有在现代性的反思文化成为社会流行的文化时，与生态环境相关的任何问题才会被提升到关乎人类社会安全的重要地位，生态安全问题才会处于聚光灯之下。从这一方面来看，生态安全问题是社会文化变迁的结果。环境建构主义的“社会建构”主张如同风险文化理论一样，将“问题”、“风险”的有无归结为文化与心理的转换。即使生态环境对人类社会的威胁并没有加大，这种转换也可以将其“无中生有”。

第二节　文化断裂的生态风险

在与自然的相互作用中，人类创造了文化，形成了对自然以及人的生存意义的理解。人类脱胎于自然界，也受制于她，因此，在漫长的历史长河中，敬畏自然成了文化的主调。然而，培根的“知识就是力量”口号的提出标志着人类文化发生了重大转折，人发现了自己。从此，“敬畏自然”与“道法自然”的信念转向了“为自然立法”，自然界由包括作为审美与伦理关照在内的所有的对象关系全都转变以供盘剥攫取的资源。理性的世俗化在以科学技术的帮助下大行其道，不仅破除了对上帝的迷信，也宣布了与传统的决裂。

现代性在涤荡了传统文化的同时，却发现自己已经将人类社会带进两难境地：传统的根基已被拆除得摇摇欲坠，而自己却又无法给当前矛盾丛生的迷茫指点迷津。卢梭在很早的时候就谴责了以科学技术为代表的现代理论，控诉了技术的三桩罪行，即人的退化，人性扁平化，道德沦丧以及社会腐败。现代理性虽然推动了人在关于物质的计算控制上取得成功，但人的现代性却远未实现。为此，英克尔斯在《人的现代化》中指出，无论何种外在的形式和制度，其本身都是一些空壳，一国人民必须具有现代制度所必需的普遍的现代心理基础，在思想态度、价值和行为方式上经历一番转变以具有某种程度的现代性，否则不可能实现真正的现代化。①

抛却传统而又没有真正实现现代性，这使得现代社会的人迷茫与失落，导致了社会的混乱。这种文化断裂的危机不但使得原本的生活形式分崩离析，也使人们怀疑现行社会中的价值观与道德体系。尤为糟糕的是，与此同时，现代社会又难以承受这种根本转型所带来的焦虑和怀旧感。结果现代人就轻率地放弃了形而上的基础，以近乎狂热的偏激追求庸俗的却更为真实的物质文化。对物质文化的过度追求不仅使个体的发展存在风险，也使整个人类面临着无法预知的风险。

人类社会生活的迷失仅仅是现代理性文化抛弃传统的悲剧之一。在人与自然的关系上，同样的悲剧也在发生。科学通过若干非常片面的解释打碎了古老的神话，让人相信一切都是可以说明清楚的，在此意义上或许可以认为科学创造了一种“虚无”。从本质上看，科学既无法建立一种价值体系，也不能达到自我超越。比如，对医生来说死亡是一个确切的概念，对法学家来说，死亡是一个简单的身份变化，但是对于死亡的人来说，死亡意味着他不再存在于这个世界上。② 为此，有些批评家指出，科学家总在蛊惑人心，信誓旦旦地保证一切将得到解决，但事实是，很多时候科学家无法兑现他们的诺言。在现代科学已经将其他文化统统驱逐出境的社会里，科学文化对于很多现象的处理就如同心怀鬼胎之徒将人们领上陌生的道路，而又在半路撒手不管一样。理性的虚妄不在于它要做这个世界的主

---

① 董星：《发展社会学与中国现代化》，社会科学文献出版社 2005 年版，第 125 页。

② ［法］阿尔贝・雅卡尔：《科学的灾难？一个遗传学家的困惑》，广西师范大学出版社 2004 年版，第 27 页。

宰，而在于它企图一劳永逸地解决问题，企图将“命运”根本排除在人类的体验结构之外。科学在使得自然不断“祛魅”的同时，也使得自己失去魅力。

一 从“敬畏自然”到“为自然立法”

在远古时代，先民们按血缘关系、地域关系把自己看成自然界的一部分，人与自然浑然一体。人不能违背自然，逆天行事，否则必遭“天谴”。在中国传统思想中，追求人与自然之间的和谐与平衡，通过人与物之间的和谐从而促进和实现人与自身的和谐，是人与自然关系的伦理体现。有谓，“天行有常，不为尧存，不为桀亡。应之以治则吉，应之以乱则凶。”古代东方的“天人合一”与“道法自然”等崇尚自然的传统思想，世人皆知。“天人合一”观念的产生不是源于理性，而是先哲们对宇宙、社会和人之间关系的体验和感悟，是对人与自然关系的朴素认知。人是天地生成的，人与万物是共生的关系，而非敌对关系，“和合”就是这种观念的精髓。

在西方人与自然关系的历史上，也不缺乏“敬畏自然”与“万物有灵论”等思想。古希腊人就认为，自然界是充满心灵的，这种心灵（或者灵气）乃自然界规则或秩序的源泉，比如，亚里士多德就认为，“一切事物都有其‘自然位置’”，自然界是一个运动体，之所以运动是在于它自身的活力或灵魂，在于每一事物都要找到它的“自然位置”。在归于“自然位置”的过程中，事物之间有着清楚的界限，这使它们彼此不会混乱与相互伤害。心灵在其所有表现形式中都起着决定性的作用，心灵为自然界立法，也为人间立法。古希腊哲学家芝诺也认为，人生的目的就在于与自然和谐相处。古罗马的西塞罗则提出，“动物与人一样，都应当具有生命的尊严，不应被辱没。”[①] 即使是到了文艺复兴时期，也仍有哲人在为自然的尊严而奔走呼告，比如，切皮尔诺就坚持认为，自然界中没有令人唾弃的

① 转引自王诺：《生态批评——发展与渊源》，《文艺研究》2002 年第 3 期。

东西，就连最渺小的生物也有自己神圣的价值。应当说，在相当长的时间里，无论是东方或者西方的先民们，都将自然视为最值得敬畏的神秘。

但是，在西方关于人与自然的传统文化观念中，统治着人们头脑的并非“敬畏自然”的思想，而是“人是万物的尺度”。《创世纪》中，人被选为上帝的助手，上帝授意人类为他管理自然，但不能完全按照人的主观意愿随意去改造和处理自然，因为自然与人类一样都是有灵性的存在。否则，人的行为就是亵渎神灵，是对上帝的反叛。但是，其潜在的指导思想是“人是世界的代管者”，在为上帝掌管世界，并在战胜自然当中显示上帝无上神力。人有高于动植物的优先性。

到了文艺复兴时期，西方文化确立了人的崇高价值和人在自然界的中心地位：人是“万物的尺度”。在牛顿、培根和笛卡尔时代，世界被看成是一部永不停止的机器，一切都只是运动着的物质，完全可以用数学公式来精确描述，甚至人也成了机器。这种机械世界观的流行导致人类将自然置于与人相互独立的地位，成为可以任意去操纵与控制的对象。怀特（Lynn White）甚至将基督教看成环境危机根源，认为它反对崇拜，禁止将自然赋予神性。基督教摧毁了古代宗教的万物有灵论，解除了探索自然神秘的禁忌。他指出，“尤其是西方形式的基督教是世界上所见到过的最人类中心主义的宗教。”① 宗教神学是西方文化的母体，包括哲学在内的许多西方的文化都脱胎于它，甚至是它的奴婢。

启蒙理论，以及一般意义上的西方文化，产生于某种强调神学目的论以及上帝恩赐之成就的宗教环境。很长时间以来神意就是基督教理论的指导思想。如果没有这些先在的认识环境，启蒙主义原本就几乎是不可能的。② 无论是泰勒斯的“万物是水”，或是赫拉克利特的“万物为火”，他们窥探自然本原的动机都是为了领略上帝的全能智慧。随着宗教（尤其是

---

① 余谋昌：《生态哲学》，陕西人民教育出版社 2000 年版，第 168 页。

② ［英］安东尼·吉登斯：《现代性的后果》，译林出版社 2000 年版，第 42 页。

基督教）的发展，到了中世纪，本就不甚强势的“敬畏自然”思想被神学所淹没。通过消灭异教徒的泛神论，基督教徒便可以随心所欲地去了解自然的奥秘，为的就是在行动中领会并体验上帝的旨意。基督教教导人们，人对自然有着与上帝共有的优越。在《创世纪》中，上帝进行创造的故事宣布了上帝对宇宙的统治权以及人对地球上具有生命的创造物的派生统治权。这个权力因素将人从其他被创造的东西中分离出来。在人与较低创造物之间的一种盟约的思想中，人被区分出来不是因为具有精神的本能，而是因为他是次于上帝的宇宙主人。上帝是至高无上的主人。[①] 基督教的教义中蕴含着“人类中心”的思想，尤其是在宗教改革之后，新教徒更是强调人在宇宙中的中心地位。中心地位的强调使得人类开始独立于“神”，逐渐摆脱了神的约束。因为科学技术的发展使新教徒们获得了更大的自由度，使他们在体验上帝之伟大的更强的能力，他们甚至接受了科学技术。他们认为科学技术使人得到他在原罪中失去的体力和智慧，“使自己成为新的亚当，使世界成为第二个伊甸园。”[②] 随着科学技术的进步，人开始在没有神的约束下行动，随意按照感性欲望来改造自然。人们以科学理性去揭示自然与改造自然所获得的成功使得神灵或上帝的无上地位遭受挑战，人们逐渐怀疑神或上帝在人的心灵中以及自然中的存在。理性世俗化之后，人们一直以之为寄托的崇拜与信仰被解构了，科学成为新的“上帝”。

现代理性一旦摆脱了神学桎梏，它立马就展现出无穷的威力。于是，人类越来越傲视四方，目空一切，自认为对其他生命形成及至一切自然物都有生杀予夺、随意处置的权力。工业革命所取得的成就，一方面加强了人类控制自然的欲望，另一方面也确立“人类中心主义”思想。人类“为自然立法”，以自己为根本尺度去评价和安排整个世界。这种以人类利益与价值为中心的观念加快了人类对自然的破坏。物质上的成功淡化了人类

① ［加］威廉·莱斯：《自然的控制》，重庆出版社 2007 年版，第 27 页。

② 吕乃基：《科技革命与中国社会转型》，中国社会科学出版社 2004 年版，第 114 页。

对自然的感情，并且将人类的进步理解为物质财富的无止境增长和以人统治自然的文化环境。人类为了最大限度地从自然界攫取物质财富，拼命地开发自然资源，调动起自己的全部潜能与力量去开采、探奇、占有与消费。

现代理性不仅唆使人类去为自然立法，还最终导致人类社会异化为对物欲的疯狂。人类从巨大的物质利益和精神享受中切身感受到科学技术赋予的征服自然的无穷力量。它为现代社会所带来的一切成果使人们相信，只要依靠科学技术理性，人类在征服自然的道路上就不存在不可逾越的障碍。舍勒认为，现代精神“这一类型自十三世纪末以来逐渐形成，在发达资本主义中慢慢成长，它尽管有民族的和其他变异，仍是一种独特的、可以确切描绘的类型：通过‘它的体验结构’来描绘。……对这种类型及其生活感来说，世界不再是真实的、有机的‘家园’，而是冷静计算的对象和工作进取的对象”。① 科学理性彻底颠覆了敬畏自然的文化，释放了人类的控制欲望，“只要人们想知道，他任何时候都能够知道；从原则上说，再也没有什么神秘莫测、无法计算的力量在起作用，人们可以通过计算掌握一切。而这就意味着为世界除魅。”② 人仿佛成为无所不能的拉普拉斯妖，到处挥舞着“理性”之剑，去捕捉世界任何未知的东西。在对待自然的问题上，理性成为唯一被认同的方式，理性化被当作“现代”的标志性符号。在这个理性君临一切的时代，“现代性”道德亦开始致力于普遍道德规范的理性构造。

人类面临的生态困境，从根本上说，不是科学技术发展所必然带来的问题。科学技术不该遭到太多的指责，该指责的是支配着科学技术应用的偏执的工具理性。工业的全球化加剧了全球生态危机，准确地说，这是西方理性的危机。生态危机实际上是文化危机，其精神根源在于理性和非理

① 转引自刘小枫：《现代性社会理论绪论》，香港牛津大学出版社 1996 年版，第 20 页。

② ［德］马克斯·韦伯：《学术与政治》，三联书店 1998 年版，第 29 页。

性发展的失衡，生态失衡源于心态失衡或文化失衡。

科学尤其是技术理性给人类所带来的物质文化使人迷失了本性，并在人与自然之间竖起一道厚墙，割裂了人与自然的心灵沟通。在传统社会中，人依附于自然，人对自然的基本价值观念形象地说，即“大地是母亲”。人遵循的是“万物有灵论”，也就是说，人可以和自然抗争，但永远也不可能成为自然界的真正主人，自然的内在价值始终是人不可跨越的界限。正如美国学者威利斯·哈曼所说：“我们唯一最严重的危机主要是工业社会意义上的危机。我们在解决‘如何’一类的问题方面相当的成功”，“但与此同时，我们对‘为什么’这种具有价值含义的问题，越来越变得糊涂起来，越来越多的人意识到谁也不明白什么是值得做的。我们的发展速度越来越快，但我们却迷失了方向。”[1] 科学理性将自然肢解，将所有的事物视为那些微小分子的组合，剔除美感。生态危机在很大程度上是科学技术理性滥觞的结果。科学技术理性掉入了“形式合理性”的罗网，从而激发了人类潜藏着的非理性的欲望。这种“形式合理性”的每一次成功，都会激起人类的更大贪欲，急于从自然界中寻求到更多的回报。因此，纵使人类认识到自己已经走向了“为自然立法”的道路，也无暇再去体会“敬畏自然”。

二　文化的全球化冲突

在英文中，文化的定义被认为是最难把握的词汇之一，不同的人从不同的角度去理解，可以形成不同的看法。就如同有多少个莎士比亚专家，就有多少个哈姆雷特一样。无论如何给文化下定义，其不变的特点是“人类活动的创造物”。

从词源上看，“文化”一词体现了人的存在方式：人类通过活动、创

① ［波］维克多·奥辛廷斯基：《未来启示录》，徐元译，上海译文出版社 1998 年版，第 193 页。

造性的实践活动来满足自己的需求，建构自己的世界。基于文化的这种独特的表征性，汤因比（A. J. Toynbee）认为，人类社会的单位不是国家，而是文明。文明由三个部分组成：经济、政治与文化，其中文化是文明的核心和精髓。亨廷顿的文明冲突理论则认为，文明是人类最高文化归属，是人类文化认同的最高领域，是人类最高的文化集团和最广泛的文化特点，以文明和文化划分国家集团远比以政治制度或经济发展水平来划分有意义。

人类文化的本质是永不满足的人类精神，是实现其追求自由理念的活生生的历程。从本质上看，文化起源于人的生存活动的超越性和创造性，体现了人的需要和价值，是历史地凝结成的生存方式。这种意义上的文化一定是以文化模式的方式存在。文化模式是特定民族或特定时代人们普遍认同的，由内在的民族精神或时代精神、价值取向、习俗、伦理规范等构成的相对稳定的行为方式，或者说是基本的生存方式或样法。①

人们普遍认同，文化的形成与发展跟特定社会的环境（包括自然环境与社会环境）存在着密切的关联。由于各自地理环境因素与社会历史的原因，东西方社会在其产生与发展过程中形成了大不相同的文化。以中国文化为例，几千年的延绵发展使得它独具魅力。无论是在对于人与自然的理解方面，还是对于人与人的关系，它都与众不同。它一方面信奉天道，注重和谐，信奉天人合一；另一方面主张稳定，服从权威，强调集体主义以及包容精神。在中国传统思想中，追求人与自然之间的和谐与平衡，通过人与物之间的和谐从而促进和实现人与自身的和谐，是人与自然关系的伦理体现。它要求人们关爱自然，关心人之外的事物，不断赋予客观世界的主体性特征。儒家主张“仁者爱人”，以仁爱之心对待自然，讲究天道人伦化和人伦天道化，通过家庭以及社会将伦理道德原则扩展到自然万物，体现了以人为本的价值取向和人文精神，反映了对宽容、仁爱、和谐的理

① 衣俊卿：《论哲学视野中的文化模式》，《北方论丛》2001 年第 1 期。

想社会的追求。与之相较，西方文化则体现出截然不同的价值观念：对待自然时，它坚持人天两分，显现的是追问自然的征服渴望；而在处理人际问题时，它崇尚自由、平等、民主以及个人主义。希腊文化及其思维方式作为西方文化的最初阶段，对于后来整个西方文化的发展起到决定性的影响。对自然好奇并追根问底的文化模式已经成为西方人思考各种重大问题的传统思考方式，这对于推动文化的发展曾起着积极的作用，但同时也产生了消极的阻碍作用。

现代性的特征就是理性化，这种理性化在文化行为方面的表现则是世界的“祛魅”过程。现代化使人类落入了韦伯所言的“工具合理性”陷阱：立足于预期的目的，努力争取获得实际成效，如同资本主义企业生产的精于计算的“簿记方式”那样；对物质的占有欲望将任何关于信念、信仰、意义判断的思考都挤压到角落里去，精神的满足程度完全取决于物质占有的多寡。因此，人们越发地变得狂妄、浮躁与偏执，越发地不屑于遵守“心中的道德律”。生活世界的意义被等同于“效率”与“控制”，这造成了人的精神生活与其根基及深度的悲剧性疏离。

在《技术时代的人类心灵》一书中，盖伦认为，现代文明的特征乃是传统体制解体并趋向于一种无政府状态的知识化（intellectuation）。物质生活水平的不断提高丝毫不意味着人类的进步，反而意味着在炮制永远不可能满足的欲求。它与人性中的道德义务是背道而驰的，它包含着使人们精神生活庸俗化的危险，并会剥夺人们的高贵与尊严。理性全球化不但没有使人们得以教化，反而日益丧失独立与自由。现代社会的理性文化将所有的意义纳入市场的规则和逻辑，解构了文化的批判性，也使个人日趋同一化。它使得个人顺从于经济和政治的支配，自愿屈服于金钱和权力的控制，并最终使得人类相互理解协调一致的机制遭受破坏。质言之，现代理性文化转换了文化本身所具有的交流与理解功能，将其定格为单调的控制力量。现代格局是一个蒸汽压路机。一旦在世界上的一个地方确立，它就会碾过所有的前现代文化和格局。它首先是碾过欧洲，然后是殖民地，如今，现代性是遍及全球的支配性社会格局。仍然被称作前现代的东西都是垂死世界的无意义残余。[①] 现代性自我标榜为“进步”，以“理性”为口号诋毁过去和斩断传统。

现代性不单割裂了与传统的联系，还从内部产生了对自身的反抗，制造矛盾与风险。吉登斯认为，“断裂”（discontinuities）“是指现代的社会制度在某些方面是独一无二的，其在形式上异于所有类型的传统秩序”，它是分析现代性的出发点。在传统文化中，过去受到特别尊重，符号极具价值，因为它们包含着世代的经验并使之永生不朽。如果将传统理解为一种对行动反思监测与社会的时—空组织融为一体的模式，它是驾驭时间与空间的手段。那么，在现代性的冲击之下，传统的符号、价值与组织形式则已经土崩瓦解了。换言之，由它所驾驭的时间出现了历史性的断裂，对空间的限制则被消除了。同样是对人类行为的思考，在两个历史阶段却表现为不同的意义。在前现代文明中，反思在很大程度上仍然被限制为重新解释和阐明传统，以至于在时间领域内，“过去”的方面比“未来”更为重要。

如果说现代性舍弃了传统的价值观与世界观使得我们毫无根基，变得失落，那么，逃离现代性之混乱的“后现代”努力也同样不靠谱。那种极具破坏性的“后现代”并没有给我们勾画好将要出现的图景，使得人们对现代之后的未来备感迷茫。现代性所表现出来的断裂特性，就其历史机制而言，有三个值得注意的方面：第一，发生学意义上的与历史传统相割裂的体系；第二，存在机制上的悖论性结构；第三，就其运行结果而言，是一种自我锁定。[②] 可以看到，发生在西方国家的这种文化重组或断裂被喧嚣的经济扩张步伐给遮掩了，因此人们忽略了由现代性所产生的文化断裂特性。现代性本身所产生的不确定性否定了它的“理性控制”的初衷，成为自己的掘墓人。就此而言，理性启蒙产生了意外的结果，对于精确和抽

---

① [匈]阿格尼斯·赫勒：《现代性理论》，李瑞华译，商务印书馆2005年版，第85页。

② 任剑涛：《现代性、历史断裂与中国社会文化转型》，《厦门大学学报》2001年第1期。

象概念的必要性的信仰也宣告结束。

全球化其实就是理性的全球扩张。理性文化的强势除了在历史维度造成“断裂”之外，还造成了文化在地域空间上的冲突。所谓的文化冲突主要是指不同的文化构成体系，尤其是作为文化核心的价值观念，相互矛盾、相互排斥，甚至是相互对抗的现象。无论是将文化看成有形的器物与制度体系等事物，还是将其看成价值观、行为模式以及生活态度等非物质性的东西，文化都存在着异质性。它的存在与影响力必须依赖于特定群体或整个社会的认同，所以它同时也具有排他性，截然不同的文化之间的遭遇势必产生冲突。

以西方科技理性为标志的现代文化在全球化过程自然遭遇到其他文化的对抗。贝克用一幅漫画来描述全球化的本质，即西方帝国主义把他们充满火药味的布道热情掩藏在“跨文化对话”的套子里。漫画中，西班牙入侵者抗着明晃晃的刀枪踏上了新的领土，有个旁白写道，“我们来你这是为了与你们共同探讨上帝、文明和真理。”一群惊愕的土著人答道，“好啊，你们想知道什么?”无论是在历史上或是在现实当中，西方文化的“东进”与以儒家文化为典型的东方文化发生了冲突。在19世纪中期，西方工业理性文化的扩张终于在中国与延绵几千年的儒家文化发生碰撞。鸦片战争之后的中国开始了与外来文化的激烈交锋，并一直延续到20世纪初的另一次文化大碰撞。“五四”运动的“德先生”与“赛先生”口号在很大程度上改变了中国的文化，这两种不同文化的交锋使中国社会发生了地动山摇的巨变。从历史传统的视角看，西方文化导致了中国文化的“断裂”。同时，“中学为体，西学为用”、“取其精华，去其糟粕”以及“和而不同”等对待文化的策略在一定程度上就体现出文化的异质性与冲突性。

现代性的理性控制思维习惯于“自我”的主体地位，而把“对象”视作手段、客体的物的关系。因此，人与人的关系也被降格为主体与客体的交往，与他者的关系目的变成实现“自我”目的的手段。人在其社会交往中首先考虑到的是，“对象”所能满足“自我”的价值与功能。就此而言，现代社会的文化危机其实就是人际关系功能单一化的危机。它一方面体现在个体对于他者的关系意义发生物化的转变，另一方面也表现在个体自身对“过去”、“现在”与“将来”之关系的理解的转变。

理性的概念化、片面化导致了人的价值观在纵横两个向度的断裂与冲突，并由此产生了理性信仰的崩溃。启蒙运动所宣扬的人的“主体性”文化打破了中世纪神学对人们思想的禁锢，是对人类理性的解放。但是，这种极力宣扬理性的口号一开始就埋下了导致人性分裂的种子。这粒种子以科学技术为宿主，与之一同进化并最终发生了蜕变。直到工业之后的现代社会阶段出现的“现代性的断裂”，这种文化观念才充分暴露出它自身的内在的无法克服的缺陷：以理性为基础的机巧对抗自然并获取了一定的胜利，引诱人类去更加肆意地暴虐自然；同时也扭曲了人与人的关系，将其转化为物化的状态。尤其是在资本主义社会中，人与自然、人与人之间的“变态”关系体现得淋漓尽致。在资本主义工业化的初始阶段，这种病态的关系只不过是被饥饿的恐惧给暂时掩盖了。但是，涌动的暗流始终从未消逝过。在现代性表面平静和繁荣背后隐藏着高度的危险性，这种危险性一旦爆发，其后果将“失去控制”。人们因此而质疑，当人类高高举起理性的利剑刺向宗教神圣和传统时，这利剑是否同时也刺向了现代人类的心灵？或者更确切地说，当人们全身心地服膺于理性甚至将其实用化为某种行为准则和手段时，他们的灵性与道德直觉是否也因此成为那种可以用技术加以严格控制和操作的“刺激—反应”系统？①

从现代性发展与扩张的历史来看，理性的进步并不必然地带来道德上的进步。非但如此，一味地放纵理性还会导致一个非理性的社会。

三　生态风险文化的缺失

随着工业现代化的发展，人类所面临的生态环境问题也日益严重，这

① 万俊人：《现代性的伦理话语》，黑龙江人民出版社2002年版，第29页。

迫使人们去反思工业理性。就不确定性的风险而言，风险社会已经把我们带出了理性计算的领地，因为风险已经不再是基于概率的计算。无论是自然科学的研究发现，还是人文社会学的反思，传统理性所追求的“客观的确定性”已经被认为是子虚乌有。

然而，人们至今仍然更多的是囿于以理性计算来消除不确定性的风险，停留在基于客观事实的被动应对，没有实现将风险内化为文化认知。面对风险，人们仍然缺少风险意识。因此，要更为直观地理解现代社会中的风险，有必要将风险理解为一种“建构”。这并不是要在本体论意义上去否定风险的真实存在，而是要突出风险成为社会认识的“重要问题”。如果缺少这种反思性的批判意识，现实社会风险实实在在的增加也并不一定自然地引起人们的注意。只有全面地抛弃传统的认识风险的方式，培育一种感知风险的新文化（风险文化），人们在应对风险时才会更加合理化。

出于对贝克将风险视为一种制度化的产物的不满，拉什重新梳理并批判了玛丽过于保守的风险文化理论。拉什强调，风险文化理论认为，风险是基于孕育在社会组织特定形式中的原则而被定义、被感知以及被管理的。而且，这种定义与感知完全是出于个体基础之上的。风险文化在不同的国家里都有所不同，甚至是在同一国家里的不同群体也可以有不同的理解。风险生来是主观的，风险不是存在于“那里”、独立于我们的头脑和文化之外等待被测量的东西。人类发明“风险”这一概念来帮助其理解和处理生活的危险和不确定性。生活中不存在“实在的风险”或“客观风险”。①核能工程师对反应堆的风险评估或者是毒理学家对化学物品的致病风险的定量评估也是基于主观、伴有预设、结果取决于判断的理论模式。

对风险文化理论者来说，风险不仅仅是在科学技术的应用过程中产生，而且还在赋予意义的过程中被生产出来。否认风险是一个实体，将它

① ［英］谢尔顿·克里姆斯基、多米尼克·戈尔丁编著：《风险的社会学理论》，徐元玲等译，北京出版社 2005 年版，第 132 页。

视为一种人的思考方式的建构物，这似乎又走向了另一极端。所谓的风险并不是在正在发生的危险，而是指向未来的可能性。因此，对这种潜伏性损害发生的可能性的预知与判断必须依赖于主观思考。特定的风险是通过何种方式被体验、感知、定义，或者是被忽略的，对这些过程的分析正是风险文化理论优势所在。就风险的感知而言，主观性有时甚至起到决定性的作用。

拉什把风险文化看作一种反思性的判断，认为它是一种以感觉或感情为基础的估价和评判，通常并不是通过理解而进行判断；恰恰相反，是通过想象来进行判断的，甚至更多的是直接通过感觉或直接通过对某一轰动的耸人听闻的事件或人物所产生的直觉来进行判断的。[①] 作为风险文化的核心，反思性判断依据的是个体对客观事实的感受，当然这种个体的感受通常也受到包括社会群体对特定事件的总体反映的影响。比如，人们在吸烟对健康的损害风险以及核泄漏的风险可以形成全然不同的看法，而且这种看法并不依赖于科学技术的事实。有人会将核泄漏的风险视为更该关心的问题，而忽视吸烟的危害；也有相反的做法，认为核能使用的安全性无须担心，而吸烟却是个棘手的社会问题。在对待核风险的问题上，风险文化的这种相对主义表现尤其明显，比如，德国社会普遍反对核电站的建设，认为核能的应用存在着极大的风险；而法国却大力推进核能的应用，社会民众并没有表示太多的担忧。从两国相差无几的技术能力来看，从它们不同的社会文化去解释这种现象则更有说服力。同时，从德法两国在风险研究领域所取得的成果也能证明，德国社会的风险文化尤胜一筹。以贝克等人为代表的风险理论促使德国社会非常关心各个领域的风险问题。贝克的风险理论虽说是更注重对现代社会制度体系的分析，但他也没有忽视从文化的视角来研究风险。

风险总是指向未来，而不是现实。传统的观念总是将现在社会遭遇的

---

① 薛晓源、周战超：《全球化与风险社会》，社会科学文献出版社2005年版，第162页。

社会问题与生态危机归结为现代性的副作用，并且认为这种副作用的消除也可以依靠更为精致的理性来实现。但是，如同许多的风险理论者所指出的那样，传统的理性思维在试图消除某种风险（或者是危机）时，却又可能产生新的风险。问题不在于这些理性计算能否有效，而是在于人们没有认识到风险不可能被永远消除。质言之，人们仍然缺乏风险无处不在、无时不有的理念。

一方面，风险观念的缺失使人们看不见危险，无论是对个体还是对整个社会来说，他们都有可能更为大胆地采取那些草率的行动；另一方面，则是在遭遇危机时通常束手无策。当风险转变成危险时，人们无法以平常心来对待，容易滋生悲观失望的情绪。以传统的观念来对待风险，也不利于理解风险产生的根源以及作用的机制。风险根源于人们的社会决策，是个"内生"的社会问题，它不是社会的副产品。同时，风险也不像危险那样客观，它更具有吊诡性。这不仅仅是指风险认知的吊诡性，也指风险发生影响以及规避的吊诡性。

风险既是客观的事实，也是社会建构——媒体引导以及公众诱导的产物。对于风险的认知，由于风险超出理性计算的领地，人们完全无法预知它的大小和程度，即使是到了风险即将转化为可以切实感知的危险的那一刻之前，我们还是不可能确切地知道它。而在人们试图规避的时候，风险同样地显示它的善变。风险不但可以自我放大，还能自我消除。如果任何人正视风险，那么，他们一定会将这种风险揭示出来。它一定会被广泛宣传，人们会认为这种风险是真的——人们肯定会对此小题大做。然而，如果真的小题大做，而这种风险又被证明非常小，那么，那些参与其中的人就被别人谴责成妖言惑众。散布谣言对于减少我们面临的风险可能是必需的，然而，如果这种谣言真减少了风险，那么，它就真的成了谣言。① 换

① ［英］安东尼·吉登斯：《失控的世界》，周红云译，江西人民出版社 2006 年版，第 26 页。

言之，风险可以通过社会的集体关注或者忽视而最终被放大或者被消于无形。

因此，风险文化的缺失可能会导致人们忽略社会媒体与舆论在风险应对方面的作用，无法引导人们去营造一个利于风险管理的社会环境。再有就是，风险文化的缺失使人们仍然迷恋传统的社会管理秩序。风险文化理论认为，风险的产生、传播、认知与管理并非是规范有序的垂直构架，而是无序的反制度性的水平分布状态。风险以水平的方式存在于社会群体当中，是一种群体意识。因此，风险的认知、管理都不可能依据规范性的制度模式从上而下地进行，它只能依赖于社会风险文化的培育，通过群体认同的方式进行。行政化或者是体制化对于风险意识的培养毫无意义。显然，拘泥于传统的模式已经成为人们更积极地应对当前的生态风险的文化障碍。

第三节 消费文化与生态安全问题

人类要生存与发展就必须从自然界中获取物质与能量，离不开环境的支撑。人类从自然界获得所需的物质与能量，同时也把它当作废弃物的堆积场。在漫长的前现代社会中，人类与自然总体上还能够保持稳定的状态。然而，人类社会的工业化使得人与自然关系发生了根本性的改变。人类社会在工业化之后急速膨胀，人口急剧增加，活动范围迅速扩大，消耗的物质与能量成倍增长。

面对日益严重的生态环境恶化与资源危机，人们不得不去反省人类的发展。有的人将之归因于世界人口的增长，也有人认为是一部分人过度的消费所致。到底是人口增长的自然现象还是消费方式所导致的环境问题呢？世界人口的增加虽然是地球负担日益加重的事实，但是，如果稍微去了解一下美国的社会，答案也就不这么简单了。美国占世界总人口的不足

5%，却消费了世界超过33%的不可再生资源。从这点来看，与其说是人口增长的结果，不如说是过度消费的后果。世界人口的增加当然增加了地球的负担，但人类社会的这种挥霍无度也使得地球不堪重负。

现代社会的生产与消费已经不再是为了生存的基本消费了，对于相当一部分人而言，消费变成了一种生活目的。消费不仅是为了基本需要的满足，而且成为一种社会文化。人的基本需要是有限的，但文化可使基本需要的满足形式向奢侈方向无限发展，而现代文化则特别激励这样的发展。消费是以人们的欲求为目的，但人们的欲求并不见得就一定符合人类社会生活的真正目的。以人的需求与目的为依据，消费可以被区分为需要消费和欲望消费：需要消费是属于人们正常的基于生活需要的消费行为，超出正常生活需要的消费是一种生活奢侈，属于欲望消费。前者具有明确的目的性，即以人类“维持生活本身的目的为目的”；后者是个人“为欲望而欲望”的主观消费行为。

在20世纪60年代末，消费文化从美国扩散到西欧、日本及发展中国家的富裕群体，刺激了人们对商品前所未有的欲望。消费文化认为，需要被别人承认和尊重取决于消费表现，拥有和使用数量、种类不断增长的物品和服务是主要的文化标志，是所能看到的最确切的通向个人幸福，成功获得社会地位的标志。消费文化为本就难以填满的欲望沟壑的扩张找到了依据，使欲望无限升级。消费文化的盛行使得消费渴望永不停歇，“体面”的意义被不停地重新理解，迫使消费者无止境地向上移动：永远把奢侈品作为追求，并将它变成必需品，同时还不断地发现与追逐新的奢侈品。

在消费社会时代，从某种程度上说，生产不再决定消费，而是相反。消费不仅不被抑制，反而被视为国家或地区经济发展的关键。在许多国家，当然也包括中国，商家们拼命地以新颖多样的广告来刺激消费者的生活享受欲望。同时，中央政府也时不时地发布着乐观的信息，鼓励人们扩大消费，拉动内需。缺乏消费，生产动力自然不足，就无法解决就业问题，人具有消费义务（obligation to consume），甚至，消费被渲染成是爱国的举动，是在为国家作贡献。“大胆地去花钱吧，明天的生活会更好。”这种煽动性的口号让整个社会充满了需求的渴望，社会经济似乎欣欣向荣。但是，这种虚假的繁荣不但有将人类精神庸俗化的危险，而且掩盖了早已浮现的危险——生态环境逐渐走向崩溃。

一　消费社会

自古以来，无论是动物或者是人都一直在消费着。然而，当我们在谈到消费社会时，它指的不是全社会的成员都在消费的现实，而是指一个“消费欲望”占据文化主导地位的社会。

一般说来，“消费”指使用商品和享受服务，以满足需要和渴望，表现为对消费品的购买、占有和使用。但是现代所谓的“消费社会”中，消费并不局限于维持生存与发展的正常需要，它的内涵要广泛得多，意义也有所不同。消费决定生产，更多的生产是为了更多的消费，消费需求引导社会生产方向。为此，鲍曼通过对传统的生产社会与现代消费社会进行区别，从而对消费文化的特性进行了深刻的说明。在鲍曼看来，在传统的社会中，大多社会成员主要是扮演劳动者或者士兵的角色，它塑造成员的方法和它所提出的并让成员们去遵守的“标准”都是由这两种角色的义务所决定的；而在现代的消费社会中，我们的社会对其成员提出的标准则是有能力并愿意去扮演消费者的角色。在这一阶段，已经很难将消费与生活区分开来。消费者所信奉的人生信条是：任何东西都不值得消费者长期固守，任何承诺都不值得我们死抱一生，任何需要都不应被视为得到完全满足，任何欲望都不应该被看作是最终的欲望。任何效忠和许诺的誓言在实现之前都应该附加一则限制性条文——“直到另有声明时为止”。①

从本质上说，对商品占有的多寡并不能作为现代消费社会区别于以往社会的根据。现代社会之所以不同于传统的生产社会，其根本就在于现代

① [英]齐格蒙特·鲍曼：《全球化——人类的后果》，商务印书馆2001年版，第78页。

社会中的消费主要表现为一种对“虚假需要”的追求与满足。为此，凯尔纳对日常消费（consumption）与消费主义（consumerism）进行了严格的区分，认为前者意味着社会质量的提高和商品享受，后者则意味着整个生活着迷于消费品的追逐。在他看来，日常消费并不需要受到反对，该受到指责的只是消费主义。前者有利于个体的自身发展，可以增强人类的力量以及实现真正的人类需求；而后者会导致商品拜物教和自我的迷失。

总体上，现代消费社会使得精神消费被遮蔽，更多的是对物质层面的追求。此外，从消费的物化倾向来看，它也与以往社会对物质的追求有着明显差别：不局限于商品物质功能的满足，而是为了负载在商品之上的象征性的符号指向。凯尔纳认为，这种“虚假消费”在满足消费者的虚荣心的同时，使人们陷入一种虚假的幸福之中，不但扼杀了人们对社会的现实关注，也推卸了社会责任。消费主义将人们的人生价值和意义放置到人的消费行为中，以此为衡量人的自我价值实现程度的标准。

与消费主义的合法化相同构，日常生活的意义被放大为文化的中心并被神圣化，而昔日的现代性的神圣价值则被日常化；日常生活的欲望被合法化，并成为普通大众生活的目标之一。在此基础上，消费甚至成了一个无处不在的神话，它不仅可以用性、梦想和暴力满足人们的欲望，同时也可以用世俗化的方式溶解经典艺术，使其纳入市场的范畴，变成消费对象；市场是传统意识形态最有力的解构力量，它以世俗化的方式拆散了历史曾赋予艺术品原有的意义和价值，它单一的意识形态指向逐渐脱去，已不止向人们述说那曾经存在的高于天的革命理想。① 消费主义这种夸张的文化导致了人们病态的精神状态，并引起了约翰·卡罗尔的嘲讽，“这一社会的精神特质宣告：假如你心情低落，那就吃！……消费主义的本能反应是忧郁的。它认为发病前身体不适的表现形式是感到空虚、冰冷、没精打采，这时就需要加补一些暖热浓烈的营养品。当然并不一定是食物，如

① 傅守祥：《消费时代大众文化的审美伦理与哲学省思》，《伦理学研究》2007 年第 3 期。

果甲壳虫乐队就‘内心感到无比喜悦’。饱吃一顿是拯救之路——消费吧，你就会感到美妙无比!”① 其实，就消费社会的文化而言，消费者不太可能会感到“美妙无比”，即使有，那也是非常短暂的。在消费文化中，满足其实也就是不断地追求。人们不太可能知道他最终要追逐什么，什么才是可以感到满足的，因为人们总是希望将来比现在得到更多。现在拥有了一辆福特汽车，你就会盼着最好能换成一辆梅赛德斯，接着就期待尽快得到一架私人飞机，之后可能就是花上千万去体验外太空旅行。

消费文化逼促人们迷恋消费，并试图实现消费主义所宣扬的“人生意义”。此时，社会生产也成了消费的生产。在一个社会中，人们的基本物质需求得到满足之后，为使社会经济不断地增长，使那些被大量生产出来的能够卖掉，就需要鼓动人们去大量消费。它们引导人们的需求，控制市场行为，翻新花样来刺激人们的欲望。生产将消费文化加以再生产，激发人们对现时拥有的不满，保持他们对新产品的期待心理。

科学技术的发展为消费社会的生产方便地实现兜售消费文化的阴谋提供了帮助，因为消费等待的周期被大大缩短。消费文化使得人们永远不会满足于现状，而科学技术所具有的“不断创新”的本领可以保持消费者的这种饥渴感，可以让他们满怀希望地期待着。因为科学技术的这种本领，科学技术万能论可以轻而易举地与“超越极限”的发展论调一拍即合，而“无极限的发展”正好能为消费主义做很好的脚注。他们认为，即使人口的增加以及资源的消耗加剧，人们也可以通过以精妙技术的方式来持续创造出足够的物质产品。不单单是科学技术在消费社会中扮演了不甚光彩的角色，全球化的社会也为消费主义的泛滥推波助澜。全球化实现了“时空压缩”，将商品生产与流通变得更加的快捷与流畅，这也极大地调动了消费者的胃口。同时，全球化还给发达国家或地区盛行的消费文化迅速地扩散到世界各地，颠覆那些仍然处于传统社会形态的国家或地区的消费观念。

---

① [英]齐格蒙特·鲍曼:《全球化——人类的后果》，商务印书馆2001年版，第79页。

消费主义使人不再去理性对待现实的需求以及社会的承受能力，只专注于无休止的欲望的满足。这种消费理念的泛滥导致人们对物质占有欲望的无限度的扩张，同时又造成人性的丧失。现代社会一方面创造了丰富的物质财富，为人类战胜饥饿与贫穷提供了物质保证；另一方面也诱发了人们对物质财富的无限要求，包含着对人的自我关怀自我价值理性的消解和否定。这就像“踏轮”故事中的那位经纪人一样：在20世纪80年代的美国，如果每年“只”挣60万美元的话，就会觉得自己很穷，经受着折磨，因为他们比不上琼斯家族。而那个沮丧的经纪人则哀叹，“我一文不值，你明白，一文不值。因为我一年只挣25万美元，那什么都不能干，所以我什么都不是。”① 现阶段的现代化运动在本质上是工具理性的现代化，它所蕴含的物化力量与资本逻辑在消费主义的助推下湮没了人的价值理性，使人的两种理性日趋分离。当代生存的悖论情态就是这种普遍物化力量的意识形态作用的结果，而以大众文化为代表的当代形象游戏在文化层面上展现了这种力量和结果。以商品推销为目的的广告千方百计地以各种各样的形象，制造一种超前的消费体验，刺激人们的占有欲，人们则为了获得这种虚幻的体验而去购买；出于占有目的而非真正使用目的，商品消费从生存活动变为消费者身份地位或社会形象的选择。② 消费社会中的这种挥霍性消费在价值观上的基本特征就是“消费价值对使用价值的背离”。在这种消费方式中，评价一个消费品的价值不在于它的使用价值，而是“时尚价值”，而时尚价值所张扬的是以对使用价值的贬低为前提的。只有贬低消费品使用价值的意义才能使消费面向它的社会意义。对“时尚价值”的追求无形中加速了商品的更替速度，加重浪费。然而，“制造浪费”却正好是消费社会得以维持的前提。

---

① ［美］艾伦·杜宁：《多少算够——消费社会与地球的未来》，吉林人民出版社2000年版，第20页。

② 徐恒醇：《理性与情感世界的对话——科技美学》，陕西人民出版社1997年版，第32页。

因此，消费社会是反理性与反自然的社会。消费主义的欲望消费就像吸食鸦片一样使人成瘾，消费的价值就在于对物质财富的无限占有和享受。消费不再是为了实现人生价值的需要，而是直接成为人的生活方式本身。消费社会要求人们把消费变成宗教仪式，从中去寻找精神的满足和自我满足。以物质生活的舒适富足和感官欲望的充分满足为标签的世俗享乐在消费社会中处于核心位置，人的追求也因而庸俗化——精神上的满足等同于感官上的满足。消费社会变成了对人们人生发展的一种异化：消费本来成为人的发展手段，而今天消费已经变成了人生本来的目的，即人活着就是为了消费。

二 象征性消费与生态危机

如前所述，消费社会一方面追求对物质商品的无限度占有，另一方面又不关心商品的物质功能，这导致了“消费价值对使用价值的背离”。消费主义所倡导的奢侈消费与过度消费是对人的基本物质需求的扭曲，是一种异化消费。商品的物质消费功能不断被弥漫的文化影像所调和、冲淡，而商品记号和符号方面的特征凸显出来，人的目的及其意义的很多方面都被赋予到了商品物上面，使得物品的符号功能和价值功能得到越来越多的、越来越广泛的体现。于此，鲍德里亚认为，“消费既不是一种物质实践，也不是一种富裕现象学，也不是依据形象与信息的视觉与声音实体来界定的，而是通过把所有这些东西组成意义实体来界定的。消费是在具有某种程度连贯性的活动中所呈现出的所有物品和信息的真实总体性。因此，有意义的消费乃是一种系统化的符号操作行为。”[①] 也就是说，消费的对象不是商品的“物”本身，而是它的符号意义——象征性的消费。

所谓“象征”(symbol)，从古希腊时候开始，它就意味着“标志”和“综合”、“统一”两个方面的意思。它的最基本的含义是，通过一些象征去“标

① 颜岩：《批判的社会理论及其当代重建》，人民出版社 2007 年版，第 181 页。

志”某个意义，同时又通过这一表示去统一被意指的事物。通过统一在一起，达到把琐碎的难以理解和隐含的各种意义显示出来。简单地说，象征就是通过一定的作为中介的符号来显示某种隐含的意义。一切符号和象征都是以具体形象表达普遍和抽象的意义。符号成为内在于人的精神中不可见和无形的思想观念同外在于客观世界中可见和有形的事物的中间环节，成为一切现实的事物同可能的事物之间的中间环节。① 象征所具有的这种特性不仅使思想观念与物质、可能性和现实之间可以相互转换，也使思想本身有可能借助于象征进行不断地自我创造，不断地拓展其所指征的内容与范围。

对于商品来说，其象征性通常表现为社会文化对商品所显示出来的符号的意义理解。商品可以作为“象征物”和“符号物”，不仅是一种所指，还是一种能指。现代社会中的象征性商品交换因为“法制化”与“文化”等等因素而日益复杂化，也因此而更具有象征性。但是，鲍德里亚穿透了社会交换中的物质表象，发现了消费社会那个现实存在的“不存在”。在他眼中，那些商店里琳琅满目的商品已经不再是商品，而是供人游戏和纵欲的各种玩具。事实是，商品还是商品，商品制造者与购买者也都还将它们作为商品。但是，制造者与购买人与其所控制的制造和购买商品的系统发生了变化，这种系统的变化导致了人与作为物的商品意义的变化。在他看来，消费社会的产生，首先是把各种商品作为一种实实在在的客观论述系统。作为客观的论述系统，所有的商品所构成的物的体系，表达了操作该社会的人和阶层试图引导社会达到的目标和方向，同时也表达了被操作的人群所要追求的那些实际上已被控制的欲望和信念。所谓的象征性消费，其实质就是指人的消费具有符号象征性，其实是异化消费的一种表现形式。

在消费社会中，人的目的及其意义都被赋予到商品身上，因而商品往

① 高宣扬：《当代社会理论》，中国人民大学出版社 2005 年版，第 366 页。

往带有很强的象征意义和文化功能。比如，一辆奔驰汽车与一辆吉利汽车相比较，即使所有的性能都是不相上下的，但是它们所能指征的意义是完全不一样的。前者象征着权势地位，而后者通常代表着大众化的社会地位。商品的符号象征性必然导致对商品消费的符号象征性。在消费社会中，既然物不仅是作为物理的或自然的东西而存在，而且是作为受某种规则支配、表达某种意义的符号载体而出现，那么对它的消费就不单纯是一种物质性消费，而是一种符号消费，一种系统化的符号操作行为或总体性观念实践。① 在这种情形下，消费构成了一个系统，它维护着符号秩序和组织的完整。因此，它既是一种价值理念体系，也是一种交往模式与沟通体系。

象征性消费使得商品本身从客体演变成了具有表征意义的空洞的“能指”，也反映了这种消费背后隐藏着的无穷欲望。象征性消费不但容易造成过量的消费与奢侈的消费，而且还有利于商品生产中的社会控制。对于商品生产者来说，借助最有效的媒体宣传、系统的教育以及完善的法制体系，他们操纵消费者的权力与能力以合法化的方式被遮蔽起来了。他们不需要再去赤裸裸地控制生产的方式，只是躲藏在背后巧妙地“牵引”着消费者的心理就足够了。因此，无论是从消费者的视角来看，还是从商品生产者的视角看，象征性消费都会刺激消费欲望，形成一种“大量生产——大量消费——大量抛弃”的局面。消费物质主义的流行与“万物商品化”休戚相关。“万物商品化”与西方启蒙以来“自由、平等”被凸显为首要政治价值乃至伦理价值休戚相关。② 这只是消费社会间接的深层的文化根源，而消费主义之所以大行其道主要是拜凯恩斯的“以消费刺激生产”的理论所赐。凯恩斯认为，20 世纪初在资本主义世界所发生的经济危机是一种“不正常的危机”，这种危机的产生主要是因为消费不振所致。他因

① 肖显静：《后现代生态科技观：从建设性的角度看》，科学出版社 2003 年版，第 43 页。

② 卢风：《生态价值观的中立性和生态文明的制度建设》，《绿叶》2008 年第 11 期。

此提出了著名的“储蓄 / 投资相平衡”的理论，直接点燃了西方社会的消费热情。

在消费文化横行的社会里，消费欲望主宰了人们的社会行动。它构建了一个完美的让人们永不休止的消费网络，从中人们可以得到物质上的满足，找到人生的“幸福和意义”，以保证人们对此流连忘返。就中国社会而言，这种象征性的消费也已经蔚然成风了。每到逢年过节之际，奢侈的过度消费便凸显，那些价格上万元甚至十万元的天价月饼就是这种象征性的奢侈消费的体现。对于这种商品，人们关注的不是它的营养价值或是口感的好坏，而是关注它的外包装是否尽其奢华。因为相对于价值无几的月饼本身，豪华的包装更能体现出“尊贵”。人们购买与消费的不再是月饼本身作为食品的功能，而是附着在月饼上面的“交往文化”。消费者是要通过消费这种奢侈品来表现自己的地位、证明自己的能力以及展示自己的存在意义。对于消费主义者来说，人的价值已被凝结在商品消费之上了，消费更多、更奢华也就越是有价值。因此，消费者也就被消费所支配了，被异化为“消费机器”。

越来越多的“消费机器”的出现，将会给整个人类社会带来灾难性的后果。试想，如果中国也像现在的美国那样消费，那么，后果将会是怎样的呢？芭芭拉·沃德与杜博斯在《只有一个地球》中计算了美国 1968 年时一个人从出生到成年要消耗的物质与能量：每年要消费 100 万卡热量的食物和相当于 13 吨煤（或 2700 加仑汽油）的能量；在每两人拥有一辆汽车时，每人约需要钢 10 吨，外加 150 公斤铜和铅、100 公斤铝和锌用于各种用具和人工制品；为了保证每个人的需要，国内的公路、铁路和民航就需要为之运输 15000 吨物资；外加其他的消费。即使是全世界的人都只达到美国 1968 年的消费水平，那需要消耗多少物质与能量呢？

数据显示：2012 年我国一次能源消费量 36.2 亿吨标准煤，消耗全世界 20% 的能源，单位 GDP 能耗是世界平均水平的 2.5 倍，美国的 3.3 倍，日本的 7 倍，同时高于巴西、墨西哥等发展中国家。中国每消耗 1 吨标准的能源仅创造 14000 元人民币的 GDP，而全球平均水平是消耗 1 吨标准煤创造 25000 元 GDP，美国的水平是 31000 元 GDP，日本是 50000 元 GDP。

中国工程学院院士、原能源部副部长陆佑楣测算，在能源消费总量不变的情况下，如果中国单位 GDP 能耗水平达到世界平均水平，我国 GDP 规模可达到 87 万亿元；达到美国能效水平，GDP 规模达到 109 万亿元；达到日本能效水平，GDP 规模为 175 万亿元。[①]2013 年，世界人均 GDP 为 10486 美元，中国人均为 6747 美元，尚不足世界人均 GDP 的 67%。是美国的 13% 左右。而世界人均能源消费量为 1.78 吨油当量，中国为 1.95 油当量，是世界人均水平的 86.46%，约为美国人均水平的 1/4，日英德法等国人均水平的 1/4。按照现有的能耗计算，如果中国要达到美国的人均 GDP 值（按 2013 年计算），那么需要的能源消耗总量大约高达 410 亿吨油当量。《北京商报》（2013 年 11 月 12 日）报道，原国家工信部部长苗圩在第三届绿色工业大会上表示，中国目前的总体能源利用率只有 33% 左右，比世界平均水平还要低。据最新测算显示，我国能源利用率与世界先进水平相差约 10 个百分点。对比显示，我国的能源利用率近年并无明显提升。国家发改委和中国工程院专家日前指出，尽管我国万元 GDP 能耗由 1980 年的 7.98 吨标准煤降至 2002 年的 2.63 吨标准煤，下降了 2/3，但与世界先进水平相比，我国在能源效率、单位产品能耗等方面仍然存在较大差距。这主要是因为随着城镇化进程不断加快，汽车需求量依然很大，能源需求将继续保持稳步上升势头。同时，在拉动内需过程中，对钢铁、水泥等基础原材料需求的增长，使得高耗能产业仍将保持一定的增长刚性。数据显示，我国目前产值能耗是世界平均水平的两倍多，主要产品能耗比世界先进水平高 40%。

美国世界观察研究所的莱斯特·布朗测算，如果中国人均牛肉消费量

---

① 《21 世纪经济报道》2013 年 11 月 30 日。

达到美国水平，每年养牛所需要的谷物相当于美国谷物的全部产量；如果中国人均海产品消费达到日本的水平，其消费量将等于全世界的鱼类捕获量；如果中国像美国那样每 4 人拥有 3 辆轿车，那么中国将有 11 亿辆汽车，每天将消耗 9800 万桶石油，远远超过现在的世界产量，仅仅是为这些车辆提供道路和停车场的土地，其面积就相当于中国稻田面积的一半；如果中国的人均纸张消费量达到美国的水平，中国的纸张消费量将比目前世界的总产量还要多，世界的森林将荡然无存。为了让汽车跑起来，有的国家不顾及仍然每日挨饿的穷苦人，每年将近亿吨的谷物用于生产汽车燃料，也丝毫不考虑由此而导致的世界粮食价格的飞涨。全世界 8.6 亿辆汽车车主与最贫穷的 20 亿人之间出现的竞争超出了人性的范畴，这个世界突然面临着从未有过的政治与道德的争议。我们是将谷物拿去生产汽车燃料还是养活人呢？世界小汽车车主的人均收入大约为每年 3 万美元，而 20 亿贫穷人口每年的平均收入约 3000 美元。① 消费的市场倾向于车主们，于是，谷物还是被用于生产燃料。如果全世界的人们都以美国的标准来消费，那么，资源消耗量将是现有规模的几十倍甚至是上百倍。其结果就是所有的资源将在很短的时间内消耗殆尽，人类社会的经济体系迅速坍塌。如此巨量的资源消耗，以及人们消费后的废弃物的处理，这显然是地球所无法承受的。

如前所述，消费社会导致了人性的异化。但是，人与人之关系的物化仅仅是问题之一，更为严重的后果是人与自然的不和谐发展。前者可能会导致社会的失序，而后者却直接威胁到人类的生存。随着人类活动足迹的扩大，象征性消费的阴影也随之笼罩着不断被“人化”的自然。人类不但过度地消耗矿物资源，还大量地破坏与消费了动物资源。在鸟类、哺乳类和鱼类中，目前濒危和灭绝的物种所占的百分比，都要以两位数计：在近万种鸟类中占 12%；在 5416 种哺乳类中占 20%；而在被研究的鱼类中占

---

① ［美］莱斯特·布朗：《B 模式 3.0》，东方出版社 2009 年版，第 40 页。

39%。[1] 消费主义在大肆挥霍地球资源的同时，却忘记了自己对地球的责任。中国社会科学院社会学副研究员陈昕质疑了频繁换代更新的科技产品，“这有无必要?”调查显示，很多产品的功能通常是只被利用了30%，其余大部分功能是闲置的。由于大量的IT产品投入使用，巨大电力能源被源源不断地耗费掉，导致更多产生电力的自然资源损耗加速。此外，许多科技产品的制造通常需要消耗大量的重金属元素，这不仅对人群构成威胁，也给环境造成不同程度的污染。工业文明的“三高一低”式的发展模式使自然界的承受能力接近临界点，危及人类的可持续发展。消费社会中过度的、奢侈的非理性消费带来了种种恶果，大量生产——大量消费——大量废弃的生产与生活方式已经严重破坏了地球的生态环境，成为生态失衡、环境污染与资源短缺的主要根源。消费社会导致的生态压力与资源压力威胁到人类社会的可持续发展，因此，探索新的生产方式与消费模式迫在眉睫。

第四节　“个体化”社会与生态安全

“个体化”并非一个新的概念，欧洲大陆的社会学传统一直关注着个体化问题，认为它是一个与个体主义（Individualism）和现代性联系在一起的命题。德国社会学家滕尼斯（F. Tonnies）认为，后现代社会生活的主要倾向之一就是个体化，它是指单一个体意识到其自身人格、价值及目的都要挣脱其束缚的共同体才可发展。[2] 贝克《风险社会》中其实也论及个体化现象，只不过是其风险社会理论委实夺人眼球，个体化的相关论述被很多人忽略掉了。贝克在书中指出，个体化意味着个体行为的框架以及作为制约条件的社会结构逐步松动，以致失效，个体从诸如阶级、阶层、

① ［美］莱斯特·布朗:《B模式3.0》，东方出版社2009年版，第121页。

② ［德］斐迪南·滕尼斯:《新时代的精神》，林荣远译，北京大学出版社2006年版，第19页。

性别、家庭的结构性束缚力量中相对解放出来，同时个体对传统的思想意识和传统的行为方式越来越持怀疑与批判的态度。社会学家认为，个体化社会是人们对传统社会宰制框架批判与反思的结果，包含了个体对于自身存在意识的重新唤醒。

一 从“自我中心”到“个体主义”

有学者认为个体主义经历了三个重要的历史阶段，即文艺复兴、空想社会主义和宗教改革时期。① 文化复兴使得被禁锢于蒙昧神学之中的理性开始彰显出来，个体主义逐渐成为西方社会生活的基本价值观念。作为社会生活基本价值观的个体主义与“自我中心主义”（egocentrism）是两个相关却不相同的概念。个体主义强调的是要以尊重和满足每一个个体作为社会互动过程、目标定向及其实现途径等方面的基本要求，它并不排斥基于个体意愿基础之上的集体行为；而“自我中心主义”则意指唯我独尊的心理定向，在认知、价值判断等方面都取决于“主我”（I），具有排他性与反集体特征。从人类的发展历程来看，自我中心主义最初表征着低级的人对物的依赖关系——是个体低下的认知、改造能力和物质资源匮乏共同作用的结果，个体被迫优先满足自身基本的生存需求。另一方面则是，自我中心主义作为原始状态的“集体主义”的对立面出现，即人依赖于人的被动关系使得“自由自觉”意义上的个体主义被长期遮蔽。

个体主义开始成为社会生活的基本价值取向是人类摆脱对物依赖的结果，是人的主观能动性增强的表现。只有在人类社会生产力发展到一定阶段，个体自我生产劳动足以满足基本的生存需求时，个体才能主动思考物我之外的人与人之间的关系，即社会生产力的发展是个体主义出现的根本动力。随着个体主动地思考自我与他者关系的深入，自我中心主义开始被

---

① 参见何云峰、胡建：《西方“个体主义”文化价值观的历史演变、历史意义与局限》，《上海师范大学学报》（哲学社会科学版）2009 年第 6 期。

他者所影射，逐渐认识到他者作为另一个“自我中心”的意义——客体自我的产生。个体主义因此被普遍认识，成为指导人类活动的基本原则。尊重他者利益成为基本的行为准则之后，人们发现社会秩序开始由斯宾塞所谓的“人与人之间的普遍斗争”转向“人具有天然利益同一性”状态，人的社会行动呈现出 1+1 ＞ 2 的态势。

说社会生产力是个体化出现的根本推动力，并不是否定其他因素的作用，社会文化就是其中之一。作为与社会生产力特定发展阶段相适应的个体主义在不同社会中有着迥异的表现，这种差异是不同文化影响的结果，汤因比与亨廷顿等人都肯定了这种解释。个体主义在农业社会、工业社会与后工业社会阶段截然不同，即使是在同一历史时期的不同地区或国家也有所不同，这就是社会生产力与文化共同作用的明证。

二　现代性的后果——个体化

“现代性”诸多面孔后面隐藏的是“理性”与“自由”这对基本因子。肇始于文艺复兴并为启蒙运动所推助的现代性使人发现了自身，人依赖于人的意识逐渐瓦解。理性的发现解构了传统社会中神学体系至高无上的地位，意味着人对自身主体性地位诉求的开始；自由则强调人的独立自主性，自由创造与自由构想是其基本要求。作为现代性的两大基石，理性与自由的发展导致了一个共同的结果——个体化社会的形成。吉登斯认为，现代性的发展必然带来人们亲密关系的变迁，这种变迁使自我建构于生活方式，从而成为生活政治，给人们提供多元选择，指向社会平等。以“科技理性”为核心的工业社会极大地改变了传统社会的构成，包括生产方式、生活方式与思维方式在内的领域都在工业化过程中纷纷与传统决裂。工业化最直接的后果之一是城市化，它不仅使得整个社会在高度分化的前提下将不同的人按照工业生产的序列来组织与分工，大大增强了社会的流动性，还通过有形的现代建筑场所的封闭性来制造出便于隐匿的个人空间，以物质设施的方式人为地破坏了人与人之间交往的现实条件，从根本上促使人际关系的转变。无论是在东方还是西方，较之于传统社会的人际关系而言，城市化所导致的人际隔阂都同样明显。

现代性在理性与自由双轮的驱动下涤荡了传统势力，对人性的解放意义深远。然而，“自由”导致的个体主体性和自我意识的嬗变有可能重归于自我中心主义或自私自利的冷漠观念，人类引以为傲的科技理性也可能将现代社会导入困境。理性至上主义抹杀了人的情感、意欲、本能等等人性的重要方面，从而限制了人的批判活动和精神活动的范围。现代性对知识、科学的崇尚导致现当代知识的信息化、网络化、媒体化、而信息化、网络化、媒体化的结果是真理、知识与外在的权力相结合，真理、知识丧失了客观性标准，知识变成了非知识，真理变成了非真理。①“权威”、“统一”与“普遍”是现代理性的基本诉求，它祛除人的情感、意欲、本能以及感性经验，消除个体的差异性，这种结果的出现违背了人们追寻现代性的初衷。现代理性所要求的普遍性与统一性消解了个体的特殊性，成为一个缺乏真正自我的行尸走肉，反而背离了社会发展进步的旨趣——人的全面解放。这一困境迫使人们去反思现代性，反思的结果就是第二现代性的出现，人们更加关注自我的意识与体验，以免被湮没在“标准主义”当中。在此意义上，贝克将个体化视为“第二现代性”的基本特征之一，即一种制度化的个体化——由现代理性构建起来的一整套系统所产生的个体被迫自我负责局面。此外，反思现代性的后果是地方性知识系统的形成，其意义在于人们又一次获得了离经叛道的契机，在参照与评价社会行为的“理性”时可以名正言顺地凸显“自我标准”意识。质言之，现代性的发展迫使个体把主体性与自主性从传统系统中抽离出来，这就导致另一种结果的出现——试图以解构现代性的方式重新找回被遮蔽于普遍性之下的自我标准。在认识论的意义上，只有在现代性过程中，人才把自己作为一种客观

---

① 张世英:《“后现代主义”对“现代性”的批判与超越》,《北京大学学报》(哲学社会科学版) 2007 年第 1 期。

内容，成为认识和反思的一个对象。现代性是“人的里程碑”，是“个人”崛起的时代。[①]也就是说，现代社会的个体化已经由个体主义驱动的模式转变为现代化系统驱动模式，即人发展的里程碑表现在现代性所造就的“个体化诉求”开始成为主要趋势。

三 “脱嵌”与“脱序”：个体化社会的生态风险

就生态安全所面临的威胁而言，一方面是以工业生产模式为主导的现代化生产继续发展，实质上的破坏与污染继续发生，另一方面则是个体试图挣脱现代性体系的意愿日趋强烈，个体选择与社会控制渐行渐远。社会发展的个体化转向使个体成为各自生活的书写者而被推至生活的前台，祛除传统的个体化在给个体重新嵌入提供方便的同时，也增加了个体社会行动的风险。尤其是在当前的网络社会背景下，互联网所搭建的互动平台为个体诉求自主性的社会行动提供了前所未有的机会，与之相伴的是个体被高度分化为碎片的危险——社会系统由传统的“垂直控制”转变为“水平交互”模式，个体的行动逻辑发生变化，各自的社会活动都变成“同等重要”的网节与中心。没有谁能够完全控制个体自我意愿的表达，也无法消除滥觞于某一个节点的信息的影响。在网络社会中，这种敏感可以被认为是互联网的杰作：更多的信息源头，更加不受约束的信息传递，以及更加多元化的互动方式助推了与生态环境相关的真实或不真实信息的恐吓效果，形成引起个体迷茫与恐惧的“搅拌器”。网络社会还解构了个体由传统给定的位置，致使原有参照标准失去意义，而参照标准的转换通常变成一个充满争持与混乱的过程。在主观性比较明显的生态安全诉求方面，由于专家权威的丧失，个体化社会的兴起使得个体在生态安全的认识上依赖于自我感知，从而陷入相对的“无知”、过敏或是恐慌的乱局。风险社会

---

① 郑杭生、杨敏：《社会互构论——世界眼光下的中国特色社会学理论的新探索》，中国人民大学出版社2010年版，第206页。

文化学家斯科特·拉什就指出，当今社会生活已经被令人心惊肉跳的生态环境事件所笼罩，在一定程度上这只不过是我们的认知敏感度得以提高的结果，真实发生的生态环境灾难并非有如此之大的增量。尽管生态环境破坏行为实实在在地有所增加，但的确如拉什所言，更大的不确定性主要还是在于风险认知的这种吊诡性。因为在个体化社会中，个体自我认知与决定相对性更加明显，专家系统的作用也进一步被削弱，风险的自我放大与自我消除也更易于发挥它们的影响，从而对于生态安全的夸大、恐惧与漠视也就更加成为可能。

（一）个体“自我”重塑过程中的生态风险

社会互动中的个体自我认知取决于包括主观与客观因素在内的若干变量，在“个体”与“社会”关系的意义上看，社会构成的变化对于个体自我认知的影响尤为突出。中国已经出现了一种发展趋势，并渗透到社会生活的各个方面。这种发展不仅决定了私人领域、家庭结构和两性关系，也决定了经济的组织方式和灵活的就业，以及同样重要的个人与国家之间的关系。同时，中国式的个体化进程具有其独特性，它并非是对欧洲个体化路径的单纯复制。[①] 重点不在于鲁纳的断言是否已成事实，因为在现代性的铁蹄下，即使现在的农村社会尚未如其所言，也会很快就步入其途。在人际互动、生活方式与知识体系都历经巨变的前提下，个体需要重新界定自我，包括自我认同、自我发展，以及自我选择所面临的后果。宏观维度上，当前的中国与发达的西方社会个体化进程不同，仍处在一种传统、现代与后现代并存的混合状态，这一境遇决定了中国社会的个体化过程中充满着激进与保守、自主与依赖、渴望与畏惧并存的矛盾情绪。个体不得不在社会转型中重新理解自我价值的实现与社会规范之间的逻辑关系，调适自我主体性与社会角色扮演的变化，但传统规制却在这些方面日渐失语，

① 参见［挪］贺美德、鲁纳编著：《“自我中国”——现代中国社会中的个体崛起》，许烨芳等译，上海译文出版社 2011 年版，序言第 3 页。

新的社会规范缺失与尚未成熟致使个体对于利益与意义等方面的理解呈现多元化，自我重塑只能依赖于个体感性的自我觉知。

在“传统规范”已受质疑的多元化社会中，个体化社会所鼓励的差异性价值标准往往导致个体判断的分化与迷失。个体化社会中的个体被迫独自直接面对生态环境的恩泽或是困扰，而且他们也满意自我的反应——毕竟“我的境遇”与“我的价值选择”与他者不同。如此一来，个体与生态环境的直观的关系就成为决定他们行为的基础，换言之，休管他人瓦上霜。差异性的道德基础、利益诉求与生态环境遭遇会刺激个体作出对自己“最有利”的选择，也致他们对于社会义务与责任更加漠视，导致社会进一步分化与松散，而这种变化又反过来销蚀了个体判断、选择与承担的社会基础。即使社会个体认识到生态环境的恶化会最终让大家一起玩完，但“为自己而活”的信条注定协调一致的共同行为难以迅速达成。因此，个体化与社会保障之间陷入了恶性循环——相互加重了彼此的消极面。

个体重塑自我的转变不仅导致了意义标准的祛客观性，强化自我判断的合法性也会将个体置于道德感知的虚无主义。既然传统意义上的客观标准失去合法性基础，个体的脱域与重新嵌入还给人们虐待自然提供借口，这一点缘起于个体与自然界的新的关系——对“我”是否有意义？特别是在网络高度发达的现代社会中，过度的渲染往往更容易致使个体对于事件的判断以自以为是的方式表达出来，也可能会使他们对于生态环境如何糟糕、严峻或行将崩溃等等说辞麻木不仁。特别是在这种被大众传媒渲染的危机尚未对“我”造成实实在在的影响时，“与我何干？”的诘问就会反复出现。《中国新闻周刊》（2010 年 3 月 17 日）刊文报道了北京阿苏卫垃圾焚烧项目引发的冲突，认为垃圾处理是个综合性的问题，从政府角度是行政职责所在，从专家和研究者角度是技术和科学问题，从垃圾处理企业角度是利润问题，从民众角度则事关个人权益。当这种种利害纠集到一起，便远远超越了一个环保问题，而成为一个社会问题，一个政治问题。奥北社区居民设法以集体对抗的形式阻止垃圾焚烧项目，但是居民们很快就发现，同样处在项目下风的不同社区与群体对此事不热心，尤其是那些自认为不常住该区域的部分有钱人。甚至故事发展到后来还出现了对那些有钱人幸灾乐祸的嘲笑——“终于轮到有钱人倒霉了”。因为在高度分化的个体化社会中，并非每个人都亲身经历生态环境恶化的后果，从而使得那些说辞变成言过其实的蛊惑。推一步说，即使是对于生态恶化的现实，知识、经验、诉求以及行为习惯等方面的差异也会弱化个体的认知与反应，真正具有威胁的生态环境问题可能在分散的肯定与反对的争吵当中被搁置。从这一点来说，个体重塑自我的风险不仅威胁到人与人之间的社会互动，还危及人们对待自然的方式。

（二）社会控制面临的新挑战

一方面，个体化社会使个体获得了重新认知与重塑自我的机会；另一方面，个体只是在表面上获得了更大的自决权利（这种“自由”并不是个体自觉选择的结果，而是现代性发展强加的“义务”），因此，在个体与社会关系上，个体有摆脱社会系统控制其生活领域的强烈欲望。个体化社会撕裂了传统社会的伦理道德纽带，自我界定消解了社会背景与关系的原有意义，作为互动对象的“他人”被忽视了——道德主体被理解为“自我”。因为所有的个体都必须对自己的行为后果负责，个体自我与他人的责任结合被割裂。

在合乎道德的结合的“内部”只有我、我的责任、我的关照……我与他者的团结在我自己活他者消失或退出之时也将不复生存，不会有任何东西在一方消失之后能够“逃离厄运”。“合乎道德的结合”的“团结精神”脆弱无力，易于受到外界的攻击，不稳定地生活在永远相距不远的死神的阴影之下——这一切都是因为我和他者在这个结合中皆不可替代……在一个任何一方都不可替代的“社会”中，怎么能说对一方有利的就会对另一方有害呢？①

① ［英］齐格蒙特·鲍曼：《个体化社会》，范祥涛译，上海三联书店2002年版，第227页。

自我概念理解上的偏失在割裂了个体对于他人和社会责任的同时，还使道德与信任的关系发生变化。在个体化进程中，个人信任替代了社会信任，成为更加重要的社会关系。缺乏社会信任反过来导致只有在那些形成了密切私人关系的个体之间才彼此信任，而这一信任的基础是相似的经历、诉求与行为模式。这样一来，相似性就有可能替代传统社会控制的力量，成为吸引个体进行社会互动的最大动力，这会造成一种不管不顾其他差异性诉求的排他性共同体。政府机构本来应该提供维护社会信任的保障，但是，由于关系网的作用和部分掌权者的腐败，政府机构也存在着低信任度。当所有这一切都发生在日益个体化的社会中时，社会关系就陷入越来越工具化和碎片化的危险。[①] 由于“中性”标准受到质疑或抛弃，“合乎道德的结合”的重新构建在个体化社会中最终被多元化、异质的判断标准所腐蚀甚至消解掉，给混乱的自我道德评判留下借口。个体化社会意味着传统意义上的科层制的消解，社会控制面临着新的风险。在相对宽泛的时空内，生态环境并不总是机会均等地对个体产生相同的影响，个体的多元化选择将会是常态。也就是说，社会力量没有很好的说辞去说服个体采取一致步调。

如果说个体化社会中的道德关系取决于个体相对主观的选择与判断，是一种内在倾向性的话，那么，个体化社会转向的外显后果就是个体与社会公共事务关系的变化。由于个体被容易地分割与安排在不同的时空中，社会互动的“脱域”减少了人们聚集性活动的机会，“集体”的观念逐渐淡漠，传统的系统政治逐渐嬗变为亚政治（Sub-politics），从而导致大众概念的崩溃。[②] 现代性与“后现代”的共同侵袭导致了道德、价值的判断多元化，在席卷全球的市场力量的协助下，流动性成为最强大和令人渴望

---

① 阎云翔：《中国社会的个体化》，上海译文出版社 2012 年版，第 341 页。

② 现代性社会所形成的高度分工把人有机地规划在相应的社会地位上，这种分工在增加个体与不同他者互动机会的同时，也导致个体脱嵌于那些并不直接相关联的他者，对那些“不相干”的他者和领域漠不关心。

的发展动力因素，新的全球性自由流动增加了把社会问题转变为有效的集体行为目标的难度。另一方面，个体的社会行动由于强调“为自己而活”而对共同社会问题漠不关心，不再满足于由传统所提供的残缺的庇护，个体应对社会问题和事件的能力也被削弱了。生态风险的增加是因为它的全面性影响与个体的自我决定完全不同。生态环境问题的解决需要整个社会的一致努力，而个体化的自我选择与判断不足以抵抗或消除生态环境的影响，在个体选择无视或逃避生态环境问题的情况下尤其如此。退一步说，即使是想对生态环境问题做一个大致理解，单凭个体的主观性认知也无法做到。

个体被迫成为自我决定的负责者，其原因还在于个体化社会为社会传统控制力量的退场提供了合理的借口。在由个体构成的生活中，人所陷入的一切混乱都被认为是自我制造的，一个人可能陷入的所有困境都被宣称为陷入其中的不幸的失败者早已布置好的。不管充斥于生活中的是幸福还是厄运，一个人只能感谢或责备自己。① 个体化社会最大的威胁之一在于个体“自由选择”与“社会控制”之间双向关系的失衡——个体依赖于“命中注定”的行为模式；而社会控制则拥有更强大得多的“操纵资源”，在联合已经变得困难的局面下，个体无力反抗社会体制所造成的不公平，更无法深究社会为其设定的“原罪”。这种情形的出现似乎有利于社会控制力量的发挥，然而事实刚好相反。由于个体化社会是一种“自我决策”与“自我负责”的情境，所有的问题被归因于个体层面，“有组织的不负责任”成为国家（社会）责任缺失的有利机制。那些导致个体陷入困境的深层的社会问题也被遮掩起来，对推进社会政策与制度建设的改革形成阻碍；同时，由于社会成员被分裂为独立个体，且被虚假地赋予自我选择的权利，他们无法形成强大的合力，从而对社会的抗争也更力不从心。对于

① ［英］齐格蒙特·鲍曼：《个体化社会》，范祥涛译，上海三联书店 2002 年版，序言第 12—13 页。

那些没有充分论证的项目，个体怎么能弄清楚它给自己带来的危害呢？垃圾处理场距离自己多少才算是安全的呢？当社会个体无法有效质疑并抗争不合理的社会现象时，社会便失去了进步的部分推动力，变成一个僵化的牢笼。到处弥漫的僵化气氛会伤害国家公共机构的威信与作用，还导致民众对公共问题愈发淡漠，也对公共行为毫无兴趣，社会控制因此而陷入死结：一方面是个体由于自我意识而变得越发的“自由”，却又在应对社会不公平的事件上日渐无力，从而指望社会控制与整合能力的加强；另一方面则是个体的自我中心削弱了社会公共机构的调控能力，令其难以承担起强有力的保障责任。2013 年广西贺江水体污染事件所引起的纷争再次印证了担忧并非杞人忧天，官方、企业和民众以及个体在事件中的表现就揭示了“自由”与“推责”的相互关联。在生态环境问题上，社会控制力量的削弱一方面为具有超常能力的个体或组织攫取生态利益留下机会，同时还令问责破坏者的可能性变小，“有组织的不负责”最终放任了“公地悲剧”的频频发生。

第 六 章

生态安全的“后现代”探索

本书所谓的“后现代”并非激进后现代主义所言的后现代，而是意指类似于吉登斯和贝克的“反思性的现代性”。[①] 现代工业社会的发展已经暴露了诸多弊端，而生态危机与资源危机则是最引人关注的问题。罗马俱乐部触目惊心的报告开始唤起了人们的环境意识，并使有识之士为此而奋斗不息。但是，直至最近的哥本哈根峰会，人们依然不敢抱有太多的希望。在各种煽动性的口号以喧嚣的会议争论之后，生态环境依旧恶化，人类的安全仍然得不到保障。生态环境恶化的趋势没有得到控制或者有所好转，从根本上说，是因为人类仍然停留在自启蒙运动以来就已铸好的框架内。无论是在经济领域、政治领域、科技理性，或者是在文化领域内，带有启蒙特色的思维依然是至关重要的。尤其是，强大的工业经济无情地排除了一切与其不合的势力，抑制所有的突破，将所有的观念限定在它所设置的一整套体系之内。

现代工业社会以控制理性为基础，以最大限度地利用自然资源、牟取物质利益为目的，这就是现代社会所面临的生态环境危机的根源。一方面，这种发展模式促使人们将自然视为可资控制与利用的资源，而无视自然的多项非经济价值遭到破坏；另一方面，在生产——消费——抛弃的过

---

① 美国基督神学家米勒德·J. 艾利克森在《后现代的承诺与危险》一书中区分了不同的后现代主张，认为激进主义的后现代实际上对人类社会走出现代性困境无济于事，而吉登斯等人的后现代思想（反思性的现代性）却得到认同。

程中，自然被当作免费的垃圾填埋场，废弃物的随意生产给自然环境系统和人类社会系统，造成环境污染。因此，转换自然资源的效率越高，造成资源破坏和环境污染就越是严重。

传统的发展模式已经将自然推到了崩溃的边缘，严重威胁了人类的生存与持续发展，扭转这种局面成为了人类当前最紧迫的任务。事实上，许多国家和地区也已经在这方面做了卓有成效的努力，为人类今后发展做了有益的尝试。从现实来看，要改变已经恶化的人与自然的关系，仅仅是从转变经济增长方式，或者是改革政治使之更为开放，显然是不够的。更重要的是，人类必须改变对待自然的态度，从根本上改造其哲学基础，重造科技，实现一种“后现代”的转向。

这种“后现代”的转向并不是要试图与现代性绝交，而是指一种对现代性的“反思”。其旨趣在于反省人类过去的所作所为，以史为鉴，以风险意识来指导我们现在与今后的行动，走出当前的困境。学会在尊重自然的基础上与自然打交道，这不仅是对自然负责，更是对人类自己负责。只有在“和谐共处，共同发展”思想前提下，人类才能够突破“经济至上”进步观念的窠臼。尊重自然的理念并不是要倡导生态中心主义思想，更不是退回到与自然浑然一体的原始状态，而是正视人类理性的限度，并重新欣赏自然的综合价值。与传统的工业文明不同，这种反思性的“后现代”追求的是“生态的文明”，探索一种使人类社会生活在器物、制度以及文化等层面上，实现与生态环境共同稳定发展的文明模式。

第一节 科技的“绿化”

随着环境污染和生态恶化，那种认为人是自然的主人，“人定胜天”的观念已经被多数人摒弃。人是生物圈的构成要素，人与自然之间存在结果不对称的互动关系。无论人的自我约束或社会控制力量多么强大，社会的进一步发展总会消耗掉有限的自然资源，也不会停止对生态环境的伤害。但是，人类在不回到小国寡民的社会状态下，仍然可以减少破坏的后果。

作为对传统科技运用的反思与创新，绿色科技极大地改善了人与自然的物质能量转换关系，被人们寄予厚望。所谓的“绿色科技”是以保护人体健康和人类赖以生存的环境，促进经济可持续发展为核心内容的所有科技活动的总称。它不仅包括硬件，如污染控制设备、生态监测仪器以及清洁生产技术，还包括软件，如具体操作方式和运营方法，以及那些旨在保护环境的工作与活动。绿色科技涉及能源节约，环境保护以及其他绿色能源等领域，遵循“3R”法则。绿色科技将会成为新一轮工业革命，它包括：绿色产品、绿色生产工艺的设计与开发，绿色新材料、新能源的开发，消费方式的改进，绿色政策、法律法规的研究以及环境保护理论、技术和管理的研究等等。绿色科技是发展绿色经济、进一步开展环境保护和生态建设的重要技术保证，绿色科技负载着一种新型的人与自然关系，强调防止与治理环境污染，维护自然生态平衡。

一 科技理性重建

在古代的社会里，人们将自然视为是按照上帝或神的旨意来安排的，自然界中的秩序乃至人类社会的秩序都体现了神力的体现。即使是在基督教神学中，人类被抬高到地球“代管者”的地位，但是，所有的行动都要符合上帝的旨意，不能胡作非为。直到现代科学取代封建神学思想之前，神旨成为人类与自然和谐相处的依据，其表现是人类对自然界的顶礼膜拜。

启蒙运动很快就打破了这种“敬畏自然”的思想。在理性得到启蒙之后，人类开始以自己的旨意去探索自然界的秘密。无论是为了展现与体验上帝的伟大之处，还是为了揭开“上帝”的谎言，人类都开始变得越发的胆大妄为。尽管人类理性的欲念在古希腊时期就早已由柏拉图这样的先贤种下，但是，这种“背叛”的思想毕竟还被掩埋在各种稀奇古怪的神秘思想当中。启蒙运动抵消了神学的影响力，以张扬的理性为自己行事的基本原则：理性人类的目标是由人类自己，而不是由什么“神圣”的典籍所决定的，这一原则描述了人类的三部曲，即“知识—自由—繁荣”。这种还在遮遮掩掩的意图很快就被培根挑明了，“知识就是力量!”尽管培根自己没有在科学研究上做出太多不为神学所容的事来，但是，他那一声口号拨动了众多决心战天斗地之人的神经。

舍勒把17世纪看成人类发展的转折点，这种转折全面地表现在社会阶级关系、经济、政治制度以及自然科学等等方面。这期间的最深远影响是新的科学哲学替代了自然哲学，它直接导致人类对待自然的态度发生了转变。代替寻求物的范畴体系（经院哲学式的）和产生目的论的“形式领域”的金字塔式的概念分类的，是探求现象的数量——决定，规律——秩序的关系；过去流行的“类型”和质的“形式”概念让位给了数量决定的“自然规律”的概念。① 自此，以牛顿力学为基础的实证方式成为人类理解世界的主导认知模式。如果说以机械力学为基础的实证科学摧毁的是“死的世界”，那么，体现上帝秩序安排的“活的世界”也很快被天才的达尔文颠覆了。“进化论”解除了“目的论”的武装，认为自然秩序不是来自神的计划，而是来自物种适应其生存环境的过程，是一个随机的变异和自然选择的过程。至此，上帝已经无处藏身，自然也被“解魅”了。

在没有上帝的制约之后，人类就没有了顾虑，有的只是“窥探”的欲望。实证科学极大地拓展了人类主宰自然的能力，同时也祛除了人类对于自然的情感。理解指导现代科学的抽象方式的一种方法是认识到，它贬低所有那些对人的控制与支配愿望没有帮助的东西，诸如情感、终极价值以及美学价值等，都成为多余。工业革命所获得的成就加剧了这种单一的控制思想，使得科学彻底成为一种控制的工具。现代工业社会使生活之善与

① ［加］威廉·莱斯：《自然的控制》，岳长龄译，重庆出版社2007年版，第98页。

自然之善之间的联系越来越远，生活之善成为考量自然之善的标准，后者变成一种仅供利用的资源。

科学和技术的制度化发展催生并建构了工业社会，它将自然当作冷漠的、无价值的、机械的力量，从而分割了伦理与自然的联系。现代科学把自然看成机器，它遵从物理和力学定律。“生命”被理解为力的作用，“美”被看成分子的聚合，因此，自然本身无所谓“善”。许多现代科学至今仍然淌流着还原论的血液，所携带的仍然是控制的基因。于此，耐斯曾经明确地警告过：人们不能过分依赖生态科学。虽然科学生态学有助于达到深生态学的目的，但不应该误认为它是环境问题上的最高权威。我们要避免将生态科学变成“全方位世界观”的相应危险。这会在生态科学被认为可向所有环境问题提供解决方案时出现。……作为一门科学，生态学对我们理解自然界有很大的贡献，但我们必须认识到许多问题可追溯到认识论的和哲学的根源。生态科学无法取代哲学分析。① 随着工业社会及其效应的不断向前迈进，日益恶化的生态环境与被弄得满目疮痍的地球开始引发人类的恐慌与愤怒，于是，人们纷纷将批判的矛头指向科学技术，现代技术尤其成为发泄的对象。激进的人甚至以极端的方式破坏工厂，毁掉设备，但也开始理性地反思科学技术本身，就像法兰克福学派所做的那样，从思想根源去寻找弊端。然而，这些批判无视科学技术对于人类社会的作用，通常是以解构科学技术为最终目的。

消解科学技术或是回避科学技术的现实并非现代社会的出路。毕竟，伦理的批判或纯粹哲学上的批判都对环境问题的解决毫无作用。对现代科学技术的反思，其目的主要在于实现社会发展与自然稳定进化的双赢。在这方面，生态学也作了有益的尝试。

生态学以系统的思维为指导，反对以机械的还原主义来剖析自然，因

① ［美］戴斯·贾丁斯：《环境伦理学》，林官明、杨爱民译，北京大学出版社 2002 年版，第 243—244 页。

为这种简约的实证主义无法真正反映自然的本来面目。以此为基础的生态哲学（或者是环境哲学）对科学技术所进行的反思与批判，是近几十年来人类认识自然的巨大进步。与纯粹的伦理或者哲学批判不同的，生态哲学更多的是以生态环境科学为基础去寻找问题的解决途径。生态科学提供了自然生态系统如何运作的信息，帮助人们理解生态系统，可以作为制定保护或是改善生态环境措施的基础。就生态环境问题解决的主张而言，生态哲学可分为“浅绿”和“深绿”两种理论。前者主张在不改变现代社会基本结构、现有生产模式以及消费模式的前提下，通过科学技术的“亲环境化”和实施有效的环境政策来实现生态环境的改善；后者则更为激进，不仅主张打破现行所有的社会体制，更要彻底地改变人类的行为方式，通过价值观重建以及科学技术的“绿化”来建立新的社会模式。不难看出，无论是“浅绿”还是“深绿”，都不再是纯粹的伦理与哲学式的思想批判，科学技术成为实现“人与自然关系”之善的必不可少的武器。显而易见的是，对于生态环境问题的解决，人类还必须依赖于科学技术的进步。但是科学技术的进步需要从根本性的指导思想上接受批判与改造，要转变为一种亲近自然的科学技术，而不是作为单一地追求物质控制的工具在发展。在发展科学技术的同时，终极价值与“自然审美”应该被包含其中，以“整体论”作为指导思想。

二　科技的生态化

所谓科技生态化，是指社会科技发展趋向于生态科技形态，生态科技居于科技体系的核心，以实现科技成为环境优化力量的过程。其中，所谓生态科技，是指其研究运用能够促进整个生态系统保持良性循环，甚至能优化生态系统结构的科学技术系统，具体而言，所谓的生态科技并不仅仅指这类科技积极的生态效应，而是指它在产生生态效应的前提下，能够带来明显的经济效益，使得生态科技的研究和实施不仅保证了生态的可持续发展，而且也使经济的可持续发展和社会的可持续发展成为可能[1]。从根本上讲，科技生态化就是要用生态思想指导科学研究和技术应用，用生态规律引导和规范技术工艺体系，使科学技术能更好地为人和自然的协同进步。

科学技术是人类实践的创造物，它将自然界的“非常态”存在转变为符合人类需要的“常态”存在。在本质上，科学技术体现了人的“反自然”性，成为人与自然关系的中介，是一种“非自然”的创造物。因此，科学技术不可能与自然界完全相融，这也是科学技术负面效应无法彻底消除的根源之一。也正因为这样，科技悲观主义看不到光明的未来。然而，对于当前的生态困境而言，科技绝不是应该抛弃的东西。相反地，给满目疮痍的地球疗伤还得首先发挥科技的作用，只不过是不能以原来的方式来发展科技。正如有学者指出的那样：工业在适应生态，生态也在适应工业，生态学因此失去了它的纯洁。如果说生态学有前途的话，那么只能以工业的形式，而工业如果有前途的话，它也只能成为生态学的工业。这里预言了工业和生态学的综合。[2] 因此，无论是应对日益恶化的生态环境，还是对于日渐短缺的资源而言，科技研究与应用在“生态化”方向上的突破是希望所在，即“绿色科技”的发展或科技发展的生态化转向。

然而，在科技生态化的问题上，出现了两种相互联系而又有所区别的主张，即“生态科技观”与“科技生态观”。“生态科技观”主要凸显科技观中的生态导向与生态意识，其物化的必然逻辑结果是科技发展的生态化转向；“科技生态观”则侧重展示生态观中的科技导向和科技意识，其付诸实践必然强化生态发展的科技化趋向。[3] 更为简单的理解是，前者属于“生态学”的范畴，而后者则是“生态现代化”的范畴。要实现科技生态化不能仅仅把科技作为末端治理的工具，而是要从科技的研发阶段就要朝向绿色的目标。

---

① 覃明兴：《关于生态科技的思考》，《科学技术与辩证法》1997 年第 6 期。

② ［德］汉斯・萨克塞：《生态哲学》，东方出版社 1991 年版，第 107 页。

③ 叶平：《科学技术与可持续发展》，高等教育出版社 2004 年版，第 258 页。

尽管侧重点有所不同，但都在不强调“主义”的意义上说，两者是为了在发展社会经济过程中实现科技的“绿化”。“深绿”与“浅绿”还有另外一种差别，即应用的目的不同。人们把那些直接以保护生态环境为目的的科技称为“深绿科技”，比如说，水体的净化技术和草地的恢复技术。那些以间接地为生态环境保护为目标的，同时又具有多重目的的技术则被称为“淡绿科技”。例如，改进生产的工艺，从而提高产品的质量，降低废品率，并延长了产品的使用时限。或者是，减少排放以及降低能耗等等。在国外，生态化的技术通常被称为环境友好技术（environmentally sound technology）。环境技术是“节约资源、避免或减少环境污染的技术”，是人类为实现可持续发展而采用的，旨在保护环境、维持生态平衡的各种活动方式、手段与方法的总和。环境技术通过两个方面来减轻环境压力：在源头上实现生产的节能减排，在终端上直接治理与消除污染。主要是依靠科技进步改进或淘汰落后的生产方式，建立新型的清洁生产模式，从而节约资源、避免或减少环境污染，提高经济效益。从绿色科技与自然的亲和力上看，生态化的科技其实也可以被称为环境科技，或者是“环境友好科技”（environment sound tech-science）。

科技作为一种社会建制，是一个社会亚系统，它与社会政治、经济制度紧密相关。因此，仅仅将实现科技的生态化寄望于科学技术专家的身上是远远不够的，还必须有完善的社会制度作为保证。其中，加大对“绿色科技”研发的投入是基本的要求。对于现代社会中的科技研究来说，不仅耗资巨大，而且风险极大，同时也是一种漫长而又艰苦的活动。在广大的发展中国家，由于科技研发制度不完善，政府把自己置于主导地位，大包大揽，这无法合理地根据环境产业的实际需求进行有针对性的投入。政府对科技的过度干预，同时作为投入的主体，不但在许多方面力有不逮，也势必影响到市场力量的参与，不利于科技研发资金的多渠道与多样化。毕竟，政府只是调控者、管理者与监督者，而不是科技研发与应用的主体。因此，建设可靠的投入制度体系是绿色科技得以发展的基本保障。保证绿色科技研发的投入只是工作的第一步，如何在整个社会范围内实现绿色科技的效果还需要更多的制度配套。这种制度体系应该不仅有鼓励性的措施，也包括强制性的惩罚规定。鼓励性的制度或者法律规定必须保证绿色科技的研究专家们能够得到较好的回报，从而吸引更多的人投身到绿色科技的研发事业中；同时又鼓励人们应用这种科技，除了收益之外，生态科技观念的普及也非常重要。而强制性的惩罚制度主要是在于消除那些利益既得者对绿色科技的抵制。就经济利益而言，经常出现的问题是，更加“绿色”的科技在成本—收益方面要比传统的“红色”低，而且淘汰旧有的科技与设备通常造成极大的损失，从而致使生产者抵制新的绿色科技。

因此，政府有必要制定高水平的“绿色标准”作为市场准入要求，同时严格“谁污染谁付费”的制度，提高污染的核算成本，促使生产者主动寻求新的绿色科技的支持。在保证科技生态化的制度建设中，如何保护科技创新的知识产权也是至关重要的。对于科学家而言，知识产权的保障不仅是他们创新的动力，因为这不仅直接关系到他们的物质利益，更关系到作为一个科学研究者的声誉。在保护知识产权的同时，也必须防止知识垄断的情形。以保护知识产权为借口，实行知识专有的现象并不鲜见，发达国家设置的绿色壁垒就是“绿色科技”垄断的表现。面对全球性的生态环境危机，不同国家之间如何实现绿色科技的合理共享也是实现环境友好型社会的重点所在。在科技“绿化”的过程中，因为科技理性的限度，制度的设置还必须坚持谨慎的原则，以防止科技的滥用。

三 正视技术风险的根本属性

技术产生的风险无法准确捕捉，因此，在这个日益全球化、个体化的社会中，对风险的认识与规避绝不能仅仅指望于专家们。这样做的结果无疑是一种对风险的视而不见的愚蠢，这等于是直接让自己迷糊在风险的火堆之上。对此，贝克就警告道：“一种初始的洞察力是重要的：在危险事件中，没有人是专家——尤其是没有专家们……核能与臭氧层空洞就是明显的例子。因此，科学的进步驳斥了其最初的安全声明。正是科学的成功播种了对其风险预测的怀疑。”[①] 不单是一直以来遭受诟病的那些技术专家，即使是被视为人类理性骄傲的科学事业本身也因遭遇风险而产生危机。尽管不像费耶阿本德的“什么都行”，但科学的确可以被贴上“不确定性”的标签，科学知识遭遇到了现有知识边界上的巨大的混乱的裂缝——不可预料的不确定性。随着工业社会的不断发展，最后将没有任何一种社会机制（无论是现在已经具体存在的，还是将来具有存在之可能的，乃至是人类穷其想象所能想象到的任何一种社会机制）能够用来处理人们能够想象到的最糟糕的事故；而且没有任何一种社会秩序，能够用来在各种可能性中浮现最坏可能性的情况下确保工业社会的社会结构和政治体制不被摧毁。也就是说，即使专家们或者是那些非专家们都不遗余力地去试图获得某种借以安慰社会的预防和规避法则，最终都要面临梦想的泡沫破灭时的尴尬。

因此，除了在一方面继续寄望于专家之外，人们还必须对风险进行自我审视。对技术风险的这种不依赖于专家的思考对整个社会而言大有裨益：首先，技术风险难以规避，然而对技术风险的探讨与争论可以让人们更明确地认识风险，在理性的风险意识下坦然应对那些可能造成的伤害，甚至是那些已经造成的伤害和损失，成为一副极为有效的安慰药剂。在过去，很多的危害被认为是不可接受的，而现在的理性的风险意识使人们不但认为是正常的、可接受的，而且还是必不可少的“意外”，这对于人类消除由某一特定风险可能造成的更大危害是大有裨益的。其次，在认同风险难以规避的前提下，个体、组织、中央政府乃至整个世界就可以尽可能周详地制订预案，形成预警，从而“最大限度地”减少伤害。现代风险的全面性与全球性影响使得任何人都不可能独善其身，大家都在一条船上。

---

① ［德］乌尔里希·贝克：《世界风险社会》，吴英姿、孙淑敏译，南京大学出版社2004年版，第78页。

风险总是存在的事实迫使人们审时度势，采取开放的态度去权衡利弊，通力合作。质言之，风险的“公平性”与“全球性”不允许任何个人、组织或是国家的投机取巧的欺诈行为。最后，技术风险规避的近乎无解的客观事实反而更能激发人们试图去消除它。技术本身就是人们控制的机巧，这种控制的欲望也会反过来作用于风险规避本身。无论如何，技术风险规避的悖谬不该迫使人类向往复归到小国寡民的世界，或是不再应用与发展技术而无所作为。

第二节　生态政治建设

科技生态化对人类意义重大。但是，正如许多人指出的那样，仅仅依靠科学家或是技术专家不足以解决当前的生态环境危机。对现代社会的政治体系作出调整也是必需的选择。事实上，人类已经朝着这个方向迈进。率先在西方国家兴起的“绿色运动”已经部分地实现了它的政治意图，开始对全世界的政治走向产生影响。在“绿色运动”的影响之下，“绿色政治”逐渐地为世界各国所关注。为了破解生态环境危机的困局，不同国家开始关注并致力于推动政治建设生态化。

所谓“政治建设生态化”，就是尊重生态现实，把生态规律作为指导人类全部活动的依据，以人与自然协调发展的理念来思考和解决问题，最优地处理人和自然的关系。政治生态化，其实质是把生态环境问题提升到政治的高度，使政治与生态环境的发展一体化，最终实现社会发展与生态环境稳定的目的。生态政治可以在两个层面上理解：一个方面是指20世纪70年代在西方国家兴起并影响全球的“全球绿色政治运动”；另一方面是指知识，即生态政治学或生态政治理论。20世纪80年代提出的“可持续发展”在国家层面上得到认可，成为政治建设的重要内容。对于日益严重的生态环境危机与资源危机，“可持续发展”的观念甚至不能满足人类的安全需求。因此，更为合理的“科学发展观”被提起，并越发地受到重视。简言之，“生态政治”已经成为新千年的一个亮点。

一 可持续发展

为了应对现代社会中全球性的生态环境危机与资源危机，1987 年世界环境与发展委员会在《我们共同的未来》报告中第一次阐述了可持续发展（Sustainable Development）的概念，获得国际社会的广泛共识。该报告提出，为了解决人类的普遍贫穷，应该采取一种我们正在推迟采取的、不会使生物圈支离破碎的方式去实现必要的经济增长，这一方式也许是可行的。可持续发展被界定为“既满足当代人需要又不对后代人满足其需要的能力构成威胁的发展”。这一思想在两个方面区别于以往的发展思想。首先，它强调满足人类的需要（needs）而不是人类的需求（wants）；第二，它正式抛弃了在历史上被自由主义经济学家拥护的一个假设，即后代从根本上来说会比他们的前辈更幸福。①

可以认为，可持续发展思想的提出无疑是人类思想的又一次重大进步。它标志着人类开始学会以更加长远的眼光去筹划自身的发展，同时，将生态提升到世界政治的高度，表明了人类对人与自然关系的认识得以深化，在修正已被扭曲了的人与自然之关系的问题达成共识。对于当今经济思维发烧的工业社会来说，可持续发展无异于一副退烧药。它在一定程度上警醒人们，一味地追求经济发展将会导致什么样的后果。但是，可持续发展观也存在着很多问题。

然而，从布伦特兰委员会对可持续发展观所作的阐述来看，它不仅无法逃脱“口号”之嫌，还遭受许多人的质疑：

首先，在人们谈论“可持续”时，应该先问“可持续什么?”可持续

---

① 薛晓源、李惠斌：《生态文明研究前沿报告》，华东师范大学出版社 2006 年版，第 169 页。

的说法太普遍了，甚至那些不能算作环境主义者的人也用这个词。很显然，可持续经常被认为是“持续目前的生活方式和消费水平”。这样的可持续生活模式只是持续现在的状态。但是目前的消费方式，尤其是在消费驱动的工业经济中的消费方式，正是导致环境恶化的元凶，现在的消费情形正是要改变的东西。可持续生活和可持续发展都要求经济和社会发生改变。我们要警惕，不要只是简单地把可持续发展当作时髦词来谈论经济和消费的持续增长。[①]就大多数人的理解而言，可持续发展的重心被放在“可持续”上面，而这种可持续重要是不降低或者不改变当前的生活水平或生活方式。最终的目的在于谋求现在基础上的更进一步的发展。因此，可持续发展的模式注定持续地给生态环境施加压力，生态环境的恶化依旧持续下去。

其次，表面上看，可持续似乎是瞄准了未来，但是，其逻辑基础却是注重“现在”，是在保证“现在”的基础上去考虑“未来”。但是这样一来悖论也出现了：一方面，人类坚持现在的物质生活水平并争取有所发展，不能对此有所损害，而现实是生态环境日渐崩溃；另一方面，人类希望有个能够向后代人作交代的良好的生态环境。如果极限将至，何谈持续？对此，皮拉杰斯（Dennis Pirages）表示了担忧：可持续的生活意味着人口的增长应该受自然的限制，不能给后代在环境和机会上带来长期的影响，但另一方面，在下一个世纪建立可持续发展的社会将是一个复杂而艰巨的任务，因为所有的工业社会正在超出它们所拥有的承受能力，至少在某种程度上是这样。[②]为此，他认为，人类社会在长期的发展进程中，尤其是经过近400年的工业社会，它现在的价值体系、消费模式与制度体系等都已接近顶峰，现在的资源已不足以支持当前的发展模式。总的来看，皮拉杰

① ［美］戴斯·贾丁斯：《环境伦理学》，林官明、杨爱民译，北京大学出版社2002年版，第96页。

② 薛晓源、李惠斌：《生态文明研究前沿报告》，华东师范大学出版社2006年版，第165页。

斯看到了地球负重的难以为继，但他仍然认为，构建可持续发展的社会不需要进行生态忏悔，如强迫的素食主义或认为时尚产业就是麻袋布。相反，真正理性的发展和新的政治目标，只能通过采取新的方法去提高人类的满意程度而不是继续增加自然的负担来实现。其实，这也是当前大多数人对可持续发展观念的理解，即不可能损害当前的物质生活水平。可持续发展只能寻求短期内的人口和经济行为的优化水平。长期来说，可持续发展提倡人口规模稳定的人口政策。可持续发展目的在于最大产出最有效地利用资源，同时要与地球生态圈的生态能力相匹配，以保障持续、稳定而长期的生产。

与之相似，曼达（Munda）也批判了可持续发展观念中的“弱可持续性”的标准，认为这种可持续观试图通过人力资本的方式来减少对环境的依赖。但是，这种弱可持续性的标准却没有认识到自然资源与人力资源的共通之处，人力资源的获得需要由自然资源转化而来，而且也不可能完全替代后者。最为关键的是，人力资本是单功能的，而自然资本却是多功能的。比如，道路的存在仅仅是为了运输，而林地不仅能够给人类提供食物和避藏，还能够作为人类生产排放物的存储库。① 曼达不仅对这种货币计算法的“弱式可持续性”标准提出批评，也批判了由生态经济学提出的“强式可持续性”的标准，即非货币计算法的发展方式。这种方式认为，某些种类的自然资本对于生物圈的健康是至关重要的，这样的资本不是人力资本可以替代的，我们需要自然资本的重要储蓄量和重要流量为直接的物质测量基础，建立生态可持续性的非货币化指标。对于曼达来说，强式可持续性的标准容易受到科学的不确定性与政治因素的影响。其中，全方位的民主决策是困扰这种模式的最棘手问题，因为并非所有的公民都拥有同样的决策权力与能力。尽管可持续发展观念对生态主义具有相当大的利益，

---

① 关于曼达对“弱式可持续性”标准的批判论述，参见布赖恩·巴克斯特的《生态主义导论》，第 192 页。

但它仍然是一种高度的抽象。尤其是在资本主义形式中，“绿色”政治经济学的一种更加具体的策略被称作生态现代化。①

所谓生态现代化，是在可持续口号下的另一种使人类社会发展更加“绿色”的构想，主要是通过“绿色科技”来实现对资源的高效使用，从而降低对自然的危害。其拥护者宣称，生态现代化的一个核心目标是减少人类发展对自然环境的压力，实现经济增长与环境退化的脱钩。②尽管宣称生态现代化是一种包含现代科学、现代技术以及人文社会科学在内的综合性思想，但是，从生态现代化的提出者——修伯（Huber）的主张可以看出，科技始终是核心概念，并且体现出强烈的经济账信息，即显而易见的人类中心主义烙印。将工业生态学视为生态现代化的核心概念，其实就表明要以科技来组装现代工业，使其具有类似于自然的代谢机制。以科技为发展的核心概念，尤其是在现代“绿色科技”能力还极为有限的情况下，生态现代化终究不是人类社会要追求的终极目标。许多学者对生态现代化的理解也表明了这一点。对此，修伯自己也承认，生态现代化既是一个广泛的社会过程，是生产和消费的工业模式的生态转型过程（丑陋的工业毛毛虫转型为生态蝴蝶）；也是工业社会发展的一个必然阶段。③贾丁斯甚至认为生态现代化不是一种行之有效的模式，它只不过是遵循老路子，更为合理对资本主义政治经济学进行重组。

发达国家或者强势的经济群体会乐意支持生态现代化的主张，因为这更有利于他们获得这场游戏的胜利。对他们来说，只要利润和竞争没有形成妥协，他们就愿意对科技进行修补，并且愿意支付资源消耗的补偿。他

① ［美］戴斯·贾丁斯：《环境伦理学》，林官明、杨爱民译，北京大学出版社 2002 年版，第 196 页。

② 中科院中国现代化研究中心：《中国现代化报告 2007——生态现代化研究》，北京大学出版社 2007 年版，第 87 页。

③ 中科院中国现代化研究中心：《中国现代化报告 2007——生态现代化研究》，北京大学出版社 2007 年版，第 97 页。

们还可以依仗科技优势对第三世界进行变相的掠夺，并有可能方便地转嫁污染与危机。正是出于对这一现状的敏感，“全球生态学”思想的支持者撒切斯（Sachs）对可持续发展观念提出了最为激进的批判。在撒切斯看来，可持续发展观其实就是一种花言巧语，它纵容了全球资本的霸权，强化了“全球”政客、官僚和“专家”的权力，而这些人全部来自“发达的”资本主义社会。可持续发展中体现的“发展”仍然是基于通向未来的单一的经济道路的观点；换言之，是一种已经被西方自由资本主义社会采用的道路，是一种鼓励世界“欠发达”地区追随的道路。可持续发展的花言巧语的一面是，通过“一个地球”的暗喻喋喋不休地指出无差别的“人类”面临的是所有人类必须一起合作来解决的一系列问题来伪装自己。①

然而，我们也注意到，生态现代化理论的致命伤在于它强调以“现代化”的方式来对待自然，是以经济效率为考量的模式，本质上是更为精致的“人类中心主义”。它虽然反对过度消费和过度人口，认为它们会耗尽资源，威胁当代人以及后代人，但却忽略了对自然界的伤害。

二 科学发展的理论构建

可持续发展观既是基于人类对以往社会发展失败教训与成功经验的总结，又是批判吸收现代社会中的优秀理论的成果。对于传统的发展模式而言，这无疑是人类自我认识的一大进步。但是，在指导现实的社会发展中，可持续发展理论也遭遇了困境：无代价（或者低代价）的发展是否可能？

正如上文所阐述的，且不说对可持续发展在基本概念上的质疑，即使是认同了可持续发展的可能性，那又该何为？为此，有学者认为，人类发展的代价取决于三个问题：一是人的实践活动是否必然干预自然生态系

① ［美］戴斯·贾丁斯：《环境伦理学》，林官明、杨爱民译，北京大学出版社 2002 年版，第 207—208 页。

统，这种干预是否必然危及生态平衡？二是在资源有限的条件下，人们能否在空间和时间两个维度上超越零和博弈关系的限制，而实现可持续发展所要求的代内公平和代际公平？三是在发展过程中作出选择和权衡时，所得与所失之间是否具有可比性，又如何加以比较？[①] 与此同时，可持续发展观还必须面对理论上的挑战，即人类是否具备足够的能力来构想今后发展中可能会出现的诸多问题。从可持续发展观的表述来看，过于空洞的内容可以被人们以不同的方式来理解，很容易被混乱的思想所扭曲并成为特殊利益集团的魔法石。

在部分学者眼中，可持续发展当然不是包医百病的圣药。正如塞尔日·拉图什（serge Latouche）一针见血地指出那样，可持续发展观只不过是试图缓解经济增长"坏"的方面的最新尝试；但是，将环境因素纳入经济考量并没有改变市场经济的性质，也没有改变现代性的逻辑。[②]"可持续发展观"所面临的困境表明，人类仍然在不懈地探索发展的路径。

如果说西方国家在"绿色运动"的影响与推动下率先思考生态环境问题，并提出了具有积极意义的"可持续发展观"的话，那么，中国现在也在"反思性的现代化"过程中不再落于人后。中国政府明确表示，中国在探索新的发展路子，并旗帜鲜明地提出指导中国社会发展的"科学发展观"。人类在吸收了前人成果的基础是提出了"可持续发展"理论，而"科学发展观"则是对"可持续发展观"这一现代发展观的吸收和借鉴。"科学发展观"不仅是针对中国国情的总结，也是对世界格局的准确把握。它具有丰富的思想内容，并消解了对传统发展观念的刚性理解。在科学发展观的理论体系中，生态文明被从国家战略的高度来理解。科学发展观的"科学"，强调和突出的是社会发展问题上的合规律性与合目的性：它不仅强调了在社会发展问题上人应该依循科学规律，而且强调了要依循人

---

① 何中华：《社会发展与现代性批判》，社会科学文献出版社 2007 年版，第 260 页。

② 薛晓源、李惠斌：《生态文明研究前沿报告》，华东师范大学出版社 2006 年版，第 107 页。

的尺度、人的需求、人与自然关系的内在逻辑。因此，科学发展观的“科学”所强调的，既是对发展规律的尊重和遵循，也是对人文逻辑的尊重与顺应。

科学发展观的基本内容是全面发展、协调发展、可持续发展和“以人为本”的发展。从这个意义上说，在社会发展的理论和实践过程中，片面发展是不科学的，全面发展是科学的；不协调发展是不科学的，协调发展是科学的；掠夺性的、粗放性的、低效益的、不可持续的发展是不科学的，节约型的、高质量的、可持续的发展是科学的；只见“物”不见“人”，以各种形式的“物”消解“人”的发展是不科学的，“以人为本”的发展是科学的。这是科学发展观的本质所在和基本规定。[①] 比之于“可持续发展观”，“科学发展观”在肯定发展的前提下，更为强调发展的“科学”性，更为统筹兼顾地看待人与自然的关系。最大的差别在于：科学发展观突出了“人之为人”的内涵，人的发展不只在于物质生活层面上的提高，更在于全面发展。人的全面发展就意味着人不再偏执于物欲的追求，从而重新发现失落的精神王国。从这点来看，科学发展观具有从根本上重构人类意识的哲学功能。尽管具有很大的理论上的优越性，但科学发展观要成为世界性的指导思想，就必须在一些具体的环节上有所完善，成为更具操作性的指南。

无论是西方国家还是非西方国家，要实现政治的生态化，就必须在政治决策过程以及法律、制度的制定等方面表现出更大的开放性。从历史的经验以及实践的过程来看，这就既需要进行自上而下的管理，也要有自下而上的决策方式。从这一角度看，“绿色政治”的实现与否取决于是否落实以人为本；公平正义、民主协商；生态运动要走向政党组织，与政治民主紧密结合。为此，美国的丹尼尔·A. 科尔曼在《生态政治：建设一个绿色社会》中指出，环境危机的根源在于人类事务的政治之中，同时也必须

---

① 杨楹、王福民等：《关于“科学发展观”的哲学对话》，《哲学研究》2009 年第 11 期。

依靠政治来解决环境问题。他认为，人们可以以政治重建的方式让环境破坏的过程发生逆转，通过确立生态责任、参与型民主、环境正义、社区行动等价值观，生态型政治战略是可以行之有效的。具体地说，生态政治具有以下三个基本特征。

首先，政治生态化要求各国政府决策行为生态化。政府的政治决策必须以生态环境作为重要的参考，不仅要有合理的事前控制体制，还要对生态环境形成比较完善的影响评估，有事后处理规章。其次，政治民主和公民政治参与行为是政治生态化的保障。如前所述，我们有理由对个体的生态环境认知能力表示质疑，但是不可能质疑广泛的民主参与的作用，自下而上的民主意志对于政府决策合理性的积极意义已经被充分证明了。在国家范围之内，民主参与越是广泛，政府的决策就越是容纳进更多彼此不同的利益、文化以及政治等方面的因素，从而更好地做到统筹兼顾，实现公平公正；在国际上，对于事关全局的生态环境问题的解决，也必须由所有国家来共同协商，结合历史事实与国情现实来平等地协调与磋商。其三，政治生态化还要求政治教育生态化。政治教育的目的是为了提高公民政治文化与政治意识。为什么世界范围内的减排计划没有获得成功？你可以归因于经济利益的多元化，或者是政治目的的需要，甚至还可以归因于胡作非为的瞎闹。但这至少可以表明，在由西方国家操纵的现有国际体系中，正义没有得到伸张。一旦缺少公平性与公正性，政治生态化的设想就会在无休止的争吵与斗争中流于形式，成为无法实现的口号。

生态环境的公平公正体现在三个方面：一是在生态环境破坏所应承担的责任上的公平，对生态环境问题的现实作历史性的理解；二是对生态环境危害的分配公平，避免有意的危机转嫁行为；三是只有当人类的基本需要与非人类存在物的基本需要发生不可避免的冲突时，我们才可能为了前者而牺牲后者，而且我们必须尽全力避免这种冲突。

第三节　全球风险文明

至今，仍然有人出于保护既有的工业模式与政治利益而对“生态环境危机”加以攻击与否定，极力为现有的社会体系辩护。“丰饶论者”与所谓的“普罗米修斯主义者”就是这些人的代表。他们认为，“生态危机论”不仅低估了人类社会所具有的对自身活动的协调能力，也忽视了科技发展及其应用对人类未来经济活动所能产生的巨大影响。此外，环境问题就像它们的历史性产生一样，也会随着人类经济活动的日趋合理化和科技的不断进步而得以解决。为了证明所言非虚，他们甚至翻出历史的旧账，认为生态危机论对生态崩溃以及社会经济崩溃的预言从未准确。因为生态危机论者的理论模型是不准确达到、过于简化和主观性的。但是，事实胜于雄辩！进入新千年之后，飓风的强度与次数都在增加，极寒天气与高温天气也不断地突破近期的历史纪录，各种极端气候已经开始使人类疲于奔命。频发的自然灾害是在向人类发出信号：自然危急，人类危机。人类需要以积极的态度回应这种危机的挑战，力争在化解危机的过程中实现发展的新飞跃。

一　风险文化

与前现代社会中的人比较起来，现代社会中的人似乎更加缺乏安全感。一方面是因为多数现代人已经衣食无忧，有能力要求更高质量的生活，这是社会进步的反映；另一方面是因为人类自身制造的灾难越来越多，影响后果越来越严重。就像贝克所认为的，现代社会已经进入风险社会时期，社会对风险的关注超过了对物质财富的关注。贝克的这种观点不仅是对现代社会事实的描述，同时还透露了生态环境危机的社会——文化和制度本质。在风险无处不在、无时不有的社会里，坦然面对风险的挑战应该成为当前的共识。要能够从容应对风险，首要的事是理解风险，并具备风险意识，而这种意识则主要来自于风险文化。

长期以来，风险文化都没有得到足够的重视，即使是在最近的时间里，它也是在引起批判的时候才成为中心。的确，人们或许很难给风险文化下确定的定义，因为它是一个关于主观感受与认知的范畴。斯科特·拉什就认为，风险文化理论就是一种以崇高审美判断为基础的非逻辑性的反思。由此看来，风险文化可以被理解为特定主体在认识、理解风险以及应对风险时所表现出来的价值观念、心理状态与行为习惯。质言之，风险文化是关于风险的文化。风险文化的内在含义是指这种文化成为社会中的主导文化，成为社会群体的一种意识形态。对于生态安全问题来说，风险文化建构了新的话语体系。

传统的生态环境观念在本质上是一种静态的观念，即单一地根据“现时”的状态来定义生态环境的好与坏，它缺乏一种“由此及彼”的思考动力。而风险文化视野中的生态环境则永远是动态发展的，是变动不居的，现在的良好状况并不意味着安全。此外，风险文化肯定了风险认知、传播与发生影响的吊诡性，呈现出一种横向的水平散布模式。因为信息和通讯的流动性取代了传统社会垂直式的秩序性，它们可以带来无可抵挡的穿透性。这种横向的传播不仅为风险的全球扩散提供了便利，而且也不利于风险的规避。生态环境风险的传播的全面性与影响的全球性使得任何人都不可能独善其身，它迫使人们超越民族国家的范畴，审时度势，采取开放的态度去权衡利弊，通力合作。风险文化的作用不仅表现在对风险的认知方面，更表现在它所带来的社会影响方面。

风险文化认为风险是一种基于非逻辑性的主观感知，是人为建构的产物。为什么人们会强调一些风险，而忽略另一些风险？为什么在同一个社会里，一些人关注这种风险，而另一些人却关注别的风险？这主要是与人们不同的文化背景相关，也就是说风险认知具有文化相对性。因此，专家系统在风险社会中不具有权威性。无论是从风险产生的过程来看，还是从风险的影响后果来看，风险都失去了科学的客观性。这在一定程度上有利于缓解日趋专业化的专家控制系统，延缓精英们对社会生活的把持。对专家系统的动摇还会附带地产生一个积极的结果，即消除了一部分风险源。如前所述，现代社会的风险主要是人为的风险，来自于人们的决策过程。科学技术专家系统本身就具有高度的复杂性，使它本身就成为风险的来源。这种结构复杂的专业化系统一方面可能随时有崩溃的风险，也可能会在正常运转之下产生意想不到的结果。对于现代社会全球性的信息流动，专家基于逻辑基础上的风险定义以及规避方式不可能全面地反映风险的真实面目，因此，只有依靠发现规则的强化设计而非基于决定性判断的行为，风险才能得到解决。[1] 在一定程度上说，风险文化能够使得社会个体更为直接地面对风险，形成自主的选择。北欧的一些国家，比如丹麦，在他们的素质教育中，主要是培养公民的自我决定、对社会事务的积极参与能力，其中就包括风险文化教育。

风险的普遍存在、风险的全球性影响以及风险的吊诡性，都促使人们谨慎行事，谨思慎行，从而以期能够坦然面对发生的灾难。尤其是在现代网络高度发达的生活中，知晓风险存在的方式以及产生影响的机制有利于辨别并免除受媒体和社会流言的左右。具体来看，培育与发展风险文化可以产生两个方面的积极影响。首先，技术风险难以规避，然而对技术风险的探讨与争论可以让人们更明确地认识风险，在理性的风险意识下坦然应对那些可能造成的伤害，甚至是那些已经造成的伤害和损失，成为一副极为有效的“安慰剂”。在过去，很多的危害被认为是不可接受的，而现在的理性的风险意识使人们不但认为是正常的、可接受的，而且还是必不可少的“意外”。对风险本质的清醒认识有利于人类消除恐慌，并避免因此而产生的社会震荡。其次，尽管风险无法预见，也无法计算，但这不等于说人们对此束手无策，坐以待毙。在认同风险难以规避的前提下，个体、

① ［英］芭芭拉·亚当、［德］乌尔里希·贝克：《风险社会及其超越：社会理论的关键问题》，赵延东、马缨等译，北京出版社 2005 年版，第 84 页。

组织、中央政府乃至整个世界就可以尽可能周详地制订预案，形成预警，从而“最大限度地”减少伤害。

二 风险文明

风险作为一种普遍存在的状态，任何社会都无法规避。这是新时期人类社会必须直面的事实，也是任何社会行动必须参照的基础。贝克虽然宣称烟雾是民主的，被污染的水不会因为你是总理而绕行，但他同时也承认，风险分配也是不平等的。在旧工业社会，财富分配的原则与风险分配的原则是相一致的，而在工业风险社会中，这些分配的原则并不相同：一方面，统治者继续控制着财富，而却将风险留给了社会底层。① 这不仅是指前面所说的认知差异的问题，也指风险可能造成的伤害或损失的程度差异；另一方面，在现有的社会体制下，风险被不平等地分配给相应的对象。比如，生态环境风险对于发达国家与非发达国家的影响截然不同。对于同一种类的风险，发达国家有可能凭借其实力将其后果减少到很低的水平；而广大的不发达国家则被这种风险带来的后果击溃，那些落后国家所面临的后果尤其严重。事实是，现在的许多不发达国家会遭遇更多的风险，至少是化解风险后果的能力更为低下。

风险在整体上还是主观的、多维的现象，不存在一个共同的量度标准。即便是在同一事实的基础上，也可以形成不同的理解。这种理解的不同通常会造成冲突，而风险的社会冲突的原因则在于受影响方的风险价值的差异性。风险价值一方面受文化的影响，另一方面也受社会实力的影响。对吸烟风险的认知被认为主要是受文化的影响，尽管得到明确的警告，心理因素与行为习惯仍然驱使吸烟者大胆地点燃香烟，因为他们认为不值得重视；而对一些技术性的风险而言，实力因素则占据更重要的影响

---

① 薛晓源、周战超主编：《全球化与风险社会》，社会科学文献出版社 2005 年版，第 324 页。

地位，例如某种人体器官移植手术。

正是因为风险价值差异性所导致的冲突在生态环境上表现得尤为明显，在人与自然的关系上，并非所有的人都具有同样的情感，也不具备同样的认知能力，因此，这种差异性直接导致人们对社会行动后果的反应存在差异。比如，巴西热带雨林地区的土著人强烈反对旅游开发，哪怕是有限度的且不会导致生态环境恶化的开发，因为自然的意义对于土著人与外界人来说是不一样的。进一步地说，即使都认识到热带雨林正在被侵害，他们也的确采取了保护行动，但是理由却有可能是完全不同的：土著人通常会以道德理解为基础，“因为这片雨林是世界上最大的雨林，是值得保护”；而外界的人则更可能是从它对世界生态环境的影响的角度去考虑。由于风险价值差异性的存在，人们在应对生态环境风险的行动中就必须协调好这种差异，它关系到人类能否采取一致步调，同时也是一个与风险正义相关的问题。国家之间迟迟无法达成一致意见，不能立即采取行动来阻止生态环境的恶化，就是因为在生态环境风险的分担方面没有得到很好的协调。

风险冲突会导致两种后果：一方面是人们在主观上不愿意遭遇风险；而另一方面，风险总会遭到否认。这两种后果都会使得人类在处理生态环境问题上举步维艰。因此，生态环境问题的解决的理念应该有所转变，不能过多地聚焦于生态环境“是否安全”上面，应该更多地考虑风险冲突问题，考虑如何分担风险，即问题的关键应该由“多安全才算安全”转变为“多公平才算安全”。这一思路既兼顾了历史，又能根据现实，同时也尊重了文化的多样性与差异性。实现风险公平分担的途径是民主协商，而不是遵照原来的社会体制。荷兰的沃赫特贝格认为，实践的结果只有一种类型的民主，那就是沿着协商民主的方向去拓展和加强自由民主，只有它才能使风险社会从容应对生态灾难并实现可持续性发展的目标。① 从某种意义

① 薛晓源：《当代西方学术研究前沿报告（2006—2007）》，华东师范大学出版社 2006 年版，第 291 页。

上说，对于生态环境问题的解决，无论是在国家内部还是在国家之间，通过民主协商的途径是唯一的办法。因为它不仅有助于实现风险的正义，还可以消除“有组织的不负责任”的困境。因为民主协商使各个不同主体的利益、文化等方面的差异性得到体现，激发了主体意识；同时，协商的方式可以明确主体的义务。

现代社会之后，工业所创造的物质产品进一步刺激了人们对自然和社会的驾驭和改造的强烈欲望，人类社会开始了“大量生产——大量消费——大量丢弃”的时代。在人类的大肆掠夺与盘剥之下，生态环境迅速恶化，资源日渐枯竭。面对这一现实，人类被迫思考自己的前途命运。为此，“可持续发展”的观念引起世界各国的普遍认同。但是，如前所述，“可持续发展”携带了经济至上主义的病毒。经济发展的诱惑使得人类社会的发展轨迹没有丝毫的改变，依然挟持着物欲的人群向前疾驶。要缓解甚至扭转当前的生态环境趋势，就必须提倡“绿色消费”文化，屏弃对物质消费的偏好。因此，“绿色消费”也是风险文明的必然要求。绿色消费既是针对传统消费模式不可持续性而明确提出的，又是对传统消费模式的深沉反思，更是推动经济增长方式的转变和实现可持续发展的重要环节。绿色消费这一全新理念的提出，不仅反映了消费层次与质量的提升，而且也反映了人类文明的跃迁和社会历史的进步。摒弃倾向于物质消费的传统模式，可以极大地减少资源的消耗，减轻生态环境的压力，其实也就是降低生态环境风险。

绿色消费主要是指消费的“非物化”，即轻量化，它并不排斥物质消费。非物化消费与“生态化消费”有相似之处，却不完全相同。非物化消费主要在于克服物质消费的贪欲，是一种“祛物质性”的消费，它内在地包含了消费的精神取向；而生态化消费的重点则在于强调所消费物品的“可循环”、“无毒无害”这一层面。相同之处在于两者都反对过度的物质消费，减少资源的浪费，都是有利于生态环境保护的消费方式。以轻量化消费作为现代社会的消费理念功在当今，利在后代。在代内，它有利于实现不同群体或者是民族国家之间利益上的公平性；在代际之间，它考虑到了后人对生态环境安全与资源安全的诉求。轻量化消费能够在减缓生态环境压力的同时，提升了人的素质，有利于人的全面发展。反过来，人的精神层面的提高又可以加深对自然的理解，对人与自然的关系形成更为理性的认识。轻量化的消费模式同时兼顾人的物质与精神需要，既考虑到人与自然和谐进步，又能实现人的全面发展的消费模式。它表现在合理的消费观念、消费方式、消费结构和消费行为等方面，有适度、健康、循环等特点。质言之，轻量化消费在本质上与生态文明的要求是内在一致的，是理性的消费模式。

总之，通过科技绿化、生态政治化努力以及风险文化的培育，现代社会完全可以一改现有的社会秩序与社会生活模式，从而实现良性的发展，即达到新的文明阶段——风险文明。所谓风险文明，一些学者称之为生态文明，是指人类社会进入后工业社会之后的一种发展状态，包含着前两个文明阶段的发展成果，是人类当前更高级阶段的文明状态。有学者直言，风险文明是对当前人类发展阶段的一种客观描述，是社会文明的最新发展阶段，是人类风险理性发展的充分反映。① 在笔者看来，风险文明不仅告别了将风险理解为可计算性的简单思维，也开启了一种新的社会活动的模式。风险是不可计算与可计算的统一体，这也是风险给予的机会。在新的历史阶段，人类必须要学会以积极的态度去应对风险，从中发现机会，“化险为夷”。风险文明倡导了一种风险意识，使人类决策活动自觉地根据生态环境的要求行事，自觉地进行风险知识的积累，训练以风险视角来处理和观察问题。这改变了传统工具理性那种追求利润的片面性，使人类活动有了多种价值追求，有助于人类生存环境的保护和构建风险理性。② 在

① 薛晓源：《当代西方学术研究前沿报告（2006—2007）》，华东师范大学出版社 2006 年版，第 118 页。

② 薛晓源：《当代西方学术研究前沿报告（2006—2007）》，华东师范大学出版社 2006 年版，第 130 页。

认同风险难以规避的前提下，个体、组织、中央政府乃至整个世界就可以尽可能周详地制订预案，形成预警，从而“最大限度地”减少伤害。在与风险的交往中，人类理性得以进步。在人与自然的关系上，一旦这种风险逻辑取代了财富逻辑占据了社会的主导地位，那也就标志着“人重新发现了自己”，标志着被现代性解构了的“生态安全”又被重新建构。

第四节 “重新嵌入”：个体化的应对

贝克指出，个体化和风险社会是现代性发展的极端表现。中国社会由于缺少相应的文化积累和制度支撑，在个体化进程中出现了不同于西方社会的反常的新自由主义，这是一种掐头去尾式的被阉割了的个体化。在个体化土壤贫瘠的中国社会中，个体化社会发展增加了风险。个体化带来的风险是包括了所有的社会生活领域，当然也包括生态环境领域。最明显的体现是，在生态安全问题上，个体化造成了“这样才是安全的?”认知窘境，而这种窘境的形成就在于社会构成的转变，社会价值体系与自我意义又尚未获得明确的参考样本。

从现代社会的构成来看，过度的个体化已威胁到社会和谐共处的根基，危及人们借以保证每一个人各行其是的制度基础，网络社会正是科学技术急速推动社会个体化并动摇社会构成的最直接表现。在本就高度分化的社会中，个体化制造了“为自己生活”的更开放的空间，个体在这种空间中的行动不能直接由自上而下、由外而内地决定。因此，化解风险的机会主要在于个体伦理的重新塑造，而重塑则又必须立足于整个社会系统的重新构建。个体化动摇现代社会和谐共处根基的风险已经引起了西方社会的重视，也有许多学者开出了救治的药方。在此背景下，社会质量成为西方社会（特别是欧洲社会）重新考量现代社会发展的视角，“社会质量理论”正是反思个体化风险的结果。这一理论突出社会团结对于社会发展的意义，指向的便是个体参与社会的条件与潜能，通过强调条件性因素、建构性因素与规范性因素的整合，以给个体参与社会行动搭建框架，最终确保个体与社会的良性互动。为了保证合理的社会互动与正确的人生航向，个体必须在高度个体化的文化中具有敏感性，学会与他人相处，懂得包容和承担责任。当个体不得不直接面对具有吊诡性的生态安全时，个体的敏感性需要明确的社会规制作为参照，以便于在自我认知生态风险与作出反应的同时，不至于损害他人或社会的生态安全诉求。作为具有强力的中央控制的社会主义国家，中国正好借此良机重塑社会价值体系，通过营造一种有中国特色的社会主义核心价值体系以克服个体化。如同林卡教授所认为的，社会质量理论与我国提出的和谐社会构建目标有很多共通之处，它可以成为构建中国特色社会主义价值体系的分析视角与评价工具。

贝克所说的个体化前提条件和表现是“福利国家所保护的劳动市场社会的普遍化，消解了阶级社会和核心家庭的社会基础。”① 因此，在发达的工业社会，风险主要是削弱了原有社会结构（阶级和核心家庭）的社会基础。中国社会个体化形成的前提条件虽然不同于贝克所说的发达工业社会，但是，个体化带来的风险并不少于发达工业社会，甚至还多出了很有无法借助既有路径来加以解决的中国特色的风险。

在风险既存的现实条件下，问题的关键就在于如何通过变革以型塑消解风险的社会体系。基于对中国社会仍处在前现代、现代和后现代共存的现实，可以认为，中国的社会体系建设按以下路径，有可能解决个体化中“重新嵌入”的问题，由此可以化解或者缓解个体化社会风险，特别是个体在生态安全问题上的模糊认知。在中国，重新嵌入要解决的是两个层面的问题：一是社会自主参与和合作问题（社会组织和社区共同体发展问题）；二是社会自我约束问题，这主要是涉及社会道德问题。

① ［德］乌尔里希·贝克：《世界风险社会》，何博文译，译林出版社 2004 年版，第 187 页。

第一，以社会组织推动个体的社会参与和合作。社会体系建设的关键还是培育社会组织，促进社会组织参与社会，加强社会合作，增强社会归属感。中国的社会组织并不发达，一方面是受制于社会组织体制，另一方面也因为缺乏实践经验，特别是应对个体化社会行为的经验。社会组织发展取决于社会组织体制改革以及政府的资源和政治支持。可喜的是，最近一些地方政府已经放宽了对社会组织发展的限制，并且向一些社会工作组织购买公共服务，这是一种好的态势，因为这种转变有利于以组织的形式克服个体的分化。但是，目前社会组织还是发展得不够理想，成立社会组织的门槛和制约还相当多，社会组织获得资源的渠道少，它们参与社会建设的能力也比较弱。另一方面，个体对于中国社会组织的认同度较低，这也影响了社会组织在引导和支持个体社会行动的有效性。

从区域性来看，人们通常认为生态环境问题的病根在于内部，即生活在特定区域内的人所导致的结果。在这样的认知前提下，社会组织本应该获得较好的介入机会，影响到个体的社会行为。但是，普遍流行的“局内人”观念反而限制了社会组织的发挥空间——作为“局外人”的社会组织介入的动机受到质疑，即为什么这些生态环境问题与他们相关？生态环境问题表面上的“利益无涉”使社会组织的介入变得更加复杂。因此，要破解这一难题，可行的途径可能在于组建一种混合式的社会组织，即“局内人”与“局外人”的共同参与，这同样需要与区域利益并无直接相关的人来推动，目的在于把生态环境问题通过参与其中的局内人来表达，从而获得认同。另一种情形则是如同很多学者所指出的那样，不仅是中央政府，即使是地方政府也很难真正全面嵌入民众的社会生活当中，在“大社会、小政府”的格局下，个体的社会行动更是远离政府的影响。反而言之，如果生态安全遭受的威胁被认为是因政府而起，那么，局内人的思维同样也有可能使得个体对此置之不理，把问题甩手扔给政府去独自承担。可以作为不同利益主体代表的混合式社会组织来说，其另一好处在于它/它们能够很好地弥补（在一定程度上）同样被视为局外人的政府与民众的缝隙。

第二，社会自我约束机制。社会自我约束机制来自于社区共同体。当前中国社会自我约束机制弱化，原因在于面对巨大的社会变迁，社会共同体建设滞后。需要指出的是，共同体不同于前述的社会组织，即使是由局内人与局外人共同参与的组织形式也与此不同。① 一方面是原有的社会共同体经验不足以应对和处理巨大的社会变迁，另一方面则是一些社会共同体经验没有受到普遍的重视和充分的利用。前者的最典型例子就是民族地区的生态环境问题所存在的巨大差异性致使通约性的缺失，在生态环境遭遇差距明显的前提下，共同体难以僭越自己的经验局限，超越地域的视角是其短板。后者表现为当前的各民族地区的生态环境遭遇经验没有被其他群体所重视，不能很好地以此为戒，完成一种移情转换。与此相伴随的是，民族地区的生态环境问题被要求按照大而化之的方式对待，割裂了地方人与自然的传统，偏离了区域民众的真实需求。因此，在遏制生态环境恶化与建设生态安全的实践中普遍存在政府做得欢，居民看着欢的现象，不能有效地调动民众参与的积极性。事实上，中国社会在变迁和转型进程中，原有的一些社会合作和自我约束并没有被完全丢失和放弃。在一些民族地区，社会仍然有着很强的自我整合和修补机制，可以成为应对个体化所带来的风险。

① 社会学中的共同体与库恩所创造的“共同体”含义基本一致，意指具有共同条件、经验、习惯以及诉求的群体，具备共同的知识背景和范式是衡量共同体的最主要方面。

第 七 章

民族地区生态安全的实证研究

民族地区生态安全的研究大致有三个路径：一是全球视野的宏观考察，这一进路把所有的民族国家、地区当作一个巨系统，这个系统的所有因素彼此相互影响与制约，遵循帕森斯的结构功能论；二是立足于民族国家、地区的中观视野，认为生态安全问题的祛魅与建构首先依赖于各个区域的社会行动，由于主权的稳固定位，任何超越国家、地区的生态安全构想只是一种臆想；三是开始于 20 世纪 70 年代的以具体技术介入为目标的微观研究，该进路更倾向于以客观评估生态环境的现实为前提，强调环境现状、风险的识别、暴露评价和结果表征等方面对于生态安全的意义。除此之外，还有的研究借助心理学的相关成果，侧重于人们对生态安全的主观感知和行为反应，试图通过整合人的价值观、道德水平、认知水平以及行为能力等方面解释生态安全的非客观性。

经济全球化使得孤岛式的社会逐渐消失，在日趋紧密的经济关系中，全球视角能够较好地解释当前日益激化的生态冲突，避免在生态安全问题归因上的“自我责怪”或是“他人祸害”的两种对立取向。中观层面的解释为我国生态安全的认知与诉求提供了辩护基础，即认同生态安全的区域差异性，尊重国家、地区的自主选择与行动。但是，这一视角同样也导致人们在生态安全责任的有组织的不负责任状态，损害长期利益。在全球化的风险社会中，我国民族地区的生态安全难以独善其身，已卷入一体化洪流。比之于现代化程度相对较高的城市社会，民族地区具有自身的特点，即在融入现代化进程的同时，差异性的传统烙印依然明显。具体到生态安全领域，民族传统一方面保护着生态环境免受过度侵害，另一方面却又制约了生态安全统一的战略构想。因此，民族地区生态安全的分析既要正视其独特的自然基础，又不能拘泥于“自然中心论”。

第一节　民族地区生态安全的当代意象

在相当长的时期里，民族地区的生态环境大体上表现出两种令人不解的局面：一方面是西北地区自身生态环境脆弱得扎眼，却又受困于入不敷出的解困努力；另一方面是西南地区相对丰富的自然资源频遭掠夺，却又偏守一隅，无法因资源“富足”而实现生态环境与社会经济发展的双赢。如前文所述，资本逻辑虽然逃不了干系，但是，这一维度的解释却无法涵盖全部。特别是在生态文明观念逐渐获得共识的今天，资本的力量已经无法主宰所有的社会行动。

一　民族地区生态环境概况：“资源丰富”，还是承载不足？

在普通民众的意识中，地大物博是中国的写照，民族地区的基本意象则是“经济落后，资源丰富”。但是，随着近年来不断爆出的生态灾害或生态危机，这种印象刻板开始转变。有的人指出，与西方许多国家相比，中国人均土地面积仍然存在一定的空间。然而，笔者认为，从人口密集度来考量我国的生态环境问题并不可信，因为我国的生态环境样态不像欧美一些发达国家或地区那样得天独厚，在生态环境容量上表现出区域之间的巨大差异性。2014年国家统计局发布的最新数据证明了这种资源分布不均的格局：全国宜农（林）荒（山）地，可利用的草地，主要分布在西部民族省区；全国森林面积2.08亿公顷，森林覆盖率21.63%，活立木总蓄积164.33亿立方米，森林蓄积151.37亿立方米。天然林面积1.22亿公顷，蓄积

122.96 亿立方米；人工林面积 0.69 亿公顷，蓄积 24.83 亿立方米，也主要分布在东北、西南民族地区①；全国可供开发的大江、大河的上游都在西部民族省区，全国 76.85% 的水能资源也集中在西部。可以看出，西部民族地区既是维护我国生态环境安全的生态屏障，也是生态环境问题最严峻的地区。长期的历史欠债使得民族地区面临着赶超发达地区的压力，加上社会发展水平整体质量不高的原因，民族地区的生态环境呈现出严重恶化的趋势：

民族地区生态环境恶化主要表现在三方面：一是森林锐减，长江上游地区在 20 世纪 50 年代初期，森林覆盖率为 30% 以上，21 世纪下降到 15.3%。西北地区（国土面积占全国的 30%）当前的森林覆盖率约为 9.2%，远低于全国平均水平；西南地区森林资源虽然相对丰富但破坏十分严重，消耗很快。近年来贵州新增陡坡耕地 900 多万亩，其中 800 万亩是毁林开荒，四川、云南、重庆等省市坡耕地占其总耕地的 2/3 以上，其中 25° 以上陡坡耕地占 30% 以上，陡坡泥沙量占入长江的泥沙量的 78% 以上。二是草原严重退化。中国农业大学草业科学系教授、国家草地生态系统沽源野外科学观测研究站站长王堃指出，我国草原面积约为 4 亿公顷，但 90% 以上都退化了，严重退化的应该在 50% 以上。中国农业部发布的《2010 年全国草原监测报告》显示，近年来，草原生态发生了一些积极变化，草原生态环境加剧恶化的势头初步得到遏制，但与 20 世纪 80 年代相比，草原沙化、盐渍化、石漠化依然严重，草原生态呈现“点上好转、面上退化，局部改善、总体恶化”的态势。统计数据同样显示，仍在退化的草原绝大部分也位于民族地区。三是土地荒漠化加速。2011 年，由国家林业局发布的《中国荒漠化和沙化状况公报》显示，截至 2009 年年底，全国荒漠化土地总面积 262.37 万平方公里，占国土总面积的 27.33%，其中多数发生在民族地区，包括原先生态状况相对良好的西南民族地区。在

① 数据来自于国家林业局 2013 年的统计年鉴，本书中有关林草的相关数据也与此年度年鉴为参考。

荒漠化和沙化总体基本得到控制的情况下，局部西部民族地区出现恶化现象。新疆、内蒙古、西藏、青海、甘肃 5 个省区的荒漠化和沙化土地面积尤其突出，占全国的 93%。与荒漠化和沙化相类似的土地恶化还表现在石漠化方面，西南青藏高原、云贵高原以及广西局部盆地地区比较明显。据国家林业局的资料统计，截至 2011 年年底，我国国土石漠化总面积为 1200.2 万公顷，占岩溶土地面积的 26.5%，占区域国土面积的 11.2%，其中又以贵州和广西最为突出。按现在石漠侵蚀速度，在石缝中求生存的 1 亿多少数民族 50 年后将无地可耕，丧失生存的基础。

由于大量原始森林被毁坏，植被退减，陡坡垦种，大大降低了森林在保持水土、防风固沙、调节气候、保护生物多样性等方面的重要功能，导致气候明显异常，水土流失严重，民族地区成为水土流失的重灾区，灾害面积迅速扩大的严重后果。2005 年，中国科学院和中国工程院联合开展的“中国水土流失与生态安全综合科学考察”显示，全国水土流失总面积为 484.74 万平方公里，占国土总面积的 51.1%。全国水土流失面积中，轻度和中度面积所占比例较大，达 68.6%。全国各省（自治区、直辖市）都存在水蚀，水蚀面积较大（前 10 位）的省（自治区）依次是内蒙古、四川、云南、新疆、甘肃、陕西、山西、黑龙江、贵州和西藏，水蚀面积占本省（自治区、直辖市）土地面积比例在 30% 以上。

民族地区已成为中国的主要生态环境问题的发生地或根源地，民族地区生态环境的严重恶化对全国造成了巨大的影响，并由局部扩展到更大范围。其中尤以水土流失已构成全国性生态环境问题。首先是江河源头水量减少，造成下游广大流域所需水资源严重不足。其次引发的沙尘暴肆虐，再者各种生态环境问题引发的灾害性气候，对全国气候的不利影响日益增大，受灾程度加重。2013 年，全国共发生各类地质灾害 15403 起，其中滑坡 9849 起、崩塌 3313 起、泥石流 1541 起、地面塌陷 371 起、地裂缝 301 起、地面沉降 28 起。造成 481 人死亡、188 人失踪、264 人受伤，造成直接经济损失 101.5 亿元。与 2012 年相比，地质灾害发生数量、造成死亡失踪人数和直接经济损失分别增加 7.5%、78.4% 和 92.2%。[①] 西部民族地区不仅是我国生态环境安全的屏障，而且是我国少数民族族群最多、最集中的地区，民族地区的生态环境问题与贫困问题等其他社会问题交织在一起，导致了民族地区人民生活的进一步贫困化，而逐年加剧的贫困又导致了新一轮的环境破坏，从而造成民族地区陷入了“贫困”到“破坏”再到“贫困”的生存怪圈，失去了发展中的公正、公平原则。

多年来，由于主客观方面的原因，民族地区毁林开荒、开垦草原、过度放牧、乱砍滥伐，造成一系列生态失衡问题，具体表现在以下方面：

（一）森林面积少。森林是陆地生态系统的主体，森林植被一旦被破坏，就会加剧水土流失，造成洪涝和沙尘暴等灾害。然而在过去较长一段时间里，由于短期经济利益的驱动，人们乱砍滥伐森林严重，造成原始森林植被破坏，森林面积锐减。2013 年，新疆、宁夏、青海、甘肃、西藏、内蒙古的森林覆盖率分别为 4.24%、13.6%、5.23%、13.42%、11.98%、20%，均低于全国平均水平的 21.6%。还有一些民族省区如贵州、云南的森林覆盖率虽高于全国平均水平，但同 20 世纪 90 年代初的森林面积相比，有明显的下降。

（二）江河源头湖泊干涸，水土流失严重。西北五省区气候干旱，降水量小，年均降水量为 7318 亿立方米，仅占全国年均降水量的 11.82%。由于干旱少雨和滥用水资源，青海省黄河源头地区曲麻莱县 108 眼水井近年来干枯了 98 眼；玛多县原有的 4077 个湖泊中，目前有近千个已干涸。其余湖泊的水位也下降了 2—3 米。据水利部遥感调查，全国土壤侵蚀面积为 492 万平方公里，占全国国土面积的 51.6%。其中分布在西部地区的为 410 万平方公里，占全国土壤侵蚀面积总量的 83.3%，占本地区国土资源的 60.56%。尤其是黄土高原水土流失最为严重，达 45 万平方公里，约占总面积的 70%，是世界上水土流失最为严重的地区。如青海省平均每年新增水土流失面积 2100 平方公里，每年流入黄河的泥沙达 8814 万吨，

① 数据引自国家环境保护部发布的《中国国土资源公报》（2013）。

输入长江的泥沙约1303万吨。

近年来，随着一些私营矿主无节制地滥采滥挖，昔日丰美的呼伦贝尔草原已千疮百孔，裸露的沙土随风飘扬。而我国五大淡水湖之一、位于呼伦贝尔草原西部的达赉湖，从2000年到2012年间，水位共下降了5米多，水域面积萎缩了617平方公里。过度的石油开采、矿产挖掘，导致地下水资源急剧流失，引发严重的水危机。内蒙古目前的生态环境脆弱的情况还没有根本改变，生态建设任务依然繁重。全区中度以上生态脆弱区域占全区土地面积的62.5%。其中，重度和极重度的占36.7%，退化、沙化、盐渍化草原面积占草原总面积的61.2%，森林覆盖率低于全国平均水平，森林资源分布不均衡的问题十分突出，天然湿地大面积萎缩，部分地区生态环境仍在恶化，沙化沙害、水土流失现象依然严重。①

（三）污染排放量增加。生产的发展与污染治理不同步，工业废水、废气去除量均低于全国平均水平。国务院开展的第一次全国污染源普查显示，民族地区在生态环境治理方面普遍落后于经济发达地区，在努力加快经济发展的同时，污染治理设施方面综合环境容量与污染物的排放量处于不平衡状态，生态环境压力偏高，见下表：

五个民族地区污染与治理列表②

	广　西	内蒙古	西　藏	甘　肃	新　疆
工业污染源	23174	11416	231	7603	14481
农业污染源	90817	74450	573	29653	42173
生活污染源	31307	41571	3205	23067	43610
污水处理厂	14	38	2	27	39
垃圾处理厂	89	51	6	29	179
危废处理厂	1	0	0	1	0
医废处理厂	5	10	0	1	7

① 《中国民族报》2014年3月7日。

② 国家环境保护部《第一次全国污染源普查公报》(2010)。

排放量增加的最直接体现是空气持续恶化以及水体污染的加重。目前，我国70%左右的城市空气质量达不到新的环境空气质量标准，雾霾天气频繁发生。京津冀、长三角、珠三角等区域空气污染严重，一些城市雾霾天数达到100天以上，个别城市甚至超过200天。与此同时，部分地区光化学烟雾开始威胁到人们的健康。全国酸雨污染仍然较重，酸雨面积约占国土面积的12.2%。我国当前70%的江河湖泊被污染，75%的湖泊出现不同程度的富营养化，90%流经城市的河段受到严重污染。①

2002年，中国科学院可持续发展研究组对我国各省可持续发展进行评估，在所有参评的对象省份中，新疆为20位，西藏31位，内蒙古21位，广西18位，宁夏26位。贵州、宁夏、新疆属中度生态赤字区，西部民族地区的资源拥有、保护状况及生态环境的恶化使这些地区更深地陷入生态恶化与贫困加剧的恶性循环之中，制约了民族地区当前经济的发展，并将严重影响到民族地区的可持续发展。区域经济学家杨开忠主持的国家"新区域协调发展与政策研究"课题组所完成的研究报告《中国生态文明地区差异研究》首次披露了各省区市生态文明的发展现状，其中，处于低水平组的省份有青海、河北、辽宁、新疆、云南和甘肃；这一梯队已经属于绝对地落后了，在全国属于低水平；而处于最低水平组的则有内蒙古、贵州、宁夏和山西，由此可见，民族地区的生态安全因赶超式的经济发展而受到了前所未有的挑战。

二　何以如此?

现代化的推进加速了民族地区经济、政治与文化的发展，改变了民族传统文化与社会构成，致使民族地区的生态遭遇了前所未有的风险。在历史欠债与现实制约的双重影响下，民族地区遭遇了当前全球化时代背景下的时空"错位"——相对落后的社会基础与被超前纳入"现代体系"。在

① 中共中央宣传部理论局:《理性看　齐心办》，人民出版社2013年版，第32页。

这种被动与主动并存的跨越式发展进程中，民族地区被迫更多的是关注经济发展的速度、人们物质生活水平的提高程度，生态风险的问题因此而被遮蔽。

从历史过程看，民族地区生态环境问题其实是民族传统生态文化演化的结果，民族传统生态文化嬗变的根源则是因为现代性所导致的流动性的增加。如前所述，民族传统生态文化缘起于各民族在与自然打交道过程中的感性认知，不同区域特定的生态环境是其形成的基础，这也就决定了不同民族生态文化的差异性。在长期的社会实践中，特点鲜明的民族传统生态文化对于本民族是一种更甚王法的约束，而对于其他民族则可能是一种无法理喻的东西。随着现代性的发展，人们的活动空间不断扩大，流动性成为近现代社会的基本特征，差异性的民族传统文化就此面临威胁。在此过程中，除了现代性文化的直接威胁，外族的介入也极大地挑战了本民族的生态文化，主要体现在两个方面：一方面是外来民族不认同所到地区的传统生态文化，以一种不被接受的方式对待自然，但这种“另类”的行为并没有引起自然的任何惩罚，从而导致该民族地区开始质疑这种传统，极有可能效仿外族的行为；另一方面是外来民族对待自然的方式威胁到该地区传统文化的核心价值，引起该地区民族的愤怒并惩罚这种行为，最终导致了两个民族之间的对抗。无论对抗的结果如何，经过两个或更多民族之间的文化交锋之后，任何一方的传统都因之而有所改变。不管是哪一方获胜，在它最终成为新支配性的力量之前，对待自然的混乱行为在所难免。情况尤其不利的是，民族地区的文化层次普遍较低（这里是指现代文化），在传统文化解构之后，低理性的认知就成为他们自觉践行生态环境保护的制约。除了民族传统文化的嬗变，民族地区生态环境问题的凸显还归咎于现代经济、政治与制度等方面。

在社会学视角下，民族地区生态环境问题的出现具有双重性：一方面具有我国环境问题产生的共性因素，如计划经济体制下对公共资源不计成本的滥用，发展目标重于环境保护等；另一方面也具有自身的个性特征，如环境保护与经济发展、民族宗教文化习俗等方面的交互影响等。最为突出地表现在民族地区的生态环境遭到破坏的同时，人们的生活也日益贫困。①

现代性的席卷，特别是在城乡一体化的影响下，民族地区的经济观念已经有所改变，从之前对物质享受的不甚关注转变为对提高物质生活水平的向往，开始形成一种“穷怕了”的心理。他们认为长期落后的经济发展影响了生活品质，改变落后状况的愿望比以往任何时候都更为强烈。摆脱落后状态的强烈愿望强化了民族地区“经济中心”的取向，并不惜以牺牲生态环境为代价。较低的生产率往往需要以更多的自然资源来弥补，同时也给生态环境带来更大的压力。经济发展的不利影响还体现在经济活动中的“资本逻辑”，其逐利特性决定了生态环境的保护不是它最关心的内容。马克思很早之前就揭露了资本的逐利性，“资本害怕没有利润或利润太少，就像自然界害怕真空一样，一旦有适当的利润，资本家就会大胆起来。有百分之五十的利润，它就铤而走险；为了百分之一百的利润，它就敢践踏一切人间法律；有百分之三百的利润，它就敢犯任何罪行，甚至冒绞死的危险。”② 尽管在所指对象上存在差别，但是，现代经济活动中的逐利行为的确是个普遍现象，它同样可以置生态环境于不顾。所以，在民族地区的生态环境问题上，实实在在的“GDP 主义”掩盖在“保护生态环境”的响亮口号之下而得以大行其道。

现代政治并不能脱离经济而独立运行，它的旨趣仍然是为了民族国家的经济与其他社会行动服务。有一个趋势在现代社会中变得越发明显：经济寡头影响政治的能力与日俱增，个别超级跨国经济组织甚至能够左右民族国家或地区的政治决策。对于生态环境问题而言，这绝非好事。虽说各国政治的发展越来越多地具有生态的味道，但是，这种生态政治始终没能

---

① 李诚、李进参：《民族地区生态环境问题及其治理的社会学思考》，《云南社会科学》2011 年第 6 期。

② 《马克思恩格斯全集》第 17 卷，人民出版社 2001 年版，第 871 页。

真正摆脱经济所筑的窠臼。前文所谈论的国际气候会议的博弈就是政治最终服务于民族国家或地区的最直接体现，只不过它现在是以一种能够煽动人们生态环境情结的方式去进行。即使是有更加广泛的群众基础，只要经济发展的差距仍然存在，那么，生态味道更浓的现代政治也一时半会难以真正扯断经济的绑缚。质言之，政治意识上的主动不能完全克服经济诉求的约束，从而在实践中经常左右为难。在声势浩荡的全球性经济互动中，民族地区的政治理念、力量与自我纠正能力都具有先天劣势，它不足以抵抗经济势力的全面渗透。民族地区在生态环境保护上出现的问题不能简单地归结于执政者或行政者的素养，其根本原因是经济与政治之间不对等较量的结果。这就像我们在谈论全球化一样，任何民族国家或地区都无法阻止或抗拒全球化，在利益的协调没有达成之前，民族地区的生态环境有沦为宏观政治博弈的牺牲品之虞。

在第四章的分析中，笔者曾做过制度之于生态安全的分析，本不必在此赘言，然而，稍有不同的是，在民族地区的生态安全问题上，有必要进行更加微观的考察。业已证明，精确的理性算计已经极大地减少了那些因制度错误而造成的影响，制度的风险主要在于其自身系统内部间结构功能的不协调。虽然人们现在已经认识到民族地区（尤其是西部地区）生态环境对于我国生态稳定的战略意义，但是，这种地位还是被制度体系中的不协调所侵蚀。需要指出的是，这里所谓的制度体系不协调并非是指那些受经济势力渗透而导致的不协调，它主要表现为高度分化的制度之间相互冲突，或是造成如同前述的相互推诿。

在新中国成立之后，我国一直尊重民族地区的自治，给予他们相对较大的自主决策权利，这同时也就在一定程度上更易于让民族地区脱离国家的整体设计，至少政策的覆盖面或践行标准存在差异。改革开放战略的制定客观上凸显了这种差异性的后果，即民族地区与发达地区的差距被拉大。也有人认为，民族地区生态环境问题的产生与我国实行的计划经济体制、城乡二元社会经济制度和不公平的环境制度有着很大关系。长期以来，无论是我国环境保护的政策导向、立法背景，还是环境管理体制、基础设施建设、公共产品的投入都表现出城市优先、工业优先和城市居民优先的特点，严重损害了民族地区的生态利益，破坏了生态环境公平的规则。这种不公平使民族地区承担了其他发达地区和部门转移的环境成本，扩大了地区之间和不同社会群体之间的经济社会发展水平差距。由此，在国家正式制度之外，民族地区依靠自己的知识系统形成对于自身生存环境的一种地方性理解（非正式制度），通过对生态环境资源的过度索取来补偿自己的环境利益的损失，导致不同区域和群体之间因为生态利益而产生的对资源的争夺和纠纷加剧。

当然，制度不协调对于民族地区生态环境的影响并不局限于国家与民族地区这个宏观层面，在民族地区内部也存在着一些相互冲突的制度安排。在相对长的时间里，政绩考核上的GDP标准激化了制度体系的矛盾：政府制度一系列法规，试图努力保护生态环境；与此同时又受经济增长指标所困，设法减少环境制约，甚至制定了一些弱化环境保护法的“条例”。

第二节　城镇化与生态安全

城镇化并没有形成统一的概念，人们在很多时候会在“城镇化”与“城市化”之间转变。但是，人们现在基本认同对城镇化的这一界定，即城镇化“是指在一个国家或社会中，城市人口增加、城市规模扩大、农村人口向城市流动以及农村中城市特质的增加”的过程（郑杭生，1994）。通常情况下，城镇化水平的高低是衡量一个国家或地区经济发展水平的重要标志之一，而城镇化水平本身则是根据城市人口占总人口的比重来确定的。因此，在考察城镇化与民族地区生态安全的关系时，其实就是在考量特定区域空间内自然资源与人口之间的对比关系。城镇化在本质上是现代性流动的表现，它推动了社会分层的变化，因其而起的“过疏化”与“聚合效应”给民族地区的生态安全构成挑战。

一　“过疏化”的生态效应

国家之所以加快城镇化建设，其作用在于城镇化能够通过聚集效应推动社会的全方面进步。城镇化聚集效应的发挥首先立足于一个基本条件——地域空间上较大的人口密度，只有在这一基础上，物质、信息与能量才能聚集，加速转换并形成指数级增加的能量流推动社会的发展。有学者指出，密度对于城市来说之所以具有如此重要的价值，主要是因为无论是源于市场的商业服务还是来自政府“自上而下”的公共服务，抑或是居民间的“自我服务”，其顺利展开的一个重要的前提条件都是必要的人口密度。[①]城镇化所产生的聚集效应同样是一把双刃剑，它在斩除阻碍城市发展藩篱的同时，也割断了农村社会发展的能量管道，致使农村社会因人口流失而出现了“过疏化”现象，农村社会原有的运行系统面临崩溃。然而，人们对城镇化所引起的“过疏化”的研究并没有涉及生态环境领域，或者说没有把它和生态环境问题联系起来。

在城镇化背景下，民族地区农村社会的青壮年人口向城市流动的速度加快，其负面影响主要表现在：农村青壮年的大量流失使得老人与儿童成为主要留守者，农村社会丧失了物质生产和人口再生产的基本能力，社会公共事务处于瘫痪状态。表面上，民族地区农村社会的“过疏化”减少了特定区域内的单位人口比率，减轻环境压力而有利于生态环境的稳定，但实际上，这种“过疏化”减少的是能够有效应对生态环境问题的人口，在该区域内的生态环境自行恶化的情形下，这种负面影响尤其突出。换言之，留守的老人与儿童无法执行维护生态环境的策略，也无法使意在改善生态环境的有限资源得到有效应用。比如，在西北民族地区个别省市，荒漠化现象一直没有得到遏制，政府需要投入大量的人力、物力与财力进行

① 田毅鹏：《乡村“过疏化”背景下城乡一体化的两难》，《浙江学刊》2011年第5期。

治理，但是，由于自然环境恶化，社会经济发展滞后，人口流失现象严重，大量的留守老人与儿童无法成为控制生态环境恶化的依赖力量，治理效果事倍功半。

日本岛根大学安达生恒把生产和生活机构——村机构的崩坏称为“过疏状况”，即随着举家离农现象的大量出现，给予农户生产、村落生活、町村行政财政、教育、医疗、防灾、商业、交通等设施、机构以广泛影响，其连锁反应的结果便是迄今的生产和生活机构功能崩解。在此逻辑下，“过疏化”对生态环境的另一个负面影响则表现在思想意识层面，即传统文化对留守老人的影响根深蒂固，其社会行为往往受制于传统，难以接受新的对待自然环境的理念。人口的流失由于人口的“过疏化”，单位面积内的人口比率降低，“地广人稀”的直观体验刺激了留守老人对待自然的“无所谓”心理，特别是在非理性传统思想的影响下，留守老人随意支取自然资源的行为增加，有利于促进生态环境稳定的行为反而减少。更糟糕的问题或许是，由于青壮年的流失，留守农村的老年人会把这种根深蒂固的传统思想直接传递到下一代头脑中，从而影响到那些留守儿童的思想教育。与此相关联的另一个问题是，在教育机构、功能的削弱的同时，还给那些非理性对待自然的传统思想的多元化发展保留了空间，从而使得整个民族地区社会在对于自然的关系中出现了更多的不确定性。

二　聚合优势与承载压力的冲突

城市的强大经济活力，丰富的物质文化条件和就业机会，对农村人口有着强大的吸引力。城镇化能够增加农村公共产品供给，拉动农村内需转变增长模式，实现人口资源环境良性循环，以及有效缩小城乡差别，在规模效应与集群作用方面具有自身的优势，是推动社会发展的有效途径。有观点认为，对于我国这样一个社会发展水平仍然不高的国家而言，推进城镇化建设将是一个一石多鸟的选择：一是为大中城市的房地产投资降温，把资金吸引到农村小城镇，既能推进小城镇的建设，又能利用城镇建设继续发挥房地产在拉动GDP增长中的作用，发挥房地产业与众多的产业相关联的特点，保持经济的稳定增长，还可以解决大城市房地产泡沫问题；二是能够推进新农村建设，新农村建设的核心是提高农民收入，增加农村的公共产品供给；三是拉动农村的内需是未来我国转变经济增长模式的关键，由于我国农民收入增长较城市缓慢，加上农村医疗、养老、教育相关保障长期缺失，使得农村市场的消费没有撬动起来；四是农村城镇化能减少农业水土资源流失、草原过度放牧等问题，实现人口、资源和环境的良性循环，实现中国经济可持续发展；五是在中西部加快农村城镇化步伐，发展农村经济，可以有效缩小地区差别、城乡差别，特别是西部地区大多是少数民族地区，有利于增进民族团结。① 进入21世纪以来，城市人口出现了爆炸性增长。据国家统计局的数据，截至2013年，我国的城镇人口数量已占总人口数的53.73%，达7.3亿人。

城镇化与生态平衡是个对立统一的矛盾体，人类不可能在快速推进城镇化的同时，不对生态环境产生不利影响，反过来，城镇化的质量又取决于生态环境的稳定。无论是发达的工业化国家，还是迅速崛起的发展中国家，在城镇化快速发展的同时，环境问题不可避免。城镇化的快速发展在促进我国经济社会发展水平的同时，也带来了新的挑战：城镇人口的密集，工业的集中，使城镇用水集中、需求量大，造成供水紧张，甚至缺水。另一方面，大规模的废弃物排放还导致了城镇区域水体污染的加重，而水体污染反过来又影响到水资源的有效供给，缺水问题进一步凸显。城镇化的推进往往伴随着工业化的建设，工业生产排放的大量污染物以及城市交通、生活所产生的废气、废水和废渣很容易超出城市环境的自净能力。此外，高容量的高大建筑、缺乏绿地和新鲜空气，也加剧了城市生态环境的恶化。世界城市发展史表明，城镇化的发展不可避免地在一定程度上影响到城市的生态环境，出现了城市占用土地面积的扩大、绿化缺乏、

① 董玉华：《城镇化有哪些好处》，《人民日报·海外版》2010年2月3日。

热岛效应、酸雨污染、生物物种的减少以及城市湖泊富营养化等，生态安全遭遇到严峻挑战。

由世界自然基金会和中国科学院等机构联合编写的《中国生态足迹报告 2012》指出，[①] 虽然中国的人均生态足迹低于全球平均水平，但是由于人口庞大，中国正以 2.5 倍的速度消耗着生态环境能力。这份报告显示随着碳及其他污染物排放远远超过生态系统的承受能力，中国正经历有史以来最大的生态赤字——这是由几十年经济高速增长和快速城市化导致的。另外，中国十几种“标志性和重要物种”由于捕猎、森林砍伐、栖息地的丧失以及人类活动的增加，都出现了明显的减少。生态环境的恶化在很大程度上要归咎于非理性的城镇化建设，特别是要归罪于过去几十年来的错误做法。即使是在十八大提出新型城镇化建设之后，我国在城镇化建设方面仍然存在一些不足之处，依然严重危及生态安全。比如，在小城镇土地利用结构方面，存在着布局分散零乱和功能划分不清，或是重叠的乱象，这种不科学的城镇化建设不但极大地浪费了社会资源与自然资源，还致使特定区域内的生态环境稳定性遭受多重侵扰，非理性的布局加重了环境的承载能力，往往导致生态环境自我运行的崩溃。

民族地区城镇化建设步伐迈得太快，且缺少周全的思考，在谋篇布局上忽视民族传统与生态环境的现实，那么，生态安全就会遭受威胁。与“过疏化”相反，城镇化也可能导致“超载”现象的发生，即人口在有限空间里的过度集聚。过疏化主要是影响到生态足迹的水平高低，而“超载”则威胁到生态环境自我运行可能性。“十一五”和“十二五”规划期间，西部民族地区普遍出现了城镇化的“大跃进”态势，同时又无法很好

---

① 生态足迹（Ecological Footprint, EF）就是指能够持续地提供资源或消纳废物的、具有生物生产力的地域空间(biologically productive areas)，其含义就是要维持一个人、地区、国家的生存所需要的或者指能够容纳人类所排放的废物的、具有生物生产力的地域面积。生态足迹估计要承载一定生活质量的人口，需要多大的可供人类使用的可再生资源或者能够消纳废物的生态系统，又称之为“适当的承载力”。

地在处理西部资源禀赋和生态制约之间的对立，也没有科学地划定生态安全的红线，这就导致了生态环境的恶化加重。虽然在推进城镇化建设过程中，政府认识到民族地区的，特别是西部民族地区的生态安全对于中国的重要意义，但是，在生态脆弱性与资源丰富性的比较中，GDP 主义的刺激使得前者被人为地忽略了。其结果是，对发挥资源聚合效应的欲望掩盖了对生态环境承载能力的担忧。

第三节　产业转移与民族地区的生态安全：广西案例

起初，学术界和政府相关部门主要把产业转移作为一个经济现象来研究。随着产业转移规模与范围的不断扩大，其影响超出了经济领域，对包括民族地区在内的中西部地区的社会、文化和生态环境等也产生前所未有的深刻影响。对于我国的民族地区而言，产业转移大多表现为“西进”的特征——由东部发达地区向中西部落后地区转移。本质上，“西进”式产业转移是中西部地区一次规模巨大的工业化、城市化、市场化和现代化的过程，这一“四化”过程将会对民族地区颇具民族特色的社会构成、生活文化和生态环境等造成全面的冲击。社会构成的变化，民族文化的转变以及物质生活水平的迅速提升都对生态安全构成了威胁。尤其是像广西这样一个经济上长期落后亟须迎头赶上的民族地区，承接产业转移同时也就意味着对自然资源开发利用的力度前所未有，生态环境的压力空前加大。在接下来的论证中，笔者将以广西为例分析东部产业转移对民族地区生态安全的影响。

一　产业转移现状

从 21 世纪初开始，广西就已经对承接产业转移作了布局，并取得了巨大成效，为广西社会发展奠定了坚实的经济基础。2007 年在梧州举行的全区承接产业转移工作会议提出了把广西建设成为承接产业转移重要基地的目标，部署引凤入巢的战略，为广西全面吸收“西进”产业提供了政策依据。2010 年 8 月 25 日，国家发展和改革委员会公布了《促进中部地区崛起规划实施意见》；同年 9 月 6 日，国务院发布了《国务院关于中西部地区承接产业转移的指导意见》，为整个中西部地区承接产业转移定下了基调。在此基础上，广西区政府对广西承接产业转移又做了更为详细且更具针对性的规划，发布了《广西壮族自治区人民政府关于印发广西加快推进桂东承接产业转移示范区建设若干政策的通知》，把梧州、贵港、玉林、贺州 4 市整合为国家级承接产业转移的示范区，进一步加快了广西承接产业转移的步伐。鉴于广东、广西两省（区）的地缘性与优势互补性，两省（区）积极探索跨省（区）合作发展新途径，突破行政区划限制，在两省（区）交界区域建立“粤桂合作特别试验区”，并于 2012 年 11 月共同签署了《关于建设粤桂合作特别试验区的指导意见》，将两个毗邻地区的产业转移与承接推进到新的高度。

在方式上，广西主要以派员招商、委托招商、产业招商以及园区招商等承接产业转移，其中，特色产业是承接产业转移的重要形式。性质上，广西所承接的产业转移主要是创建投资，并购及合资所占比例相对较少。区位上，东部地区及国内泛珠三角区是广西承接产业转移的主要资金来源地，从广东、浙江、湖南等地转入的产业所占比重较大；承接产业的区域主要集中在桂东，桂西北近年步伐有所加快，特别是宜州市，其开发区积极承接国家“东桑西移”产业转移，依托该市作为全国最大的桑蚕生产基地县市的资源优势，桑蚕产业发展成效显著，并以此带动其他相关产业的发展。

二　产业转移的理论阐释

产业转移首先是一种经济现象，它自然而然地率先受到经济学家的关注。然而，与产业转移这一普遍现象不相符的是，“产业转移”的概念仍未形成一致的表述。笔者在最一般意义使用“产业转移”，即产业转移通常是指发达国家或地区的部分企业顺应区域比较优势的变化，通过跨区域直接投资，把部分产业的生产转移到发展中区域进行，从而在产业的空间分布上表现出该产业由发达区域向发展中区域转移的现象。也就是说，产业转移是一种生产活动在新空间的重组。这种界定保证概念能够包含广义或狭义上的含义，兼顾到市场与非市场两种情况下的产业转移现象。产业转移理论源自国际产业转移理论，最早涉及产业分工和转移的是新古典经济学理论下的古典贸易理论，在现代全球分工体系下，产业转移理论不再局限于对国与国之间产业流动现象的解释，也关注到国家与地区或地区与地区之间的转移行为。因为立视与角场的不同，产业转移的理论也极为丰富，下面仅简略介绍部分影响较大的理论。

1. 比较优势理论。一般认为，比较优势理论根源于亚当·斯密的绝对优势理论，是为了解决谷物自由贸易的问题。英国古典政治经济学家大卫·李嘉图基于前者的绝对优势理论基础，在《政治经济学及赋税原理》（1817）中提出了比较优势理论（Law of Comparative Advantage），其理论核心是：一个国家倘若专门生产自己相对优势较大的产品，并通过国际贸易换取自己不具有相对优势的产品就能获得利益。在比较优势理论视角下，民族国家或地区应该在国际分工中发展那些能够充分发挥自身优势要素的产业，根据自身的优势资源生产相应产品。

2. 梯度转移理论。在赫希曼（Hirschman，1958）、威廉姆森（Villianmsion，1965）不平衡发展理论和哈佛大学教授费农产品生命周期理论的基础上，区域经济学家克鲁默（Krumme）、海特（Hayor，1975）等人创立了区域发展梯度理论。该理论认为，每个国家和地区都处在一定的经济发展梯度上，世界上出现的每一种新行业、新产品、新技术都会随着时间的推移而由高梯度上的地区向低梯度上的地区传递。梯度转移理论主张发达地区应首先加快发展，然后通过产业和要素向较发达地区和欠发达地区转移，以带动整个经济的发展。

3. 雁行模式理论。雁行模式理论（Flying Geese Paradigm）源于日本经济学家赤松要在 20 世纪 60 年代提出的“雁行产业发展形态论”，主要用于解释日本的工业成长模式。该理论认为，日本的产业发展实际上经历了进口、当地生产、出口、重新进口四个阶段。赤松要认为产业的发展首先从进口开始，在初始阶段与国内需求一起呈上升趋势，随后开始进行国内生产并最终超过出口，产业的发展以此循环。雁行模式理论最后被用于解释以东亚为中心的亚洲国家国际分工和结构变化的过程，阐释这些国家经济依次起飞的历史过程。

4. 移入需求理论。阿根廷经济学家劳尔·普雷维什立足“中心—外围”理论视角提出了“移入需求理论”，用以考察产业转移的现象。该理论认为，发展压力是发展中国家实行进口替代战略的原因，也是产业转移发生的根源，发展中国家被迫性的产业移入需求对产业转移的重要作用。普雷维什认为，由于技术变迁，市场容量以及需求弹性，收入弹性等一系列条件的变化对发展中国家的初级产品的出口产生了不利影响，在国际市场上，存在着发展中国家初级产品价格相对于发达国家工业制成品的价格长期（下跌）恶化的趋势，这对发展中国家经济的发展十分不利，产业移入因此而成为需求。

三 “西进”式产业转移对广西生态安全的影响

从诸多有关产业转移的理论解释可以看出，产业的转移都基于经济理性的思考，即使是那些出于生态环境考量的转移主要也是顾及产业迁出地的利益。因此，承接产业转移的地区应当把生态环境问题放到更加重要的位置。随着规模的不断扩大与资源消耗加速，“三废”排放不断增加，产业的发展与生态环境的矛盾日益突出。由于社会经济发展的长期滞后，实现经济快速增长的迫切需求往往促使民族地区在承接产业转移的过程中降低各种标准，尤其是放松生态环境保护的限制。广西在创建国家级承接产业转移示范区的过程中就暴露了这一问题。政府相关职能部门在总结与反思承接产业转移时忽视了生态环境后果，比如说在反思玉林市创建桂东承接产业转移示范区的现状、存在问题以及下一步建议时，并没有提及生态环境问题。[①] 退一步说，即使是在承接产业转入的过程中设定了生态环境限制，那也只是问题的一部分。产业转入对民族地区生态环境的影响不仅仅是产业主体与自然环境之间的问题，还涉及不同群体的生态环境利益问题，比如说生态正义与公平问题。

（一）产业转移与生态正义

我们所谓的“正义”最早见于《荀子》：“不学问，无正义，以富利为隆，是俗人者也。”乌尔比安把正义理解为“给每个人以应有权利的稳定、永恒的意义”。罗尔斯认为一般性的正义观应该是：“所有社会价值——自由和机会、收入和财富、自尊和基础——都要平等的分配，除非对其中一种价值或所有价值的一种不平等分配合乎每一个人的利益。”[②] 谈论“正义”自然离不开“公平”与“公正”。公平主要用以表征一个社会成员或群体应该享有的平等对待权利，它同时也内在地规定了社会成员互动过程中的不平等基础。另一个与“公正”纠缠不清的概念是“正义”，因为前者是后者得以实现的基础，而后者是前者的最高要求。笔者认为，无论是哪一种解释，公正都是价值关涉的判断，只不过是有范畴与层次上的差别。现代社会正义的内涵已远远超出罗尔斯所理解的范畴，生态正义不仅已经成为现代社会的重要诉求，还成为社会发展质量的考量。我们需要确立一种相对于其他种类与生态系统而言公平与公正的标准，而且要确立人类种类内部相互间的合生态的生产与生活行为准则与习惯。

“西进”的产业转移给中西部民族地区社会经济的发展提供了机遇，人们的财富、自尊和基础都大为改善。与此同时，它也促使生态正义问题上升到前所未有的高度，成为民族地区社会日渐强烈的重要诉求。广西承

---

① http://www.gxdrc.gov.cn/xsjg/gsfgw/yls/gzdt_38990/201411/t20141128_574647.html.

② ［美］约翰·罗尔斯：《正义论》，何怀宏等译，中国社会科学出版社 2001 年版，第 54 页。

接产业转移起步较晚，这在一定程度上可以借鉴他人在生态环境保护方面的经验，从开始就构建起较好的生态环境保护体制。虽然当前的产业转移不再是简单的污染转移，但它的确带来了生态环境问题。发达国家或地区处在整个产业链的高端，中西部民族地区处于低端，在发达国家或地区进行产业升级的过程中，“夕阳产业”被转移到中西部地区。更糟糕的是，由于缺乏充足资金和先进技术，民族地区难以进行有效的生态治理，这种现象首先关系到生态正义的代内维度，即同一时间内不同空间里的人群面临的生态环境遭遇。

“环境正义”（也就是生态正义——笔者注）的另外一层重要内涵涉及负责提供上述环境正义保障的社会政治制度，以便确保环境后果或责任能够在不同群体之间实现较为合理的分担（绝对公平是不可能的）。一个具有环境正义性质的社会制度应该能够最大限度地避免环境污染后果的产生，而且一旦产生了也能够较好体现一种“污染者支付、受害者获赔、最大限度修复”的原则。这样不仅可以体现对污染者和受害者之间客观关系的公平对待，而且表明我们作为整体对于自然界的环境责任。① 无论广西各民族能否公正地享受到产业转入所带来的经济利益，生态环境遭遇都不可能公正分配。由于城乡二元结构仍然存在，合理的分配体制没有形成，经济社会工业化与城市化过程中的生态环境后果被转嫁到相对落后的区域，经济利益却被不成比例地输出。按照正义原则，那些较多受益者应该更多地负担环境副效果，那些较少受益者应该较少地负担环境副效果，而最糟糕的情况是那些较少受益者较多地负担环境副效果。究其原因，一是实施与保证环境公正能力的不平等，二是环境公正体现方式的多样性及其转换。② 实际的情况是，部分农村地区的青山绿水因产业转入而岌岌可危或不复存在，但其经济状况并无根本改善。正因为如此，一方面是抵制

① 郇庆治：《终结“无边界的发展”：环境正义视角》，《绿叶》2009 年第 10 期。

② 孙要良：《从社会公平看生态文明建设》，《学习时报》2012 年 11 月 26 日。

“豁出去发展”的呼声此伏彼起，另一方面是地区、群体之间对不公平生态环境待遇的申诉逐渐增多。

（二）“生态不公正”遭遇的多维解释

民族地区遭遇生态不公正的原因多样，既有区域性自然环境的影响，也有传统文化的影响，甚至还可以归咎于政府所施行的社会发展策略。但是，在民族地区大规模承接转移的时代背景下，这些原因被串联起来，相互影响与强化，形成一果多因态势。正如前文所说的，民族地区的自然环境差异较大，环境承载也有明显区别。各具特色的传统文化把生态环境放置到相应的位置，人与自然的互动被约束在特定的关系上，两者之间大体形成一种动态的平衡。然而，总的来说，由于生态足迹不高，民族地区的生态环境更容易受到侵扰，不同群体直面生态环境威胁的机会与强度差别较大。除此之外，笔者认为承接产业转移所带来的生态不公正遭遇主要源自于生态环境正义作为一种相对抽象的原则，它在与产业转移所尊崇的资本逻辑的较量中往往处于劣势。

首先，就资本逻辑的影响而言，产业转移的不良影响源表现在两个方面，即民族地区的“饥渴”以及发达地区的“升级转型”。落后的经济对民族地区社会发展的制约非常明显，“缺钱”使得其他方面的事务举步维艰，农村地区的“钱荒”尤其明显。因此，如何使得“钱袋子”鼓胀起来自然而然地成为首要问题。在这种饥渴感的驱使下，新的一轮产业布局调整出现了一批高污染、高能耗产业向乡镇转移现象。在资讯发达的今天，那些“三高一低”的产业之所以能够不断向民族地区转移，与其说民族地区在可持续发展、科学发展观念与生态文明等方面的认知缺失所致，倒不如说是民族地区乡镇财政压力使然。就此而言，资本逻辑的强大在我们长期以来的政绩评价体系中又一次得以体现，许多民族地区的政绩考核至今仍痴迷于 GDP 主义，导致了社会管理者的“短视”。只要稍作比较就可以看出，民族地区对于改善经济条件的饥渴程度。比如，以浙江省绍兴县和广西都安县相比较：绍兴县常住人口 103 万左右，都安县常住人口近

51.66万；[1]绍兴县2012年的GDP为1015亿，公共财政预算收入293亿元，人均生产总值126757元（按户籍人口计算），按年平均汇率折算为19164美元，城镇居民人均可支配收入40454元，农村居民人均纯收入19618元；都安县2013年生产总值34亿元，全社会固定资产投资36.68亿元，财政收入3.34亿元，城镇居民人均可支配收入16632元，农民人均纯收入4602元。

如果说民族地区对解决钱荒的饥渴是他们不计成本与后果地承接产业转入的原因之一，那么，另外一个重要原因就是发达地区的“逐利”思维。前述的几种产业转移理论依然揭示，发达地区的产业转出是一种赤裸裸的利益考量。当然，这种考量除了经济利益外，也可能是出于生态环境的利益，这两者之间其实是个一体两面的关系。发达地区高度发展的产业体系必然以牺牲生态环境为代价，以原有的速度与方式继续发展会面临着生态环境恶化的危险，可能要以成倍增长的经济成本来应对生态环境的威胁。要确保产业的持续发展且控制经济成本，发达地区最好的选择就是进行产业转移，在转移污染或是生态环境压力的同时，获得更大的发展空间。产业的转出一方面可以减轻发达地区的生态环境压力，另一方面则可以减少治理费用，还能够利用民族地区对经济利益的饥渴便利地获取生产要素，可谓一举多得。

其次，资本逻辑在与生态环境正义的抗争中得以占据上风，还归因于民众迥异的认知。单纯的经济理性算计并非资本逻辑强势的充分理由，相反地，这种理性算计的结果可能会动摇资本逻辑的基础。研究业已表明，现有产业发展模式所带来的生态环境恶果远远超出其经济收益，也就是说，所得经济利益往往不足以弥补生态环境破坏的损失。受习惯的影响，人们有意或无意地限定了计算“成本—收益”的条件，这就使得生产开发具有合理性。然而，当我们考虑到开发利用自然资源将产生边际机会成

---

① 两个县的人口都为2010年全国第六次人口普查统计数据。

本，即边际生产（直接）成本、边际消耗（使用）成本和边际外部（环境）成本三者之和时，其总量便大大超出了想象。试想，在部分民族地区的一些生态敏感、脆弱区域，林木生长多年，但显得又矮又小，按照传统成本与产出思维，在生产开发过程中又如何计算它的价值呢？美国的马克·特瑟克（Mark Tercek）和乔纳森·亚当斯（Jonathan Adams）以“水足迹”论证了自然财富被低估的现实：

水足迹就是制造一件产品所需要的所有用水量，包括从生产的第一步到包装上架的全部过程。这个数字也许非常惊人。据在荷兰特温特大学任教授的胡克斯特拉的研究，一瓶1升装的瓶装可口可乐需要饮料中的1升水，生产和清洗消耗1升水，生产瓶子需要10升水，还有种植产糖植物所耗费的惊人的200升水——每升可口可乐需要总计212升（合56加仑）水。

许多普通的产品都有着惊人的水足迹：一件棉质衬衫需要660加仑水，一磅小麦需要120加仑水，一磅牛肉需要将近2000加仑水。一顿普通的美式早餐（两个鸡蛋、吐司和咖啡）需要120加仑水，如果你在吐司上涂黄油或者在咖啡里加奶，这个数字更大。当你的视野超越了产品、食物、饮料，加上我们日常的其他用水活动之后，比如浇灌草坪、冲厕所、刷牙、洗澡、洗衣服、洗碗、洗车等，这个数字大得惊人。①

即便如此，无节制的生产仍然不时发生，其原因在于经济公正与生态公正的不对等性。尽管研究证明，以资本逻辑来思考产业发展问题与生态环境隐性、滞后与长周期的作用不同，产业转移带来的结果更为直接，而且这种后果能够被普通民众所感受。换句话说，公众可以不知道生态环境问题，但他们一定知道衣食饱暖。从影响后果来看，受众群体的差距在一定程度上也决定了生态环境的相关话题要让位于经济话题。所以，对改善经济条件的饥渴并不仅仅存在于由政绩要求的社会管理者，普通民众也不

① ［美］马克·特瑟克、乔纳森·亚当斯：《大自然的财富——一场由自然资本引领的商业模式革命》，王玲、侯玮如译，中信出版社2013年版，第17—18页。

遑多让。

最后，制度缺失也是民族地区不公正的生态环境遭遇的重要原因。类似于人们在应对科学技术问题上的困境，保障生态正义的制度理性缺失不仅给资本逻辑留有余地，还制约了公众对生态环境的认知。一方面是资本逻辑的盛行，另一方面则是公众不甚强烈的生态环境正义情感，地方政府以及民众群体或个体在“改善物质生活水平”的诱惑之下对生态环境问题睁只眼闭只眼。

制度缺失一方面表现为制度的缺乏或不健全，另一个问题表现在制度理性的缺失。对于民族地区的生态正义而言，政府在“落后”与“发展”理解上的偏颇也是病根。从国家层面上说，民族地区的经济发展与环境保护仍然存在着政策“规定”与“落实”两方面的不对等性，即发展经济的力度远大于生态环境保护的力度。更糟糕的是，规避生态风险的制度陷入了两难困境。为应对生态环境的破坏，“谁污染，谁治理”之类的基本制度被设计出来，以期明确利用生态环境资源时的权利与义务。但在实践过程中，因为生态环境不良后果的显现是一个复杂、滞后的过程，很难对它进行即时、全面且准确的评估与认识，为不当使用生态环境资源的行为留下空间。进一步说，即使能够即时、准确地区分权责，“谁污染，谁治理”的制度设定同样也为发达地区享用民族地区的生态环境资源大开方便之门：因为我已经“付费”，在付出成本的基础上，所以我拥有“排污”或“破坏”的合法权利。这无异于在法律层面上明确了这些付费者的“污染或破坏权利”。诸如这种原则的制度规定不但在根本上忽视了行为者在主观意识层面上停止或减轻污染和破坏、恢复原状和消除污染的意义，而且也给污染破坏者以付费来逃避责任提供了可乘的法律机会。在制度许可的范围内，没有人愿意放弃自己的利益；民族国家也不可能为了全球生态环境的安全而放弃国家利益，目前的生态环境制度仍然无法解决好这种环境利益与经济利益的矛盾。相反地，民族地区因其薄弱的经济基础而无法“付费”，难以有效利用“自身”的生态资源；发达地区却因其强大的经济实力而“支付”得起，能够污染得起，从而能够“合理”享用这些“外部”生态资源，最终将生态风险转嫁到民族地区。进一步说，以制度约束人们对待生态环境的行为还涉及制度本身的价值判断问题，而生态包括了诸多异质的价值内容，有形的价值与无形的价值，直接价值与隐性价值，其间复杂的比较关系往往导致制度设置的不合理性。

追问民族地区的生态正义问题，还需要审视其多元化的社会构成。民族地区社会文化与结构上的多元性不仅决定了生态公正认同主体间性的差异性，还决定了不同区域或群体在生态环境公正问题上的差异。由于传统文化以及对自然资源利用方式的差异性，即使是产业转移造成的生态环境破坏后果突出，“被剥削感”也有所不同。

第四节　构建民族地区生态安全

随着民族地区城镇化的推进，民族地区城市生态问题也日益突出，如城镇当中的工业“三废”以及生活污水、垃圾排放。一些地方原本生态环境就较为脆弱，地质灾害频发，土地荒漠化、石漠化、盐碱化，一些地方水资源短缺，连年干旱。人为的过度开发建设，也会导致生态环境恶化，如大量砍伐森林，植被遭到破坏造成水土流失，过度放牧造成草场退化，污染导致湖泊蓝藻暴发、土壤重金属严重超标等问题。环境恶化导致一些珍稀野生动植物数量减少，有的甚至消失绝迹。基于经济利益而大量引进的外来动植物品种也严重威胁到生态平衡，极有可能造成无法逆转的生态灾难。最为典型的案例就是澳洲速成桉的种植，这种外来物种已经对生态多样性构成了实质性的威胁。

面对日益严峻的生态环境问题，民族地区需要尽早尽快地构建起应对机制，以避免因生态环境恶化而丧失后发优势。无论是在新型城镇化背景下，还是在生态文明时代语境中，以实践文化的观点来审视民族传统，才能够更好地认清问题的实质，并在新的形势下重塑民族地区社会的行动体系。重塑社会体系的努力需要一种超越狭隘的“区域性行为”的眼光，并以辩证的思维系统分析发展理念、生活方式、消费心理和制度政策等等方面的影响。

一 突破地域视界

通常情况下，生态环境问题往往具有双重性特征：一方面，“从它与一定的地域地理环境和生态系统相联系看，表现出地域性、地方性的特征，一般影响范围较小，影响程度较轻，也比较容易控制或治理，比如沙尘暴。”① 但另一方面，通过生态系统和地理联系的传递作用，环境问题同时又具有跨区域性，甚至全球整体影响性、共同性的特征，比如全球变暖。当代全世界面临的生态环境问题，与过去任何时期相比，都表现出更明显的全球性——其影响范围是全球性的，产生的后果也是全球性的。

但是，面对这种全球性的生态环境问题，由于世界各民族、国家和地区之间的发展不平衡，它们的态度也是不一样的。现在流行的口号是：“从全球着眼，从地方入手。”也就是说，尽管人们都认识到了生态环境问题的全球性，在保护和治理生态环境时，在发展经济时，却只能从自己所在的各个地区入手。相比于全球性利益来讲，区域利益才是更现实的利益。尽管从全世界的生态平衡来看，特别是从遏制全球暖化的角度来看，保护好特定区域的良好生态系统是至关重要的。然而，远离该区域的人会首先关注自己的生态环境问题，不会主动去保护其他区域的生态环境，也不会为了全世界的利益而限制自己的经济发展，印度近几年在世界环境大会上的表现就证明了这一点。小到各民族地区的范围，污染防治更多的是

① 腾远主编：《中国可持续发展研究》上卷，经济管理出版社 2001 年版，第 603—604 页。

强调属地管理，强调行为发生地政府的责任，条块分割的现象明显。

各个地区之间的发展是不平衡的，因此面对现今全球性的生态环境问题的境遇也不一样。少数率先实现现代化的国家或地区抢先一步享受了奢华的现代化生活，也抢先开始了对地球大规模的污染和破坏。由于实现了工业化的发达国家或地区仍为少数，所占人口也少，因此，它们当年对本国或地区土地及上空造成的污染，在后来的几十年间已经“一体化”了，转移到了欠发达地区。如今，发达国家或地区为了保持高度的发展状态，一方面利用其经济优势将后发地区作为原料供应地，大肆掠夺，侵占其资源，破坏它们的环境与生态系统；另一方面，发达地区又把自己的工业产品大量倾销到这些地区，把在本国早已淘汰的高污染、高耗能、高浪费的技术和设备转移到这些欠发达的民族地区，在获得高额利润的同时，加重了这些地区的环境污染，产业转移就是发达地区不平等对待欠发达民族地区最明显的例证。尽管现时代的产业转移不再是简单的污染转移，但是，资本逻辑的刺激使得这种破坏与掠夺无法根除，民族地区的生态安全诉求一直受制于这些外来的干扰。

另外，从广大欠发达的民族地区来看，一方面，由于本身发展水平的低下，以及现今存在的不合理的经济政治秩序严重地阻碍了他们进行的环境建设和生态改善；另一方面，经济上的劣势迫使民族地区采取赶超式的发展策略，这就给本地区的生态环境带来了空前的压力，而生态环境的退化反过来又影响了经济的发展，最终陷入恶性循环怪圈。现代社会的格局已经不允许这种各自为政的做法，只考虑区域利益而不考虑生态环境问题的全球性是狭隘的，只考虑生态环境问题的全球性而不考虑区域利益是迂阔的。解决民族地区与全球之间的生态安全的关系需要更大的智慧，以新的思维应对这种似乎相互对立的状况。在生态安全问题上，如果只有少数人对那些足以影响全球生态环境的问题具有远见卓识并自觉采取行动，而大多数人则以旁观者的身份看热闹，那么，生态安全的诉求注定是一种奢望。更为艰难的是，对于那些只顾发展自己经济的民族地区，单纯的道德呼吁决不奏效，因为道德在那里往往臣服于对经济发展的渴望。

由于生态系统的整体性与系统性，受制于惯习的各自为战必然难以奏效，取而代之的应该是一种多方联动、步调一致的思维，以包括惩罚在内的顶层设计来强制控制那些仅仅关注自我利益的地区。然而，就像前文所言，受制于传统思维的民族地区往往难以理解这种强制措施的合法性与必要性，践行这种惩罚也许反而引发难以预见的其他风险，并最终导致社会生活的混乱。因此，尊重民族地区的社会传统是解决生态危机的基本切入点。事实上，对于生态安全来说，其利益链条正好体现了当下流行的说法：是民族的，也是世界的。民族地区实现自己生态安全诉求的最基本智慧在于摒弃“孤岛”思维，既不能以“资源换金钱”的简单方式发展本地区的社会经济，也不可抱着自己的自然资源安于一隅。对于整个国家而言，把民族地区生态环境与社会生活整合起来的基本方法是尊重差异性——求同存异。结合民族传统的最好做法是遵循公平、正义的原则，以公平合理的制度激励每个人都参与到关注生态环境当中。其中，合理的生态补偿制度是最行之有效的整合办法，它可以有效解构这种自我与他人的二分观念，但是这种生态补偿制度首先要保证不受资本逻辑的支配。在坚持“共同但有区别的责任”原则的前提下，采取务实态度和灵活方式去处理民族地区的生态环境问题会事半功倍。

退一步说，即使制度设定的合作原则无法逃脱资本逻辑的绑架，也必须保证避免豁出去发展的冲动。民族地区的开发和发展，必须摒弃单纯工业化、片面追求产值的社会发展观，树立符合民族地区长期发展的可持续发展观，在追求经济发展的同时，注意保障本地区具有长期持续发展的能力。在资本逻辑无法避免的现代社会中，把民族地区的生态安全问题上升到事关全国乃至全球前途命运的高度尤显必要。当前我国民族地区的生态环境问题，不仅仅是自然环境问题，它已经演变为涉及民族团结、民族生存、民族发展与民族平等的社会问题，影响到我国环境友好型社会与和谐社会建设的成败。

二 在社会行动中遵循"风险逻辑"

风险社会中的风险具有全球性，分配上的全局性与公平性：任何最初被认为是局部性的风险，最终都可能演化为全球性的后果；任何最初被认为是单一性的风险，最终也可能转变为相互关联的多因素、复杂的风险，具有"飞去来器效应"。由于现代社会风险的巨大影响，当前人们对风险的关注已经超过了对财富的关注。在传统社会中，由于人们习惯于把生态问题的出现归咎于人类对自然的非理性方式，或是归咎于理性的意外。这种逻辑促使人们在应对生态问题时出现了方法错位——以投入更多的理性计算来完善人类的控制。工业现代化道路的选择致使风险作为现代社会成熟后果这一本质被遮蔽了，连同长期被扭曲的"主体"与"客体"观念一起，导致生态风险由早期的外部风险演变为现代社会的内生风险，并且使得不确定性具有了本体论意义。与财富分配的可逆性相比，生态风险分配具有不可逆性，无法重新分配，其后果也无法完全评估与控制。当前的民族地区比以往任何时代都更具有经济实力与活力，但也比以往任何时候都更易于遭遇生态风险带来的严重后果。大多时候，人们可以努力去获得物质财富使自己富有，却无法保证自己在风险面前是否足够安全。如果说财富的匮乏与不公平分配是传统社会的主要议题，那么，如何认知与规避风险的损害已经占据了现代社会问题思考的上风，成为一种主流的意识形态。民族地区的发展同样也应该遵循风险逻辑，以关注生态风险作为社会行动的指导，认知到风险在现代社会中比追求财富具有更加的积极意义。

在生态恶化的问题上，将希望完全寄托在更为精确的理性计算并非万全之策。现代社会遭遇的生态危机其实就是现代理性不确定性的体现，更为精致的理性设计并不能从根本上解决问题。理性计算在试图消除某种风险（或者是危机）时，却又可能产生新的意想不到的风险，这一点已经在历史过程中不断地被证明了。最大的危险倒不在于这些理性计算能否奏效，而是于人们没有认识到风险不可能被完全消除。质言之，需要转变的不是理性计算本身，而是人们仍然缺乏风险无处不在、无时不有的理念。就像贝克在《世界风险社会》中指出的那样，工业生产的无法预测的结果转变为全球生态困境，从根本上说，这不是一个所谓的“环境问题”，而是工业社会本身的一种意义深远的制度性危机。

走出危机有赖于以“第二现代性”思维，即风险社会理论来引导行动。以风险为行动指南可以改变我们的观念，形塑一种谨慎行事与风险共担的原则，弥补理性之不足，从而减少风险可能带来的伤害。风险逻辑要求人们站在未来思考当下，在行动之前未雨绸缪，为克服传统的线性行动逻辑提供了机遇；同时，风险后果的根本性与全球性影响客观上也迫使人们必须风雨同舟，风险共担，责任共负。对民族地区的生态风险而言，风险逻辑有利于构建一种全景视角，引导民族地区理性认识源自本区域的生态风险，也能够洞察源于该区域之外的威胁，把自身的发展与世界联系起来，形成一种更加理性的权责观念与“内、外关系”的认知。

三 生态正义：构建民族地区生态文明的首要原则

城镇化与产业转移对民族地区的生态正义提出了更高的要求，既要把它当作一种愿景，又要保证它能够在当下的条件下得到体现。虽然新型城镇化建设并不再是简单的圈地运动，要求不以牺牲农业和粮食、生态和环境为代价，着眼农民，涵盖农村，实现城乡基础设施一体化和公共服务均等化，促进经济社会发展，实现共同富裕。但是，现实的城乡二元结构仍广泛存在，新型城镇化的障碍短期内难以突破。在此基础上，产业转入也会“共享同一平台”，对生态环境造成不公正的后果。既然克服城乡二元结构尚需时日，那么，在此背景下构建和谐的民族地区社会，就需要考虑生态正义问题。因为生态环境影响的深远性与全面性，生态正义应该是民族地区构建生态文明的首要原则。

生态环境对于民族地区社会可持续发展的根本意义已无须赘言。那些针对生态环境的更为隐性的剥削现象也需要把生态正义作为解决生态环境问题的首要原则。针对生态环境的剥削是个影响深远而又复杂的问题，这种复杂性一方面根源于生态环境所带来的利益与危害并不对等，在严重的生态灾难没有发生之前，生态环境的好处并不被重视，这就极有可能出现隐蔽的生态环境剥削行为；另一方面，生态遭遇的各个主体之间是一种非线性、差异性的关系，即使是对于生态灾难的反应，一定区域内的不同主体也不是直接面向生态环境的“刺激—反应”，而是在考量各自地位、处境和社会关系亲疏等基础上的权衡。因此，以生态正义作为构建民族地区生态文明的首要原则是规范各个生态主体权责与义务契机，它不仅有利于人们认知彼此的权利，也有利于应对生态灾难时的共同行动。明白生态正义的基础性作用只是第一步，在方兴未艾的新型城镇化建设以及产业大量转移的今天，在民族地区实现生态文明还需要有一种未雨绸缪的战略眼光，就想在风险社会中所形成的“胆战心惊”一样，以“预防原则”作为行动的逻辑基础。

风险预防原则（Vorsorgepdnzip）最早起源于20世纪七八十年代的德国和瑞士国内环境法中。早在20世纪70年代，预防性思想就已经在德国环境政策中得以体现。1976年，在德国的行政法规中，它作为一项原则被第一次纳入法律，其规定：“环境政策并不能通过避免将要发生以及已经发生的危害而得以充分实现，预防性的环境政策要求以更谨慎的态度保护自然资源以及实现对它们的要求。”预防原则（preventive principle），主要指环境政策法规不仅是抗拒对环境具有威胁性的危害及排除已产生的破坏，更是在一定危险性产生之前就预先去防止其对环境及人类生活的危害性的发生。在民族地区社会施行预防原则并不等同于风险文明构建，它们各有侧重。预防原则的主要理念之一是“有害推定”——在没有万无一失的情况下会被假定有负面后果的发生（也就是说负面后果有可能被排除），而风险意识则同时指向事物的正反两面。从内涵上看，以预防原则引导民族地区的社会行动离不开政府的主导作用，特别是培养民众的预防性思想，民众则在这一原则下拥有自由参与和创新的空间。比如，在政府的宣传与引导下，公众可以在知情权和参与建设等方面自主发挥，而且有可能形成一种自下而上的反推力，推动政府在保障生态正义方面的宏观设计。

生态环境与生产活动之间的关系最为紧密，新型城镇化、承接产业转移，以及民族地区社会自身的经济发展都对生态环境产生直接影响。由于基础条件不足，当前民族地区的经济活动主要依赖于政府的推动与主导，相关经济主体被动参与。因此，民族地区生态环境的变化与政府息息相关，这种局面可能会产生不利的后果。政府在人力、财力、物力，制度与意识层面上都比普通民众更具优势，但在尚未完全市场化的条件下，政策制定者、运动员与裁判员的多重身份使得政府同样受到经济利益的羁绊，从而难以客观公正地对待生态环境问题。发达地区转入的企业更是缺失那些经由与生态环境密切互动而来的情感，即使是存在些许，资本逻辑的强势也会把它掩盖掉。在这些前提下，政府角色的转换成为必要，即由政府主导转向企业自主选择，但政府作为裁判的角色必须坚持。中立的定位将使得政府从经济羁绊当中抽出身来，专注于给各经济主体制定更加合理的制度。政府减少直接的经济介入不仅有利于保证公平公正的制度制约，也有利于督促企业的生态正义文化。

四 重塑民族地区社会体系

在大力发展民族地区社会经济的同时，保证生态安全的诉求得以实现，就必须要重塑其社会体系，特别是在那些生态相对脆弱的西部民族地区，更要实现可持续、跨越式发展。无论是以新型城镇化来推动社会的发展，还是以民族传统优势促进本区域的进步，都必须以保护、恢复和改善脆弱恶化的生态环境，维护和提高这些地区的资源承载能力为前提。为了在发展进步中避免生态环境的持续恶化，纲领性的政策法规必不可少。2014 年，十二届全国人大常委会第八次会议通过了《中华人民共和国环境保护法》修订草案，这部被称为“史上最严”的环保法从各个方面对生态环境保护的基本制度作了规定，它是我国环境立法史上的又一重要成果。然而，要把环境规划、环境标准、环境监测、生态补偿和处罚问责等方面落到实处，还需要实现以下几个方面的改善。

第一，加快民族地区经济增长方式的转变。实现经济增长方式由粗放型增长向集约型增长的根本转变是西部民族地区的生态重建，也是其经济社会可持续发展的必然趋势和必由之路。而经济增长方式的转变从根本上说取决于指导思想的正确，观念的转变及体制的创新。观念的转变是行动的先导，但观念的转变首先必须以正确的指导思想即科学发展观为前提。在更新观念的过程中，一是各级党政领导应带头树立和落实科学发展观。在抓经济发展速度的同时，切实注重经济效益、社会效益和生态效益，坚持走经济与生态环境双赢的发展道路。二是加强政府引导，通过制定出台各种政策法规规范人们的市场行为和经济活动，引导人们转变观念，特别是要去除 GDP 主义，形塑一种全面发展的观念。三是廓清利益属类，加强利益引导。人的社会行为在很大程度上受到利益的支配，因此，自上而下地廓清民族地区的利益属类，明确生态安全的利益所在地位的重要性，引导人们在经济交往中追求和遵循绿色经济的模式，增强主体意识和竞争能力，达成投身绿色经济市场和发展低碳经济的共识。

第二，重视承接产业转移的生态环境维度。目前，学界和政府有关部门主要把产业转移作为一种经济现象来研究，其实，产业转移将对包括民族地区在内的中西部地区的社会、文化和生态环境等产生前所未有的深刻影响。从东部到中西部地区的产业转移，将是中西部地区一次规模巨大的工业化、城市化、市场化和现代化（“新四化”）的过程，它将对民族地区及各少数民族的社会、文化和生态环境等造成极大的冲击，因此，我们也应该从非经济学（比如，人类学、民族学等）的角度探讨产业转移将对中西部地区（特别是民族地区）的社会和文化造成的影响。“资本逻辑”的盛行是民族地区在承接产业转移的过程中遭遇生态环境不公正的原因之一，它使任何指望产业迁出地能够顾全大局成为幻想。特别是在中国社会由“计划经济”转向“市场经济”的时期，国家直接干预已被削弱，生态环境的控制更容易屈服于强大的资本力量。资本逻辑注定产业转移追求经济利益的最大化，另一方面，在各种规范制度尚未完善的中国社会里，导致社会分配不公的体制依然存在，在社会价值观被扭曲的前提下，金钱的多寡成为衡量一个人社会地位和存在价值的基本标尺，因此，地方政府以及民众也因为对物质生活水平的无限制追求而对生态环境问题睁只眼闭只眼。此外，现代社会结构的不平等使得有权势的一部分人处于支配地位：拥有更大的破坏能力，而又较少地担责。同时，“公地悲剧”通常在资本逻辑的主导下频频发生。

第三，应继续加大对西部民族地区作为国家绿色屏障的生态体系建设政策的支持力度。我国民族地区草原、林地占较大比重，对民族地区在国民经济中的地位与作用的评价，不能仅以 GDP 数值的大小为标准，更要看其对国民经济总体的生态保护功能的大小。因此，国家要设立专项支持性资金用于民族地区的生态建设和发展循环经济项目上。如继续加大像“三北”防护林建设工程这样的绿化型、保护型的产业项目的支持力度；还比如，加大云南风力电厂的建设以及西北的草原草库建设、西南地区的林网建设、水源绿地的恢复与建设等。在这一过程中，着眼于局部经济投入产出比的观念应该得到纠正。

在资本逻辑盛行的现代社会中，物质利益的考量不可能完全避免，因此，应该倡导那些立足经济层面的思考，这也符合可持续发展的理念。其中，加强循环经济技术支撑体系建设，培养和引进循环经济的领军人才，以此引领民族地区社会经济发展的新支撑点是必要的举措。先进的科学技术是发展循环经济的核心要素，如果没有先进技术的输入，循环经济所追求的经济和环境目标则难以从根本上实现。更关键的是，先进循环科技的缺失一方面使民族地区的社会经济发展受制于各种壁垒之外，还加重了对自然环境的剥削，从而使得民族地区的生态环境长期处于不安全的状态下。与先进循环科技相比较，民族地区更缺乏开发与有效应用绿化科技的人才，尤其是能够推动整个生态产业发展的领军人才。同时，绿色科技领军人才的培养与引入，还能够极大地带动民族地区的相关产业链，改变在生产领域中人与自然的关系。

第四，构建民族地区生态安全观念。在迈向现代社会的过程中，民族地区社会所尊崇的传统遭遇现代性的挑战，并可能在这一强力的冲击下出现断裂，形成社会文化、价值观和行为规范的空地。因此，修补传统与现代性之间的裂痕对于民族地区的社会发展意义重大。即使是在高度一体化的现代社会中，民族地区的社会生活仍然保持着较明显的独立性，与真正融入到现代性体系中的状态距离尚远。但是，与社会生活甚至包括经济发展的这种相对独立不同，生态环境已先在地成为整个世界生态系统密不可分的一部分。

民族地区的社会发展正在遭遇到现代性所带来的诸多不确定性，社会发展水平的全面差距逐渐成为感叹的最主要话题，正因如此，民族地区社会往往会采取豁出去的发展。近十几年的实践已经证明，民族地区的社会问题其实已经超越了经济话题，更能引人深思的则是有关安全的主题，其中尤以生态安全为甚。受制于民族传统朦胧不清的文化观念，民族地区的生态安全观念并非统一、明确，而是体现出更大的流变性。既然现代性的发展已经随着经济的发展全面渗透到民族地区社会生活的各个领域，在生态安全诉求与经济发展诉求交锋的过程中，追求统一并如同自然科学般精准的生态安全定义毫无必要，对它的模糊理解并不妨碍到生态安全文化的构建。反过来，保持民族传统的差异性更有利于生态安全诉求的实现，因为民族地区的生态观念原本就建立在混沌不清的理论或观念之上，而且是作为一种对自然界的被动反应的结果。由此，建构民族地区的生态安全观念也应该是以一种直观感受与直接体验为基础的方式展开，采取的是一种不同于国家层面的自下而上的路径。质言之，引起民众经验感觉的积极作用，而不是说教式的宣传。

参考文献

一、著作

1. 薛晓源、李惠斌主编:《生态文明研究前言报告》，华东师范大学出版社2006年版。

2. 姬振海:《生态文明论》，人民出版社2007年版。

3. 卢风:《从现代文明到生态文明》，中央编译出版社2009年版。

4. 郝永平、冯鹏志:《地球告急》，当代世界出版社1998年版。

5.[德] 约阿希姆·拉德卡:《自然与权力——世界环境史》，王国豫、付天海译，河北大学出版社2004年版。

6.[美] 唐纳德·沃斯特:《自然的经济体系——生态思想史》，侯文蕙译，商务印书馆1999年版。

7.[美] 戴斯·贾丁斯:《环境伦理学》，林官明、杨爱民译，北京大学出版社2002年版。

8.[德] 约翰·汉尼根:《环境社会学（第二版）》，中国人民大学出版社2009年版。

9. 余谋昌:《生态哲学》，陕西人民教育出版社2002年版。

10. 汉斯·萨克塞:《生态哲学》，东方出版社1991年版。

11. 中科院中国现代化研究中心:《中国现代化报告2007——生态现代化研究》，北京大学出版社2007年版。

12. 颜烨:《安全社会学》，中国社会出版社2007年版。

13. 王树义:《可持续发展与中国环境法治——生态安全及其立法问题专题研究》，科学出版社2007年版。

14. 张凯:《生态环境安全战略研究：山东省面临的挑战及应对策略》，中国环境科学出版社 2005 年版。

15. 叶平:《科学技术与可持续发展》，高等教育出版社 2004 年版。

16. 肖显静:《环境与社会：人文视野中的环境问题》，高等教育出版社 2006 年版。

17. 肖显静:《后现代生态科技观：从建设性的角度看》，科学出版社 2003 年版。

18.[美] 芭芭拉·沃特、勒内·杜博斯:《只有一个地球》，吉林人民出版社 1997 年版。

19.[美] 艾伦·杜宁:《多少算够——消费社会与地球的未来》，毕聿译，吉林人民出版社 1997 年版。

20.[美] 比尔·迈克基林:《自然的终结》，孙晓春、马树林译，吉林人民出版社 2000 年版。

21.[美] 丹尼斯·米都斯等:《增长的极限》，吉林人民出版社 1997 年版。

22.[美] 巴里·康芒纳:《封闭的循环——自然、人和技术》，吉林人民出版社 2000 年版。

23.[美] 艾萨克·阿西莫夫:《终极抉择——威胁人类的灾难》，王鸣阳译，上海科技教育出版社 2006 年版。

24.[美] N. 迈尔斯:《最终的安全》，王正平译，上海译文出版社 2001 年版。

25. 余谋昌:《生态安全》，陕西人民教育出版社 2006 年版。

26. 蒋明君:《生态安全——和平时期的特殊使命》，世界知识出版社 2008 年版。

27. 蒋明君:《生态安全——国家生存与发展的基础》，世界知识出版社 2008 年版。

28.[法] 雅卡尔:《科学的灾难？一个遗传学家的困惑》，阎雪梅译，广西师范大学出版社 2004 年版。

29.[美] 史蒂夫·富勒:《科学的统治——开放社会的意识形态与未来》，刘钝译，上海科技教育出版社 2006 年版。

30.[英] 齐曼:《可靠的知识：对科学信仰中的原因的探索》，赵振江译，商务印书馆 2003 年版。

31.[美] D. 洛耶:《进化的挑战——人类动因对进化的冲击》，胡恩华等译，社会科学文献出版社 2004 年版。

32.[美] 保罗·莱文森:《思想无羁》，何道宽译，南京大学出版社 2003 年版。

33.[德] 热罗姆·班德:《开启21世纪的钥匙》，周云帆译，社会科学出版社2005年版。

34.[法] 斯蒂格勒:《技术与时间：爱比米修斯的过失》，裴程译，译林出版社1999年版。

35.[加] 威廉·莱斯:《自然的控制》，岳长龄译，重庆出版社1993年版。

36.[美] H.W. 刘易斯:《技术与风险》，中国对外翻译出版公司1994年版。

37.[德]阿诺德·盖伦:《技术时代的人类心灵——工业社会的社会心理问题》，何兆武等译，上海科技教育出版社2006年版。

38.[法] R. 舍普等:《技术帝国》，上海三联书店1999年版。

39. 陈凡:《技术社会化引论》，中国人民大学出版社1994年版。

40. 陈凡主编:《技术与哲学研究（2004年，第一卷)》，辽宁人民出版社2004年版。

41.[美] 布什等:《科学：没有止境的前沿》，范岱年等译，商务印书馆2004年版。

42. 香山科学会议主编:《科学前言与未来》，中国环境科学出版社2008年版。

43.[英] 贝尔纳:《科学的社会功能》，陈体芳译，广西师范大学出版社2003年版。

44.[德] 迈诺尔夫·迪尔克斯、克劳迪娅·冯·格罗特主编:《在理解与信赖之间:《公众、科学与技术》，田松等译，北京理工大学出版社2006年版。

45. 英国上议院科学技术特别委员会:《科学与社会》，张卜天、张东林译，北京理工大学出版社2004年版。

46. 徐治力:《科技政治空间的张力》，中国社会科学出版社2006年版。

47. 费多益:《科学价值论》，云南人民出版社2005年版。

48. 蒋劲松:《人天逍遥：从科学出发》，科学出版社2007年版。

49. 钱时惕:《科技革命的历史、现状与未来》，广东教育出版社2007年版。

50. 王滨:《科技革命与社会发展》，同济大学出版社2003年版。

51. 吕乃基:《科技革命与中国社会转型》，中国社会科学出版社2004年版。

52.[美] R.K. 默顿:《科学社会学》，商务印书馆2003年版。

53.[美] 伯纳德·巴伯:《科学与社会秩序》，顾昕等译，上海三联书店1991年版。

54.[英] 大卫·布鲁尔:《知识和社会意象》，艾彦译，东方出版社2001年版。

55.[英] 巴里·巴恩斯:《科学知识与社会学理论》，鲁旭东译，东方出版社

2001年版。

56.[法] B. 拉图尔、[英] 史蒂夫·伍尔加：《实验室生活：科学事实的建构过程》，张伯霖、刁小英译，东方出版社2004年版。

57. 李正风：《走向科学技术学》，人民出版社2006年版。

58. 林德宏：《科技哲学十五讲》，北京大学出版社2004年版。

59. 洪星范、陈博政：《代价：人类发展史上最值得铭记的20大教训》，上海文化出版社2006年版。

60. 任本、庞燕雯、尹传红：《假象：震惊世界的20大科学欺骗》，上海文化出版社2005年版。

61. 陶明报：《科技伦理问题研究》，北京大学出版社2005年版。

62. 马克斯·韦伯：《学术与政治》，三联书店1998年版。

63. 吴彤、蒋劲松、王巍主编：《科学技术的哲学反思》，清华大学出版社2004年版。

64.[德] 乌尔里希·贝克：《风险社会》，何博闻译，译林出版社2004年版。

65.[德] 乌尔里希·贝克：《世界风险社会》，吴英姿，孙淑敏译，南京大学出版社2004年版。

66.[德] 乌尔里希·贝克：《什么是全球化?》，常和芳译，华东师范大学出版社2008年版。

67.[美] 孙斯坦：《风险与理性：安全、法律及环境》，师帅译，中国政法大学出版社2005年版。

68.[英]谢尔顿·克里姆斯基、多米尼克·戈尔丁编著：《风险的社会学理论》，徐元玲等译，北京出版社2005年版。

69. 杨东雪等：《风险社会与秩序重建》，社会科学文献出版社2006年版。

70. 薛晓源、周战超主编：《全球化与风险社会》，社会科学文献出版社2005年版。

71.[英] 芭芭拉·亚当、[德] 乌尔里希·贝克：《风险社会及其超越：社会理论的关键问题》，赵延东、马缨等译，北京出版社2005年版。

72.[英] 安东尼·吉登斯：《失控的世界》，周红云译，江西人民出版社2006年版。

73.[英] 安东尼·吉登斯：《现代性的后果》，译林出版社2000年版。

74.[英] 安东尼·吉登斯：《现代性与自我认同》，三联书店1998年版。

75.[英] 安东尼·吉登斯：《社会的构成：结构化理论》，李康、李孟译，三联书店 1998 年版。

76.［美］道格拉斯·凯尔纳、斯蒂文·贝斯特：《后现代理论》，张志斌译，中央编译出版社 1999 年版。

77.［英］鲍曼：《全球化：人类的后果》，郭国良、徐建华译，商务印书馆 2001 年版。

78. 高宣扬：《当代社会理论》，中国人民大学出版社 2005 年版。

79. 陆学艺：《社会学》，知识出版社 1991 年版。

80. 李培林等主编：《社会学与中国社会》，社会科学文献出版社 2008 年版。

81.［美］T. 帕森斯：《社会行动的结构》，译林出版社 2003 年版。

82. 黄瑞祺：《社会理论与社会世界》，北京大学出版社 2005 年版。

83. 董星：《发展社会学与中国现代化》，社会科学文献出版社 2005 年版。

84.［美］丹尼尔·贝尔：《后工业社会的来临》，新华出版社 1997 年版。

85.［美］阿尔文·托夫勒：《第三次浪潮》，中信出版社 2006 年版。

86. 薛晓源：《当代西方学术研究前沿报告（2006—2007）》，华东师范大学出版社 2006 年版。

87.［俄］B.Л. 伊诺泽姆采夫：《后工业社会与可持续发展问题研究》，安启念译，中国人民大学出版社 2004 年版。

88. 付保荣、惠秀娟：《生态环境安全与管理》，化学工业出版社 2005 年版。

89.［美］亨利·N. 波拉克：《不确定是科学与不确定的世界》，李萍萍译，上海科技教育出版社 2005 年版。

90.［英］弗里斯比：《现代性的随片》，卢晖临等译，商务印书馆 2003 年版。

91.［美］M. 盖尔曼：《夸克与美洲豹——简单性与复杂性的奇遇》，杨建邺等译，湖南科技出版社 2002 年版。

92.［匈］阿格尼斯·赫勒：《现代性理论》，李瑞华译，商务印书馆 2005 年版。

93.［德］乌尔里希·贝克、［英］安东尼·吉登斯、［英］斯科特·拉什：《自反性现代化》，赵文书译，商务印书馆 2001 年版。

94. 万俊人：《现代性的伦理话语》，黑龙江人民出版社 2002 年版。

95. 马泰·卡林内斯库：《现代性的五副面孔》，商务印书馆 2002 年版。

96. 何中华：《社会发展与现代性批判》，社会科学文献出版社 2007 年版。

97. 莱斯特·布朗：《B 模式 3.0》，东方出版社 2009 年版。

98.［英］安东尼·吉登斯：《气候变化的政治》，曹荣湘译，社会科学文献出版社 2009 年版。

99. 闫云翔：《中国社会的个体化》，陆洋等译，上海译文出版社 2012 年版。

100.［英］齐格蒙特·鲍曼：《个体化社会》，范祥涛译，上海三联书店 2002 年版。

101. 乌尔里希·贝克、伊丽莎白·贝克－格恩斯海姆：《个体化》，李荣山等译，北京大学出版社 2011 年版。

102.［挪］贺美德、鲁纳编著：《"自我中国"——现代中国社会中的个体崛起》，许烨芳等译，上海译文出版社 2011 年版。

103. 诺贝特·埃利亚斯：《个体的社会》，翟三江等译，译林出版社 2003 年版。

104. 厉以宁主编：《中国道路与新城镇化》，商务印书馆 2001 年版。

105. 国务院主编：《国家新型城镇化规划（2014—2020 年）》，人民出版社 2014 年版。

106. 李铁：《城镇化是一次全面深刻的社会变革》，中国发展出版社 2013 年版。

107. 钱易：《中国特色新型城镇化发展战略研究：城镇化进程中的生态环境保护与生态文明建设研究·城镇化进程中的城市文化研究（第 3 卷）》，中国建筑工业出版社 2013 年版。

108. 范恒山：《中部地区承接产业转移有关重大问题研究》，武汉大学出版社 2011 年版。

109. 马克·特瑟克、乔纳森·亚当斯：《大自然的财富——一场由自然资本引领的商业模式革命》，王玲、侯玮如译，中信出版社 2013 年版。

二、论文

1. 罗永仕：《技术风险的规避是一种悖谬——以风险社会理论来看》，《学术界》2011 年第 3 期。

2. 罗永仕：《科学合理性的建构与解构》，《科技进步与对策》2010 年第 3 期。

3. 罗永仕、韦柳温：《风险社会境遇下民族地区的生态风险探究》，《传承》2013 年第 11 期。

4. 王如松：《生态安全·生态经济·生态城市》，《学术月刊》2007 年第 7 期。

5. 唐晓峰：《为什么过去会"忽略"环境保护?》，《绿叶》2009 年第 9 期。

6. 王子今：《中国古代的生态保护意识》，《求是》2010 年第 2 期。

7. 郇庆治：《生态现代化理论与绿色变革》，《马克思主义与现实》2006 年第 2 期。

8. 郇庆治：《"包容互鉴"：全球视野下的"社会主义生态文明"》，《当代世界与社会主义》2013 年第 4 期。

9. 冯鹏志:《STS视野中的当代社会发展》,《学习时报》2004年3月29日。

10. 郑玉玲:《科学的合理性究竟在哪里?》,《哲学研究》1995年第3期。

11. 费多益:《科技风险的社会接纳》,《自然辩证法研究》2004年第10期。

12. 刘松涛、李建会:《断裂、不确定性与风险——试析科技风险》,《自然辩证法研究》2008年第2期。

13. 王伯鲁:《广义技术视野中的技术困境问题探析》,《科学技术与辩证法》2007年第1期。

14. 洪大用:《试论环境问题及其社会学的阐释模式》,《中国人民大学学报》2002年第5期。

15. 卢风:《生态价值观的中立性和生态文明的制度建设》,《绿叶》2008年第11期。

16. 李诚、李进参:《民族地区生态环境问题及其治理的社会学思考》,《云南社会科学》2011年第6期。

17. 田毅鹏:《乡村"过疏化"背景下城乡一体化的两难》,《浙江学刊》2011年第5期。

18. 孙要良:《从社会公平看生态文明建设》,《学习时报》2012年11月26日。

19. 牛文元:《生态文明的理论内涵与计量模型》,《中国科学院院刊》2013年第2期。

20. 顾钰民:《论生态文明制度建设》,《福建论坛》(人文社会科学版)2013年第6期。

21. 刘湘容:《中国的生态文明建设:现实基础与时代目标》,《马克思主义与现实》2013年第7期。

22. 刘希刚、韩璞庚:《人学视角下的生态文明趋势及生态反思与生态自觉——关于生态文明理念的哲学思考》,《江汉论坛》2013年第10期。

23. 严耕:《生态危机与生态文明转向研究》,北京林业大学博士论文,2008年12月。

24. 何中华:《现代性的政治与生态环境的危机——政治文明与生态文明关系的一个观察》,《理论学刊》2012年第9期。

25. 黄星:《儒学与生态文明——国际儒学论坛·2012学术会议综述》,《黑龙江社会科学》2013年第1期。

26. 包双叶:《论新型城镇化与生态文明建设的协调发展》,《求实》2014年第8期。

27. 孙世明、吕晓钰:《科技哲学视野下的生态文明建设——全国科学技术与生态文化建设学术研讨会综述》,《自然辩证法研究》2014 年第 1 期。

28. 王玉庆:《传统文化与生态文明的思考》,《中国环境报》2012 年 11 月 26 日。

29. 卢风:《文化自觉、民族复兴与生态文明》,《道德与文明》2011 年第 4 期。

30. 刘启营:《从中国传统文明解读生态文明》,《前沿》2008 年第 8 期。

31. 薛晓源:《生态风险、生态启蒙与生态理性——关于生态文明研究的战略思考》,《马克思主义与现实》2009 年第 1 期。

32. 谭涛:《生态安全意识与建设生态文明》,《中国环境报》2008 年 4 月 29 日。

33. 夏劲:《生态文明视野下的科学技术文化研究——第八届全国科技文化与社会现代化学术研讨会综述》,《自然辩证法通讯》2011 年第 6 期。

34. 杨怀中:《论科技文化与生态文明协调发展及其走向》,《江汉论坛》2013 年第 10 期。

35. 黎德杨:《生态文明是当代社会的历史走向——科技文化视野中的一种解读》,《武汉理工大学学报》(社会科学版)2008 年第 6 期。

三、外文资料

1. Beck, Ulrich & Beck-Gernsheim, Elisabeth (2002) Individualization: Institutionalized Individualism and its Social and Political Consequences. London: Sage.

2. Beck, Ulrich & Willms, Johannes (2003). Conversations with Ulrich Beck. Cambridge: Polity Press.

3. Beck, Ulrich (2005). Power in the Global Age. Cambridge: Polity Press.

4. Beck, Ulrich (2008) . World at Risk. Cambridge: Polity Press.

5. Modernity & Technology. Edited by Thomas J. Misa, Philip Brey, and Andrew Feenberg(2003). Massachusetts: The MIT Press.

6. David Denney(2005). Risk & Society. London: Sage.

7. Wendy R. Sherman and Trish Yourst Koontz (2004). Science and Society In The Twentieth Century. London: Greenwood Press.

8. F. David Peat (2002). From Certainty to Uncertainty: the story of science and ideas in the twentieth century Washington, D.C.: Joseph Henry Press.

9. P. Mittelstaedt, P.A.Weingartner(2005). Laws of Nature，Springer-Verlag Berlin Heidelberg.

10. Czeslaw Tubilewicz(2006) . Critical Issues in Contemporary China, the Open

University of Hong Kong.

11. Benjamin Dills. National security and the accelerating risks of climate change. ECSP, June 16, 2014.

12. Andrew Grosso. The individual in new age, The communication of the ACM, July 2001/vol 44.

13. John Barry(2007). Environmental and social theory, Routledge.

14. Fred Magdoff. Ecological Civilization, Global Research, January 09, 2011.

15. John Bellamy Foster, Brett Clark, and Richard York, The Ecological Rift (New York: Monthly Review Press, 2010.

16. Roy Morrison(2006). Eco Civilization 2140: A 22nd Century History and Survivor's Journal, Writer' s Publishing Cooperative, Inc.

后　记

人类文明的发展经历了原始文明、农业文明和工业文明三个阶段，目前正转向生态文明。工业文明时代所创造的巨大物质财富曾使人类对工业理性满怀期望，然生态环境恶化的现实惊醒了美梦。由于科学技术和生产力的高度发达及其特有的制度建设，造成了以鼓励和奢侈浪费来维持生产规模，以及过度追求利润为目标的社会发展模式，生态系统与人类社会的发展相对立，各种生态环境要素只是生产原料，以是否能产生利润为其价值标准。人类毫无节制地开发自然界的矿藏、石油、天然气和水资源，任意垦殖砍伐草场森林资源，大规模地污染破坏自然生态环境，给人类社会带来了一系列生存发展的问题，引发了人类深刻的反思。

在此背景下，人类文明的延续、发展和进步注定了生态文明的产生。生态文明是人类社会高度发展进化的一个新阶段，是一种工业文明之后的高级的文明形态，生态文明是人与自然关系的一种全新状态，它标志着人类在改造客观物质世界的同时，不断地从主观上克服改造过程中的负面效应，积极改善和优化人与自然、人与人的关系，建设有序的生态运行机制和良好的生态环境，体现了人类处理自身活动与自然界关系的进步。

虽然中国经济已经持续了多年的高速发展，但是，日渐污浊的空气、逐渐变化的水质以及整个生态系统的退化刺痛了国民的神经，“既要金山，又要青山绿水”的愿望比以往任何时候都要强烈。进入21世纪后，中国共产党和中国政府对可持续发展的认识不断提高，在中共十六大报告中把建设生态良好的文明社会列为全面建设小康社会的四大目标之一，十八大首次单篇论述生态文明，把“美丽中国”作为生态文明建设的宏伟目标，把生态文明建设摆在总体布局的高度来论述，表明中国共产党对中国特色社会主义总体布局认识的深化，把生态文明建设摆在五位一体的高度来论述，也彰显中华民族对子孙、对世界负责的精神。

生态文明的核心是统筹人与自然的和谐发展，建设生态文明必须立足于这样一个基础，即认识生态安全的现时意义。关注生态安全可以认为是对“生态文明”的一种反思，是一种如何构想、设计与实现生态文明的思考过程。人类发展至今，已经深刻意识到没有生态安全，人类自身就会陷入最严重的生存危机。从这个意义上讲，生态文明是物质文明、政治文明和精神文明的基础和前提，它又是前三者在更高层面的整合。没有生态安全，生态文明无从谈起，没有生态文明就不可能有高度发达的物质文明、政治文明和精神文明。另一方面，人类自身作为建设生态文明的主体，必须将生态文明的内容和要求由内而外地体现在人类的思想、意识、伦理、道德、教育、法律、制度、生活方式、生产方式和行为方式中，在此过程中，人类需要把生态安全的丰富内涵与这些内容关联起来。

本书对人类社会的文明史进行了反思，从生态意识、生态行为、生态制度、生态产业以及政府的生态施政等生态文明构成的维度去阐述生态安全的历史形态，解释生态安全诉求的时代差异性。在此基础上，本书全面论述了生态安全对于现代社会的意义，以及分析了人类如何超越理性藩篱的反思性构想。但在写完书稿之后，遗憾仍然存在：本书虽然尝试着梳理生态安全的演变脉络，但始终没有在相关的论述中直接回答这样一个问题，既然是生态安全遭遇了现代性的解构，那么，是否也就意味着前现代社会中存在着“生态安全”？而现代社会则没有生态安全？笔者在书稿中的论证虽然有些含糊不清，但试图表明这样一种观点：比之于现代社会的生态意象，前现代社会的生态环境似乎没有走到积重难返的境地，不会面临着整个生态系统崩溃之虞，所以，他们并没有体验到现代社会中如履薄冰的惊险。书中也试图解释生态安全为何遭遇了现代性解构：只有当整个社会都担心生态风险，它使我们寝食难安之时，我们才能说我们的社会已经步入了生态安全的现代性解构样态。借用贝克的话说，当“我怕”超越一切而成为主导人们行动的基准时，对生态风险的忧虑也就弥散成一种普遍的社会氛围。正是在这一意义上，生态安全才被真正解构了。

本书是在我的博士论文基础上修改而来的。在修改书稿的过程中，我的博士生导师冯鹏志教授为给我解答疑惑而牺牲了大量的时间，他不仅就书稿的整个框架结构提出建设性意见，还指出了书稿论证所存在的问题。在原先的博士论文中，笔者对生态安全的分析缺乏社会学的韵味，倒是不娴熟的玩弄文字的意图不时显现。在提交论文初稿时冯老师就曾提醒，论文的部分表述生涩难懂，应该少些文绉绉的味道，希望笔者能够用社会学的语言更加直白地表达出来。这些宝贵的意见笔者自然不敢置若罔闻，只是苦于能力所限，但愿本书稿得到些许改观吧！书稿还得到中国科学院研究生院博士生导师肖显静教授的大力支持与指导，在此深表谢意。肖老师审阅了全部书稿，提出了一些修改意见，并通过电话与我进行了深入的探讨。在与肖老师对话的过程中，我对原先的一些观点有了更为深刻的认知，但由于笔者学识有限，肖老师前瞻性的建议并没有在本书中得到很好的体现，不免感到遗憾。

作为一名主修文科的研究者，从 STS 视角去探讨技术与环境的问题似乎超出了能力范围。但值得庆幸的是，赵建军教授是这方面的专家，而且他非常乐意给予支持，使我至少对于技术的后果有了比较直观的认识，这点在本书中也有所体现。科学是技术的孪生姐妹，讨论技术自然也离不开对科学的认知与评价，我在这方面的分析就得益于中国人民大学博士生导师王鸿生教授的指点，在博士论文答辩的过程中，王老师的建议使我获益良多。我在论文中做了从历史维度分析科学演变形态的尝试，精通自然科学史的王老师自然也就能够提出宝贵的意见。作为一本以博士论文为基础的专著，其中的些许观点当然离不开博士毕业论文答辩小组的引导，本书对于他们具有建设性意见的“剽窃”可以在字里行间得到体现，对他们所给予的大力帮助在此一并谢过。

当然了，书稿的完成离不开我妻子韦柳温的支持，是她牺牲了大量的时间与精力才使得我能够从家务活中解脱出来。另外，我那虽有点调皮，但极为聪明伶俐的小公主罗淇也给我相对枯燥无味的研究工作增添了趣味。她既跟你谈“当今最伟大的社会学家是谁”？也会规定哪天由谁接送她往返幼儿园，那番光景的确有意思。最后，我还要感谢我的研究生李游和王迅，他们不惜劳苦，花费了大量的时间反复阅读书稿，指出其中的错漏，使得书稿不至于在行文遣字上错漏百出。从他们反馈回来的书稿来看，我备感欣慰。他们的校对非常细心，不仅体现了他们对我的关心，更体现了他们的学习态度。

罗永仕

2015 年 3 月 18 日

责任编辑：吴继平
装帧设计：周方亚
责任校对：吕　飞

图书在版编目（CIP）数据

生态安全的现代性境遇 / 罗永仕 著. – 北京：人民出版社，2015.5
ISBN 978 – 7 – 01 – 014740 – 6

I. ①生… II. ①罗… III. ①生态安全 – 研究 IV. ① X959

中国版本图书馆 CIP 数据核字（2015）第 068206 号

生态安全的现代性境遇

SHENGTAI ANQUAN DE XIANDAIXING JINGYU

罗永仕　著

人民出版社 出版发行
（100706　北京市东城区隆福寺街 99 号）

北京市通州兴龙印刷厂印刷　新华书店经销

2015 年 5 月第 1 版　2015 年 5 月北京第 1 次印刷
开本：710 毫米 ×1000 毫米 1/16　印张：19
字数：262 千字　印数：0,001 – 3,000 册

ISBN 978 – 7 – 01 – 014740 – 6　定价：42.00 元

邮购地址 100706　北京市东城区隆福寺街 99 号
人民东方图书销售中心　电话：（010）65250042　65289539